Mathematik + 6

Autoren:

Silke Bakenhus
Jochen Herling
Karl-Heinz Kuhlmann
Bernd Liebau
Uwe Scheele
Wilhelm Wilke

westermann

Autoren der vorangegangenen Ausgabe von Mathematik 6:
Jochen Herling, Andreas Koepsell, Karl-Heinz Kuhlmann, Uwe Scheele, Wilhelm Wilke

Zum Schülerband erscheint:
Arbeitsheft 6, Bestell-Nr. 123518
Arbeitsheft Individuelles Fördern und Fordern 6, Bestell-Nr. 123519
Förderheft 6, Bestell-Nr. 123517
Lösungen 6, Bestell-Nr. 123516
Lösungen 6 zum Download, Bestell-Nr. 123524
Rund um... Digitale Lehrermaterialien 6
Online-Jahres-Einzellizenz mit Schulbuch zur Präsentation, Bestell-Nr. 124564
CD-ROM-Version (2.0), Bestell-Nr. 124563

Diagnostizieren. Fördern. Evaluieren.
Die OnlineDiagnose zu diesem Lehrwerk testet die wichtigsten Kompetenzen und erstellt individuelle
Fördermaterialien und Arbeitshefte zum Downloaden oder Bestellen. Nähere Informationen unter
www.onlinediagnose.de

© 2014 Bildungshaus Schulbuchverlage
Westermann Schroedel Diesterweg Schöningh Winklers GmbH,
Georg-Westermann-Allee 66, 38104 Braunschweig
service@westermann.de, www.westermann.de

Druck A[11] / Jahr 2025
Alle Drucke der Serie A sind im Unterricht parallel verwendbar.

Redaktion: Gerhard Strümpler
Typografie, Layout und Umschlaggestaltung:
piou kunst + grafik, Jennifer Kirchhof
Satz: media service schmidt, Hildesheim
Repro, Druck und Bindung: Westermann Druck GmbH,
Georg-Westermann-Allee 66, 38104 Braunschweig

ISBN 978-3-14-**123513**-5

Zur Konzeption des neuen Unterrichtswerks Mathematik

Das neue Buch **Mathematik** lädt ein zum Entdecken, Lernen, Üben und Handeln.

Jedes Kapitel ist in fünf Abschnitte eingeteilt:

1. Das Kapitel beginnt mit einer **Lernumgebung** als Einstieg. Nach der offen gestalteten Doppelseite, die sich als Denkanstoß zum projektorientierten Arbeiten eignet, können die Schülerinnen und Schüler realitätsnahe Anwendungssituationen erkunden.

Zu jedem Kapitel wird ein kurzer **Eingangstest** angeboten. Hier können die Schülerinnen und Schüler überprüfen, ob sie über die vorausgesetzten Kompetenzen verfügen. Bei Bedarf werden sie in der Tabelle zur Selbsteinschätzung auf entsprechende Hilfen und Aufgaben verwiesen. Die Lösungen sind am Ende des Buches angegeben.

2. Anschließend werden die **grundlegenden Inhalte** erarbeitet.

Besonderer Wert wird auf eine klare **Aufgabendifferenzierung** gelegt.
1 Grüne Kennzeichnung: Inhalte und Übungen auf Grundniveau, grundlegende Anforderungen
2 Blaue Kennzeichnung: Inhalte und Übungen auf höherem Niveau, erweiterte Anforderungen
3 Rote Kennzeichnung: Inhalte und Übungen auf hohem Niveau, zusätzliche Anforderungen (Vertiefung)

Punkt vor der Aufgabennummer: Lösungen befinden sich unterhalb der Aufgabe.

Wichtige **Definitionen** und **Merksätze** stehen auf einem farbigen Fond, **Musteraufgaben** auf Karopapier, **Beispiele** sind hellgrün unterlegt.

3. Das **Wissen kompakt** enthält wichtige Ergebnisse und nützliche Verfahren des Kapitels, die passend zum Anforderungsniveau gekennzeichnet sind.

4. **Üben und Vertiefen** unterstützt nachhaltiges Lernen. Es werden Lernangebote auf drei Niveaustufen angeboten. Das erworbene Wissen wird auf einfache, anspruchsvolle und problemhaltige Aufgaben angewendet, die bisweilen auch andere Sozialformen und Unterrichtmethoden verlangen.

5. Mit den **Ausgangstests** können die Schülerinnen und Schüler überprüfen, ob sie die in den Kapiteln vermittelten Kompetenzen erworben haben. In der Tabelle zur Selbsteinschätzung werden weitere Hilfen und Aufgaben angeboten.
Die Lösungen sind zur Selbstkontrolle am Ende des Buches angegeben.

Der Abschnitt **Wiederholung** enthält Grundwissen und Übungsaufgaben der vergangenen Schuljahre. Nach der Wiederholung grundlegender Inhalte werden auch Hinweise zum Erwerb prozessbezogener Kompetenzen angeboten.

In der **mathematischen Reise** können die Schülerinnen und Schüler Gesetzmäßigkeiten spielerisch entdecken.

Inhalt

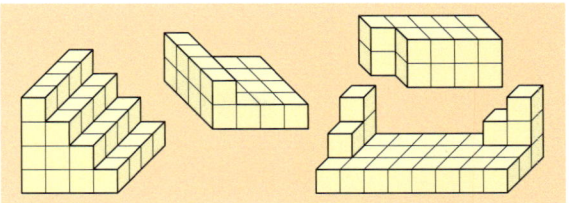

Mengen

$M = \{4, 5, 6, 7\}$ Menge aus den Elementen 4, 5, 6 und 7 in aufzählender Form

$\mathbb{N} = \{0, 1, 2, 3, \ldots\}$ Menge der natürlichen Zahlen

L   Lösungsmenge für eine Gleichung bzw. Ungleichung

$\{\ \ \}$ leere Menge

Beziehungen zwischen Zahlen

		$\approx$	nahezu gleich
$a = b$	a gleich b	$a > b$	a größer als b
$a \neq b$	a ungleich b	$a < b$	a kleiner als b

Verknüpfungen von Zahlen

$a + b$	Summe *(lies:* a plus b)	$a \cdot b$	Produkt *(lies:* a mal b)
$a - b$	Differenz *(lies:* a minus b)	$a : b$	Quotient *(lies:* a geteilt durch b)

Rechengesetze

Vertauschungsgesetz (Kommutativgesetz)

$3 + 7 = 7 + 3$ $3 \cdot 7 = 7 \cdot 3$

Verbindungsgesetz (Assoziativgesetz)

$3 + (7 + 5) = (3 + 7) + 5$ $3 \cdot (7 \cdot 5) = (3 \cdot 7) \cdot 5$

Verteilungsgesetz (Distributivgesetz)

$6 \cdot (8 + 5) = 6 \cdot 8 + 6 \cdot 5$ $6 \cdot (8 - 5) = 6 \cdot 8 - 6 \cdot 5$

Geometrie

A, B, C, …	Punkte
$\overline{AB}$	Strecke mit den Endpunkten A und B
AB	Gerade durch die Punkte A und B
$\overrightarrow{AB}$	Strahl
g, h, k, …	Geraden
$g \parallel k$	g ist parallel zu k
$g \perp h$	g ist senkrecht zu h
P (3|4)	Punkt im Koordinatensystem mit den Koordinaten 3 (x-Wert) und 4 (y-Wert)

$\left.\begin{array}{l} \alpha, \beta, \gamma, \delta \\ \sphericalangle\ ASB \\ \sphericalangle\ (a, b) \end{array}\right\}$ Winkel

1 Dezimalzahlen

Über 1000 Jahre lang, von 776 vor Christus bis 395 nach Christus, fanden in Olympia, einem Ort in Griechenland, alle vier Jahre im Spätsommer die Olympischen Spiele statt. Sportler aus Griechenland und den griechischen Kolonien rund um das Mittelmeer nahmen daran teil.

Im Jahr 1896 gab es die ersten Olympischen Spiele der Neuzeit. Ihr Zeichen ist die olympische Flagge mit den fünf verschiedenfarbigen ineinander verschlungenen Ringen, die die fünf Erdteile darstellen. Seit 1924 finden zusätzlich olympische Winterspiele statt. Bei den Olympischen Spielen 2012 in London nahmen über 11000 Sportlerinnen und Sportler aus 204 Ländern an 302 Wettbewerben an 26 verschiedenen Sportarten teil.

Bei den Olympischen Spielen werden die Ergebnisse in vielen Sportarten, zum Beispiel beim Laufen, Schwimmen und Radfahren, mithilfe moderner Messtechnik bestimmt. Dabei werden Zeiten auf hundertstel oder sogar tausendstel Sekunden genau gemessen.

Auf dieser Seite siehst du einige Ergebnisse der Olympischen Spiele 2012.
Lies die Zeiten der Läuferinnen (Schwimmerinnen und Radfahrerinnen).
Gib jeweils an, wer die Gold-, Silber- und Bronzemedaille gewonnen hat.

100-m-Lauf

Veronica Campbell-Brown	10,81 s
Allyson Felix	10,89 s
Shelly-Ann Fraser-Pryce	10,75 s
Tianna Madison	10,85 s

50-m-Freistil

Aliaksandra Herasimenia	24,28 s
Ranomi Kromovidjojo	24,05 s
Britta Steffen	24,46 s
Marleen Veldhuis	24,39 s

BMX

Laetitia Le Corguillé	38,476 s
Mariana Pajon	37,706 s
Laura Smulders	38,231 s
Sarah Walker	38,133 s

Olympische Spiele

london

1 Bei den Olympischen Sommerspielen 2012 gewann Robert Harting im Diskuswerfen mit einer Weite von 68,27 m die Goldmedaille.
Der Silbermedaillengewinner verfehlte die Weite des Siegers um 9 cm, der Bronzemedaillengewinner um 24 cm. Welche Weite erreichte der Zweitplatzierte (Drittplatzierte)?

2 Am 18.10.1968 stellte Bob Beamon in Mexiko mit 8,90 m einen Weltrekord im Weitsprung auf, der erst 23 Jahre später übertroffen wurde.

1980	Lutz Dombroski	8,54 m
1988	Carl Lewis	8,72 m
2004	Dwight Phillips	8,59 m
2012	Greg Rutherford	8,31 m

Wie viel Zentimeter fehlten den in der Liste angegebenen Olympiasiegern an Bob Beamons Rekord?

3 Beim 100-m-Hürdenlauf siegte Sally Pearson. Um wie viel hundertstel Sekunden war sie schneller als Dawn Harper (Kellie Wells)?

	100 m Hürden	
Gold	Sally Pearson	12,35 s
Silber	Dawn Harper	12,37 s
Bronze	Kellie Wells	12,48 s

4 Beim Rückenschwimmen über 100 m gewann Emily Seebohm mit einer Zeit von 58,68 s die Silbermedaille.
Die Siegerin war 35 hundertstel Sekunden schneller als sie. Welche Zeit benötigte die Goldmedaillengewinnerin?

5 Bei den Ruderwettbewerben gewann der deutsche Achter mit einer Zeit von 5 min 48,75 s die Goldmedaille.
Die Silber- und Bronzemedaille gingen an Kanada und Großbritannien.

Der kanadische Achter war 1,23 s langsamer als der deutsche, der britische 2,43 s. Welche Zeit erreichte der kanadische Achter, welche der britische?

6 Im Einerkajak benötigte der Sieger für die 200 m lange Strecke eine Zeit von 36,246 s. Der Zweite war 294 tausendstel Sekunden langsamer.
Gib die Zeit des Zweitplatzierten an.

Dezimalzahlen lesen und schreiben

1 Lies die Zeiten der Radsportler.

Dreiundvierzig Komma null eins drei Sekunden

Olympische Spiele 2012 Radsport

Teamsprint der Männer

1.	Großbritannien	42,600 s
2.	Frankreich	43,013 s
3.	Deutschland	43,209 s
4.	Australien	43,355 s
5.	Neuseeland	43,495 s
6.	China	43,505 s
7.	Russland	43,909 s
8.	Japan	43,964 s

2 In der Abbildung siehst du eine Stellenwerttafel, die nach rechts erweitert ist. Hinzugekommen sind die Zehntel (z), Hundertstel (h), Tausendstel (t), …

Z	E	z	h	t	
10	1	$\frac{1}{10}$	$\frac{1}{100}$	$\frac{1}{1000}$	
	1	8			1,8
	2	3	6		2,36
	0	1	4	7	0,147
	0	0	1	5	0,015
2	4	8	0	2	24,802

Lies die Dezimalzahlen in der Stellenwerttafel.

3 Lege in deinem Heft eine Stellenwerttafel an und trage ein.
a) 7 Zehntel
8 Hundertstel
9 Zehntel
b) 3 Hundertstel
5 Tausendstel
4 Tausendstel

c) 8 Zehntel 7 Hundertstel
2 Hundertstel 4 Tausendstel
6 Zehntel 9 Tausendstel

d) 4 Einer 5 Hundertstel 7 Tausendstel
7 Einer 4 Zehntel 6 Tausendstel
5 Zehner 1 Einer 1 Tausendstel

4 Schreibe als Dezimalzahl.
a) sieben Zehntel   b) neun Hundertstel
vier Hundertstel   acht Tausendstel
drei Tausendstel   sechs Zehntel

c) neun Zehntel sieben Hundertstel
zwei Hundertstel sechs Tausendstel
vier Zehntel drei Tausendstel

d) fünf Hundertstel neun Tausendstel
sieben Zehntel neun Tausendstel
fünf Zehntel sieben Hundertstel

5 Schreibe als Dezimalzahl.
a) 5 E 7 z 9 h   b) 2 z 6 h 5 t   c) 4 E 7 h
3 Z 1 E 6 z   4 E 3 h 8 t   5 z 3 t
7 E 5 z 6 h   3 Z 9 z 2 h   7 Z 8 h

6 Im Beispiel wird die Zahl 56 Hundertstel (41 Tausendstel) in die Stellenwerttafel eingetragen und als Dezimalzahl geschrieben.

	E	z	h	t	
56 Hundertstel = 5 z 6 h	0	5	6		0,56
41 Tausendstel = 4 h 1 t	0	0	4	1	0,041

Schreibe als Dezimalzahl.
a) vierundneunzig Hundertstel
achtundneunzig Tausendstel
siebenundfünfzig Hundertstel

b) dreiundachtzig Tausendstel
vierundneunzig Hundertstel
zweihundertelf Tausendstel

c) vierhundertsechs Tausendstel
fünfzig Hundertstel
neunhundert Tausendstel

7 Gib in Tausendstel an.

3 Hundertstel 4 Tausendstel = 34 Tausendstel

a) 5 Hundertstel 8 Tausendstel
b) 8 Hundertstel 2 Tausendstel
c) 7 Zehntel 9 Tausendstel
d) 26 Hundertstel
e) 7 Zehntel

8 Schreibe in Worten.
a) 0,7   b) 0,002   c) 0,13
0,03   0,011   0,114

Dezimalzahlen vergleichen

1 Wer gewann beim 200-m-Lauf die Gold-, Silber- und Bronzemedaille?

Olympische Spiele 2012 200-m-Lauf der Männer	
Yohan Blake	19,44 s
Usain Bolt	19,32 s
Christophe Lemaitre	20,19 s
Churandi Martina	20,00 s
Warren Weir	19,84 s
Wallace Spearmon	19,90 s

So kannst du Dezimalzahlen vergleichen:

2,569 ▨ 2,574   0,782 ▨ 0,78

1. Schreibe die Dezimalzahlen untereinander: Komma unter Komma, Einer unter Einer, Zehntel unter Zehntel, …
   Ergänze, wenn nötig, Nullen.

   2,569   0,782
   2,574   0,780

2. Vergleiche die Ziffern, die genau untereinander stehen.
   Gehe dabei von links nach rechts vor. Die erste Stelle, an der die Ziffern verschieden sind, entscheidet, welche Dezimalzahl größer ist.

   2,569   0,782
   2,574   0,780

   2,567 < 2,574   0,782 > 0,78

2 Vergleiche die Dezimalzahlen. Setze <, > oder = ein.

a) 9,85 ▨ 9,65
   3,76 ▨ 3,77
   2,19 ▨ 2,22

b) 0,37 ▨ 0,35
   0,21 ▨ 0,11
   0,67 ▨ 0,76

c) 17,24 ▨ 17,28
   42,97 ▨ 42,76
   10,06 ▨ 10,63

d) 0,217 ▨ 0,226
   0,407 ▨ 0,506
   0,112 ▨ 0,121

e) 7,382 ▨ 7,328
   4,979 ▨ 4,997
   1,056 ▨ 1,065

f) 0,031 ▨ 0,301
   0,501 ▨ 0,51
   0,711 ▨ 0,7111

g) 1,03 ▨ 1,030
   2,01 ▨ 2,0102
   6,08 ▨ 6,808

h) 14,09 ▨ 14,090
   12,02 ▨ 12,002
   10,01 ▨ 10,010

Das Zeichen < bedeutet kleiner.

3 Ordne die Dezimalzahlen. Verwende das <-Zeichen.
a) 23,4 24,1 22,7 25,9 21,8
b) 0,34 0,37 0,32 0,36 0,31
c) 0,707 0,777 0,077 0,007 0,707
d) 0,4 0,44 0,404 0,04 0,444

4 Ordne die Dezimalzahlen. Verwende das >-Zeichen.
a) 6,18 6,48 6,73 6,37 6,14
b) 0,56 0,76 0,75 0,67 0,57
c) 2,134 2,413 2,314 2,431 2,143
d) 0,099 0,9 0,909 0,99 0,09

5 Ersetze jeden Platzhalter durch eine passende Dezimalzahl.
a) 17,4 < ▨ < 17,7   b) 1,97 > ▨ > 1,94
   0,46 < ▨ < 0,49   0,71 > ▨ > 0,68
   1,04 < ▨ < 1,06   4,03 > ▨ > 4,01

c) 1,23 < ▨ < 1,234   d) 0,445 > ▨ > 0,44
   7,78 < ▨ < 7,785   0,67 > ▨ > 0,664
   3,41 < ▨ < 3,413   0,03 > ▨ > 0,027

e) 0,435 < ▨ < 0,44 f) 0,505 > ▨ > 0,5
    2,07 < ▨ < 2,7   0,61 > ▨ > 0,6
    0,0101 < ▨ < 0,011   0,9 > ▨ > 0,899

6 In welcher Reihenfolge kamen die Marathonläufer bei den Olympischen Spielen 2012 ins Ziel?

Marathonlauf	
Meb Kefelezighi	2 h 11 min 6 s
Stephen Kiprotich	2 h 8 min 1 s
Wilson Kipsang Kiprotich	2 h 9 min 37 s
Abel Kirui	2 h 9 min 37 s
Kentaro Nakamoto	2 h 11 min 16 s
Marilson dos Santos	2 h 11 min 10 s

Dezimalzahlen darstellen

1 Auf dem Zahlenstrahl können nicht nur natürliche Zahlen, sondern auch Dezimalzahlen dargestellt werden. Im Beispiel siehst du, wo die Zahl 6,274 auf dem Zahlenstrahl liegt. Erkläre die Abbildung.

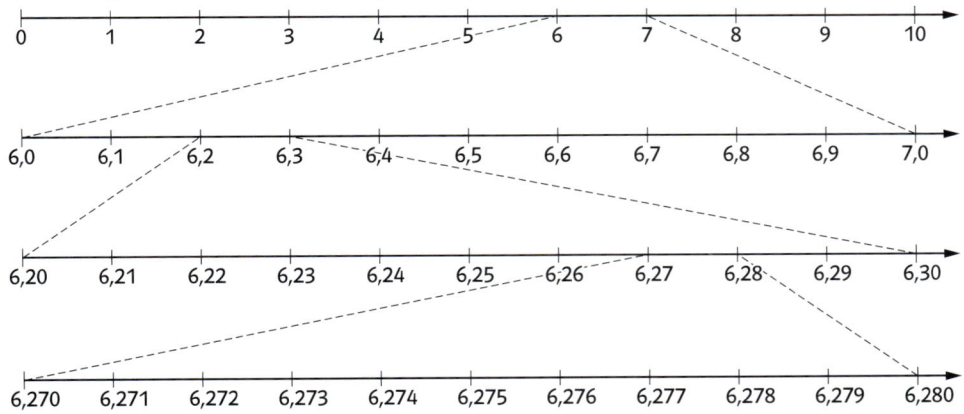

2 Welche Dezimalzahlen sind auf dem Zahlenstrahl gekennzeichnet?

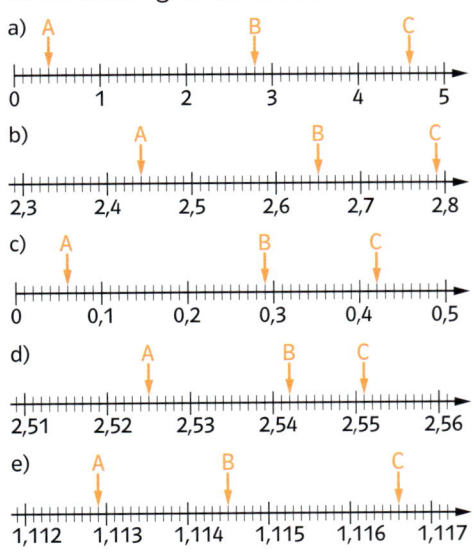

3 a) Gehe auf dem Zahlenstrahl von 2,61 aus 0,01 (0,02; 0,1; 0,2; 0,09) nach rechts. Welche Zahl findest du dort?
b) Gehe auf dem Zahlenstrahl von 4,38 aus 0,01 (0,1; 0,02; 0,3; 0,08) nach links. Welche Zahl findest du dort?

4 Nenne jeweils drei Dezimalzahlen, die auf dem Zahlenstrahl rechts von 4,5 und links von 4,5 liegen.
Gib an, welche dieser Zahlen größer als 4,5 und welche kleiner als 4,5 sind.

5 Gib jeweils drei Dezimalzahlen an, die zwischen den angegebenen Zahlen liegen.

a) 1,4 und 1,5   b) 1,7 und 1,8
  3,8 und 3,9   1,72 und 1,73
  0,71 und 0,72   1,728 und 1,729

c) 0,4 und 0,5   d) 0,69 und 0,7
  0,24 und 0,25   1,94 und 2
  0,247 und 0,248 2,99 und 3

e) 4,8 und 4,84   f) 0 und 0,1
  4,8 und 4,82   0 und 0,01
  4,8 und 4,801   0 und 0,0001

6 a) Wie viele Dezimalzahlen liegen auf dem Zahlenstrahl zwischen 1,7 und 1,8 (zwischen 1,74 und 1,75; zwischen 1,742 und 1,743)?
b) Wie viele Dezimalzahlen liegen zwischen 0 und 0,000001?

Die Dezimalzahlen können auf dem Zahlenstrahl dargestellt werden. Dabei steht die größere Zahl rechts von der kleineren und die kleinere Zahl links von der größeren.
Zwischen zwei Dezimalzahlen gibt es auf dem Zahlenstrahl unendlich viele weitere Dezimalzahlen.

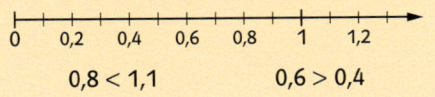

0,8 < 1,1   0,6 > 0,4

Dezimalzahlen runden

Ein Dollar ist ungefähr 0,73 Euro wert.

Das Zeichen ≈ bedeutet ungefähr gleich.

1 In der Zeitung sind die Wechselkurse für ausländische Währungen angegeben.

1 $	= 0,73447 €
1 £	= 1,20151 €
1 sfr	= 0,81541 €

6.2.2014

a) Gib an, wie viel Euro ein britisches Pfund (ein Schweizer Franken) ungefähr wert ist.
b) Warum sind bei den Wechselkursen fünf Stellen nach dem Komma angegeben?

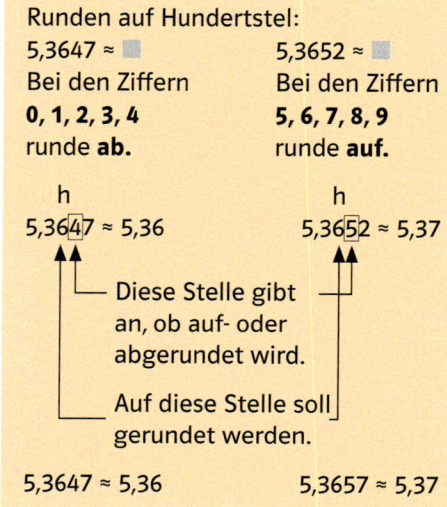

Runden auf Hundertstel:

5,3647 ≈ ▨   5,3652 ≈ ▨
Bei den Ziffern   Bei den Ziffern
0, 1, 2, 3, 4   **5, 6, 7, 8, 9**
runde **ab.**   runde **auf.**

h   h
5,36[4]7 ≈ 5,36   5,36[5]2 ≈ 5,37

└─ Diese Stelle gibt an, ob auf- oder abgerundet wird.

Auf diese Stelle soll gerundet werden.

5,3647 ≈ 5,36   5,3657 ≈ 5,37

2 Runde
a) auf Hundertstel
  0,359
  2,492
  0,685

b) auf Zehntel
  0,45
  4,58
  2,751

c) auf Tausendstel
  0,7922
  0,7458
  1,6662

d) auf Hundertstel
  7,4947
  1,7038
  0,6371

e) auf Zehntel
  0,9233
  0,7751
  2,9612

f) auf Einer
  8,49
  1,801
  3,625

g) auf Hundertstel
  1,008
  2,395
  0,096

h) auf Zehntel
  4,036
  1,955
  0,043

3 Überlege, ob es sinnvoll ist, die Angabe zu runden.
a) Ein Liter Benzin kostet 165,9 Cent.
b) Wir sind heute 12,078 km gewandert.
c) Die Siegerzeit im 100-m-Lauf war 9,9 s.
d) Die Apfelsinen wiegen 3,147 kg.
e) Die Schraube ist 8,89 cm lang.
f) Der Brief wiegt 20,7 g.
g) Eine Tafel Schokolade kostet 0,79 €.
h) Die Temperatur beträgt 37,89 °C.
i) Der Hockenheimring ist 4,574 km lang.
k) Das Grundstück ist 396,8 m² groß.

4 Bei einer viertägigen Radtour fährt Emma am ersten Tag 42,38 km, am zweiten Tag 37,53 km, am dritten 30,46 km und am vierten 39,88 km.
Runde auf ganze Kilometer und gib an, wie viele Kilometer Emma während der Tour ungefähr zurückgelegt hat.

5 Die Dezimalzahl ist auf Hundertstel gerundet. Wie groß könnte sie vor dem Runden gewesen sein? Gib drei Möglichkeiten an.
a) 0,46   b) 3,72   c) 4,95   d) 5,1

6 Erkläre, auf welche Stelle gerundet wurde.
a) 3,5673 ≈ 3,57   b) 0,8452 ≈ 0,8
  0,6711 ≈ 0,7   1,2387 ≈ 1,239
  0,0872 ≈ 0,09   31,78 ≈ 31,8

c) 0,0087 ≈ 0,01   d) 1,499 ≈ 1,5
  1,097 ≈ 1,1   5,97 ≈ 6
  2,863 ≈ 3   0,999 ≈ 1

7 Wie wurde hier gerundet?
a) Berlin hat 3,375 Millionen Einwohner.
b) Auf der Erde leben 7,1 Milliarden Menschen.

8 Runde die Zeiten der Geher auf ganze Minuten.

Olympische Spiele 2012
20 Kilometer Gehen

1.	Cheng Ding	1:18:46 h
2.	Erick Barrondo	1:18:57 h
3.	Wang Zhen	1:19:25 h
4.	Cai Zelin	1:19:44 h

Dezimalzahlen addieren und subtrahieren

3,10 €   0,75 €

1 a) Beim Bäcker kauft Carolin ein Brot und ein Brötchen. Wie viel Euro muss sie bezahlen?
b) Sie bezahlt mit einem Fünf-Euro-Schein. Wie viel Euro erhält sie zurück?

2 Berechne.

1,20 € + 2,60 € = ▨
120 ct + 260 ct = ▨ = ▨ €

a) 1,20 € + 2,60 €   b) 2,50 m + 3,40 m
   5,80 € – 3,10 €   1,85 m – 0,35 m
   1,90 € + 1,20 €   2,70 m + 0,50 m

c) 4,8 kg + 1,1 kg   d) 2,4 m² – 1,5 m²
   2,7 kg – 1,6 kg   3,3 m² + 2,9 m²
   6,8 kg + 0,7 kg   4,1 m² – 3,4 m²

3 Berechne.

0,5 + 0,3 = ▨   3,5 + 1,7 = ▨

5	+	3	=	8

also

0,5 + 0,3 = 0,8

3	5	+	1	7	=	5	2

also

3,5 + 1,7 = 5,2

3,4 – 1,6 = ▨   0,34 – 0,15 = ▨

3	4	–	1	6	=	1	8

also

3,4 – 1,6 = 1,8

3	4	–	1	5	=	1	9

also

0,34 – 0,15 = 0,19

a) 0,5 + 0,4   b) 1,7 – 0,6   c) 1,5 + 2,4
   0,2 + 0,6   2,9 – 1,5   3,2 + 2,5
   1,1 + 0,8   1,4 – 1,1   1,2 + 5,7

d) 3,7 – 1,4   e) 1,7 + 1,5   f) 5,1 – 1,3
   6,9 – 2,5   2,9 + 1,8   6,2 – 2,4
   8,4 – 5,1   1,8 + 3,7   7,4 – 4,8

g) 0,51 + 0,32   h) 0,25 – 0,12
   0,61 + 0,24   0,45 – 0,24
   0,46 + 0,33   0,68 – 0,35

4 Berechne wie in den Beispielen.

0,4 + 0,13	0,9 – 0,15
= 0,40 + 0,13	= 0,90 – 0,15
= 0,53	= 0,75

a) 0,7 + 0,11   b) 0,51 + 0,4
   0,6 – 0,13   0,68 – 0,4
   0,5 + 0,32   0,1 + 0,53

c) 0,8 – 0,63   d) 0,9 + 0,15
   0,75 + 0,2   0,8 – 0,44
   0,65 – 0,3   0,24 + 0,9

Lösungen zu Aufgabe 4:
0,17   0,28   0,35   0,36   0,47   0,63   0,81
0,82   0,91   0,95   1,05   1,14

5 Bestimme den Platzhalter. Überlege jeweils, ob du dazu addieren oder subtrahieren musst.

3,9 + ▨ = 8,3	▨ – 6,2 = 1,1
8,3 – 3,9 = 4,4	6,2 + 1,1 = 7,3
also 3,9 + 4,4 = 7,3	also 7,3 – 6,2 = 1,1

a) 5,6 + ▨ = 8,7   b) 7,8 – ▨ = 2,3
   ▨ + 2,3 = 7,5   ▨ – 1,4 = 3,2
   3,1 + ▨ = 5,9   8,4 – ▨ = 4,1

c) ▨ – 0,25 = 0,42   d) ▨ – 0,44 = 0,32
   0,65 – ▨ = 0,31   0,78 – ▨ = 0,22
   ▨ + 0,15 = 0,56   ▨ – 0,42 = 0,2

Lösungen zu Aufgabe 5:
0,34   0,41   0,56   0,62   0,67   0,76   2,8
3,1   4,3   4,6   5,2   5,5

6 *Die Summe zweier Zahlen beträgt 5,7. Eine Zahl ist 4,2.* *Die andere Zahl ist 1,5.*

4,2 + ▨ = 5,7
5,7 – 4,2 = 1,5
also
4,2 + 1,5 = 5,7

a) Die Summe zweier Zahlen beträgt 9,7. Eine der Zahlen ist 6,5. Gib die andere Zahl an.
b) Die Differenz zweier Zahlen beträgt 3,3. Die größere Zahl ist 7,8. Wie heißt die kleinere Zahl?
c) Die Differenz zweier Zahlen beträgt 0,9. Die kleinere Zahl ist 2,4. Wie heißt die größere Zahl?
d) Die Summe aus drei Zahlen beträgt 3,4. Eine Zahl ist 1,7, eine andere 0,8. Bestimme die dritte Zahl.

Dezimalzahlen addieren und subtrahieren

7 Bei den Olympischen Winterspielen 2014 gab es beim Rennrodeln der Frauen einen deutschen Doppelsieg.

	Natalie Geisenberger	Tatjana Hüfner
1. Lauf	49,891 s	50,393 s
2. Lauf	49,923 s	50,187 s
3. Lauf	49,765 s	50,048 s
4. Lauf	50,189 s	50,348 s

a) Erläutere, wie du für jede Rodlerin die Gesamtzeit ihrer Läufe bestimmen kannst.
b) Erkläre, wie du den Zeitunterschied zwischen Geisenberger und Hüfner berechnen kannst.

So kannst du Dezimalzahlen schriftlich addieren und subtrahieren:

4,58 + 10,26 = ▨   9,7 − 3,251 = ▨

1. Schreibe die Dezimalzahlen untereinander: Komma unter Komma, Einer unter Einer, Zehntel unter Zehntel, …
   Ergänze, wenn nötig, Nullen.

   ```
     4,58            9,700
   + 10,26         − 3,251
   ```

2. Addiere (subtrahiere) und setze im Ergebnis das Komma unter die Kommas.

   ```
     4,58            9,700
   + 10,26         − 3,251
   ___1___         __11___
    14,84           6,449
   ```

4,58 + 10,26 = 14,84   9,7 − 3,251 = 6,449

8 Berechne schriftlich.
a) 4,52 + 7,87   b) 7,91 + 0,58
   0,92 + 1,07   11,05 + 2,76
   1,77 + 4,26   60,4 + 9,88

c) 2,71 − 1,09   d) 11,982 − 5,72
   0,729 − 0,261   10,005 − 8,054
   1,055 − 0,827   41,9 − 22,661

e) 6,09 + 5,911 + 0,912 + 3,1
   23,8 + 0,93 + 1,638 + 8,04
   0,85 + 0,805 + 0,721 + 3,5

f) 31,7 + 0,034 + 2,4 + 0,18 + 12
   0,008 + 1,07 + 100,9 + 3,781 + 0,2
   70,05 + 2,007 + 2,995 + 0,0032 + 1

g) 9,3 − 2,723   h) 4,11 − 1,887
   1,007 − 0,09   0,4 − 0,013
   0,909 − 0,0999   1,009 − 0,9

Lösungen zu Aufgabe 8:
0,109   0,228   0,387   0,468   0,8091
0,917   1,62   1,951   1,99   2,223   5,876
6,03   6,262   6,577   8,49   12,39   13,81
16,013   19,239   34,458   46,314   70,28
76,0552   105,959

9 Ben hat zwei Fehler gemacht. Schreibe Aufgaben und Lösungen richtig ins Heft.

1,51 + 11,4 = ▨   2,3 − 1,07 = ▨

```
    1,5 1                    2,0 3
 +  1 1,4                 −  1,0 7
    2 6,5                    0,9 6
```

1,51 + 11,4 = 26,5   2,3 − 1,07 = 0,96

10 Bestimme jeweils den Platzhalter.
a) 4,51 + ▨ = 6,74   b) 2,88 − ▨ = 0,77
   ▨ + 3,07 = 11,2   ▨ − 6,21 = 8,1
   0,414 + ▨ = 1,7   7,3 − ▨ = 4,05

c) 0,63 + ▨ = 1,31   d) ▨ − 0,012 = 0,009
   ▨ + 0,81 = 0,979   12,091 − ▨ = 9,3
   7,901 + ▨ = 13   8,047 − ▨ = 4

11 a) Die Summe aus zwei Zahlen beträgt 9,824. Die erste Zahl ist 1,85. Gib die zweite Zahl an.
b) Die Differenz zweier Zahlen beträgt 0,93. Die kleinere Zahl ist 4,61. Bestimme die größere Zahl.
c) Die Differenz zweier Zahlen beträgt 5,81. Die größere Zahl ist 6,872. Wie heißt die kleinere Zahl?

Dezimalzahlen mit Zehnerzahlen multiplizieren und dividieren

1 Der folgende Artikel stand in einer Tageszeitung.

Sneakers für 5900 Euro
Computerpanne beim Bezahlen mit der ec-Karte

Rund 13 000 Bankkunden ist beim Benutzen der ec-Karte das Hundertfache des Rechnungsbetrags abgebucht worden. Ein fehlerhafter Computer hatte Anfang der Woche von zahlreichen Konten statt 1,4 Millionen Euro insgesamt 140 Millionen Euro abgezogen und Geschäften und Tankstellen gutgeschrieben. Beim Abrechnen der Zahlungen rutschte aus bisher noch ungeklärter Ursache das Komma um zwei Stellen nach rechts. Aus 10 Euro wurden so 1000 Euro. Wer für 75 Euro tankte und mit ec-Karte bezahlte, dem wurden 7500 Euro vom Konto abgebucht. Die Sneakers für 59 Euro wurden zur superteuren Designerware für stolze 5900 Euro.

a) Welcher Betrag wäre wegen des Computerfehlers vom Konto des Kunden für die Jacke (die Jeans, das T-Shirt) abgebucht worden?

Jacke	Jeans	T-Shirt
84,90 €	79,90 €	14,95 €

b) Wie viel Euro wären jeweils vom Konto abgebucht worden, wenn der Computer irrtümlich das Zehnfache (Tausendfache) des Preises berechnet hätte?

2 a) Ein fehlerhafter Computer hat das Zehnfache des Rechnungsbetrags berechnet. Dem Kunden einer Tankstelle hat er 720 € (567 €, 676,40 €, 825,80 €) abgebucht. Für wie viel Euro hat der Kunde tatsächlich Benzin getankt?
b) Für ein Paar Schuhe wurden 7900 € (6995 €, 11 995 €) abgebucht. Das war das Hundertfache des Preises. Wie teuer waren die Schuhe?

3 Multipliziere.
a) 2,87 · 10
2,87 · 100
2,87 · 1000

b) 0,582 · 10
0,582 · 100
0,582 · 1000

c) 32,71 · 10
8,098 · 100
612,8 · 100

d) 0,0024 · 100
1,501 · 1000
0,77 · 1000

4 Dividiere.
a) 27,1 : 10
27,1 : 100
27,1 : 1000

b) 0,58 : 10
0,58 : 100
0,58 : 1000

c) 128,7 : 10
837,2 : 100
57,77 : 100

d) 1,24 : 100
0,521 : 1000
0,082 : 1000

5 Berechne.
a) 94,31 · 10
45,87 : 10
28,7 · 100

b) 12,29 : 100
0,371 · 1000
0,628 : 100

c) 0,007 · 100
0,051 : 100
1,004 · 1000

d) 0,0077 · 100
1,002 : 1000
0,0003 · 100

e) 3,72 · 10 000
15656,1 : 10 000
0,04332 · 10 000

f) 2146,6 : 100 000
1,522 · 100 000
3,4 : 1 000 000

Dezimalzahlen multiplizieren

1 Lina und Laura verbringen ihren Urlaub in Schottland. Dort werden Entfernungen in Meilen angegeben.

Kinlochleven 4

1 Meile ≈ 1,6 km

Wie viele Kilometer müssen sie gehen, um Kinlochleven zu erreichen?

2 Berechne durch Umwandeln.

> 2,20 € · 4 = ▨
> 220 ct · 4 = ▨ ct = ▨ €

a) 2,20 € · 4   b) 1,20 m · 3
   0,70 € · 5   0,60 m · 6
   2,15 € · 4   4,09 m · 2

3 Multipliziere im Kopf.

eine Stelle	eine Stelle	zwei Stellen	zwei Stellen
0,4 · 8 = 3,2		0,05 · 7 = 0,35	
2,1 · 3 = 6,3		0,15 · 5 = 0,75	

a) 0,6 · 2   b) 3 · 0,5   c) 5 · 0,07
   0,7 · 3   5 · 0,9   7 · 0,04
   0,8 · 6   4 · 0,8   8 · 0,09

d) 1,4 · 2   e) 0,1 · 14   f) 5 · 0,15
   1,1 · 3   0,2 · 16   7 · 0,11
   1,2 · 4   0,4 · 12   3 · 0,25

g) Formuliere eine Regel für das Multiplizieren einer Dezimalzahl mit einer natürlichen Zahl.

4 Berechne.

> 0,004 · 7 = 0,028   3 · 0,0006 = 0,0018

a) 0,004 · 8   b) 0,003 · 4
   0,002 · 9   6 · 0,011
   7 · 0,005   0,018 · 2

c) 6 · 0,0004   d) 0,022 · 30
   8 · 0,0006   50 · 0,015
   0,0009 · 3   0,032 · 200

5 In Schottland betrachten Lina und Laura die Angebote der Geschäfte.

Für ein Pfund haben wir 1,20 € bezahlt.

£ 10,50

Wie viel Euro kostet der Schal?

Multiplizieren von zwei Dezimalzahlen

Zunächst multipliziert man, ohne auf das Komma zu achten.
Das Ergebnis hat so viele Stellen nach dem Komma wie beide Dezimalzahlen zusammen.

eine Stelle	eine Stelle	zwei Stellen
0,4 ·	0,8 =	0,32

eine Stelle	zwei Stellen	drei Stellen
0,7 ·	0,05 =	0,035

---

6 Multipliziere. Achte auf das Komma.

a) 0,4 · 0,7   b) 0,3 · 0,8   c) 1,1 · 0,4
   0,5 · 0,9   0,6 · 0,2   1,3 · 0,3
   0,8 · 0,6   0,4 · 0,9   1,6 · 0,2

d) 0,3 · 1,5   e) 0,5 · 0,6   f) 0,4 · 0,03
   0,4 · 1,4   0,8 · 0,5   0,8 · 0,09
   0,6 · 1,2   1,2 · 0,5   0,6 · 0,07

g) 0,07 · 1,1   h) 0,06 · 0,09
   1,2 · 0,04   0,07 · 0,08
   0,03 · 1,5   0,09 · 0,09

i) 0,04 · 0,006   k) 0,005 · 0,007
   0,0007 · 0,3   0,0009 · 0,06
   0,016 · 0,02   0,014 · 0,0003

Dezimalzahlen multiplizieren

7 Mia kauft im Supermarkt Weintrauben. Ein Kilogramm kostet 2,99 €.

a) Wie viel Euro muss Mia ungefähr bezahlen?
b) Erläutere, wie du den genauen Betrag berechnen kannst.

8 Im Beispiel werden zwei Dezimalzahlen mit mehreren Stellen nach dem Komma schriftlich multipliziert.

5,671 · 2,39 = ■

3 Stellen   2 Stellen

5,671 · 2,39
11342
17013
51039
13,55369

5 Stellen

5,671 · 2,39 = 13,55369

Das Ergebnis hat so viele Stellen nach dem Komma wie beide Dezimalzahlen zusammen.

Multipliziere schriftlich.
a) 1,7 · 2,5   b) 5,7 · 9,5   c) 6,7 · 0,22
   2,3 · 9,2   8,6 · 7,9   0,73 · 3,4
   4,5 · 8,5   6,5 · 5,3   9,7 · 0,31

d) 0,09 · 27,7   e) 9,04 · 3,42
   28,3 · 0,075   18,2 · 0,097
   0,73 · 3,48   251,9 · 0,007

f) 8,018 · 6,5   g) 7,05 · 7,19
   25,3 · 0,048   236,6 · 0,055
   8,004 · 7,09   6,0011 · 0,84

Lösungen zu Aufgabe 8:
1,2144 1,474 1,7633 1,7654 2,1225
2,482 2,493 2,5404 3,007 4,25
5,040924 13,013 21,16 30,9168
34,45 38,25 50,6895 52,117 54,15
56,74836 67,94

9 In den Beispielen werden zwei Dezimalzahlen multipliziert.

2,7 · 0,19 = ■   0,023 · 0,41 = ■

2,7 · 0,19   0,023 · 0,41
27   92
243   23
0,513   0,00943

2,7 · 0,19 = 0,513   0,023 · 0,41 = 0,00943

Berechne.
a) 1,4 · 0,27   b) 0,162 · 0,31
   0,35 · 2,8   0,5129 · 0,3
   5,1 · 0,14   0,084 · 0,72

c) 0,056 · 0,028   d) 0,0073 · 0,055
   0,017 · 0,096   0,0152 · 0,018
   0,143 · 0,011   0,0004 · 0,021

Lösungen zu Aufgabe 9:
0,0000084 0,0002736 0,0004015
0,001632 0,001568 0,01573 0,05022
0,06048 0,15387 0,378 0,714 0,98

10 Bei den Multiplikationen fehlt jeweils ein Komma. Gib an, an welcher Stelle dieses Komma gesetzt werden muss.

a)

7	1	,	4	8	·	0	,	9	4	2	=	6	7	3	3	4	1	6
1	7	3	,	8	·	0	,	0	6	8	=	1	1	8	1	8	4	
0	,	0	4	2	·	8	3	,	8	=	3	5	1	9	6			

b)

1	0	2	5	·	1	,	0	4	5	=	1	0	7	,	1	1	2	5
0	,	4	5	1	·	1	1	1	=	5	,	0	0	6	1			
8	,	8	8	·	9	9	9	0	9	=	8	8	7	,	1	9	1	9	2

c)

			1	,	5	·	2	,	4	=	3	6
		3	,	5	·	3	,	2	=	1	1	2
2	4	,	5	·	6	,	0	8	=	1	4	8	9	6

d)

			6	,	6	·	4	5	=	2	9	,	7
		1	6	5	·	0	,	5	4	=	8	,	9	1
	8	0	8	·	2	3	,	5	=	1	8	9	,	8	8

11 Erkläre, welchen Fehler Vanessa gemacht hat.

a)

2	,	4	·	0	,	0	2	3
						4	8	
					7	2		
			0	,	5	5	2	

b)

0	,	0	2	6	·	0	,	2	5
							5	2	
						1	3	0	
			0	,	0	0	0	5	5

Im Ergebnis werden Nullen ergänzt.

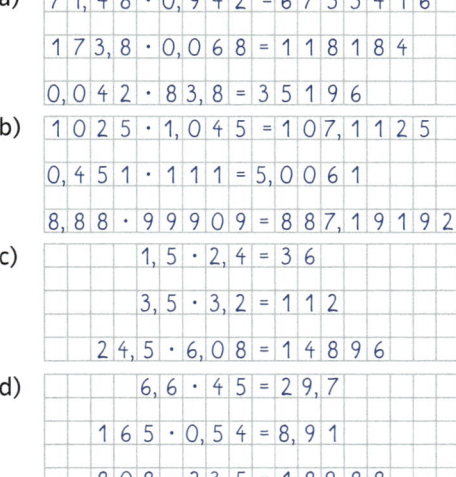
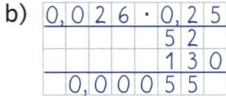

Dezimalzahlen dividieren

1 In den Regalen des Schreibwarengeschäfts liegen verschiedene Artikel.

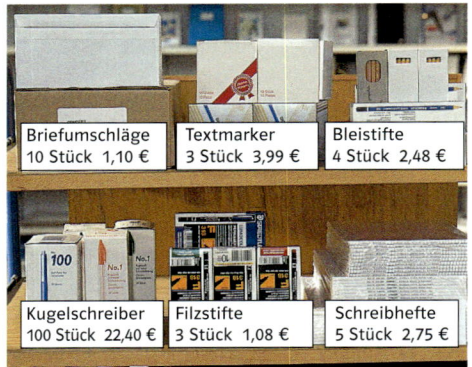

Briefumschläge 10 Stück 1,10 €	Textmarker 3 Stück 3,99 €	Bleistifte 4 Stück 2,48 €
Kugelschreiber 100 Stück 22,40 €	Filzstifte 3 Stück 1,08 €	Schreibhefte 5 Stück 2,75 €

Wie viel Euro kostet jeweils ein Artikel?

2 Berechne durch Umwandeln.

$3,60 € : 3 = \blacksquare$
$360 \text{ ct} : 3 = \blacksquare \text{ ct} = \blacksquare €$

a) 3,50 € : 7   b) 2,40 m : 6
   2,50 € : 5   3,20 m : 4
   4,80 € : 8   6,30 m : 9

3 Im Beispiel wird eine Dezimalzahl durch eine natürliche Zahl dividiert.

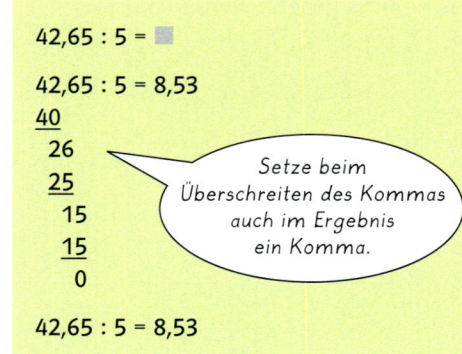

$42,65 : 5 = \blacksquare$

$42,65 : 5 = 8,53$
$\underline{40}$
26
$\underline{25}$
15
$\underline{15}$
0

Setze beim Überschreiten des Kommas auch im Ergebnis ein Komma.

$42,65 : 5 = 8,53$

Dividiere schriftlich.
a) 8,19 : 3   b) 9,44 : 4   c) 102,2 : 7
   96,8 : 4   91,8 : 6   92,56 : 4
   99,4 : 7   71,5 : 5   6,552 : 3

d) 2,4753 : 2   e) 451,7696 : 8
   342,78 : 3   1217,065 : 5
   7331,5 : 11   31 250,88 : 9

Lösungen zu Aufgabe 3:
1,23765   2,184   2,36   2,73   14,2
14,3   14,6   15,3   23,14   24,2   56,4712
114,26   243,413   666,5   3472,32

4 Dividiere schriftlich wie in den Beispielen.

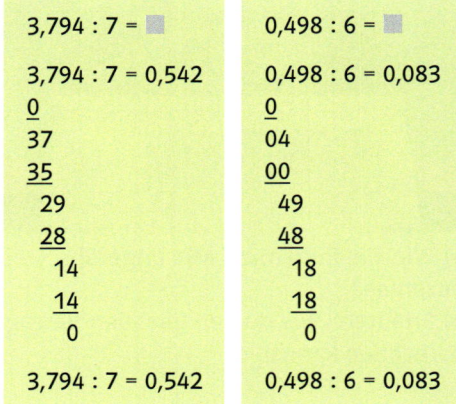

$3,794 : 7 = \blacksquare$

$3,794 : 7 = 0,542$
$\underline{0}$
37
$\underline{35}$
29
$\underline{28}$
14
$\underline{14}$
0

$3,794 : 7 = 0,542$

$0,498 : 6 = \blacksquare$

$0,498 : 6 = 0,083$
$\underline{0}$
04
$\underline{00}$
49
$\underline{48}$
18
$\underline{18}$
0

$0,498 : 6 = 0,083$

a) 1,35 : 3   b) 0,342 : 2   c) 8,766 : 6
   2,72 : 4   0,675 : 5   8,225 : 7
   1,76 : 8   0,771 : 3   9,452 : 4

d) 0,5392 : 8   e) 0,4059 : 11
   0,7326 : 9   0,0584 : 8
   0,3888 : 12   0,00495 : 15

Lösungen zu Aufgabe 4:
0,00033   0,0073   0,0324   0,0369
0,0674   0,0814   0,135   0,171   0,22
0,257   0,45   0,68   1,175   1,461   2,363

5 In den Beispielen werden zwei natürliche Zahlen dividiert. Der Quotient ist eine Dezimalzahl.

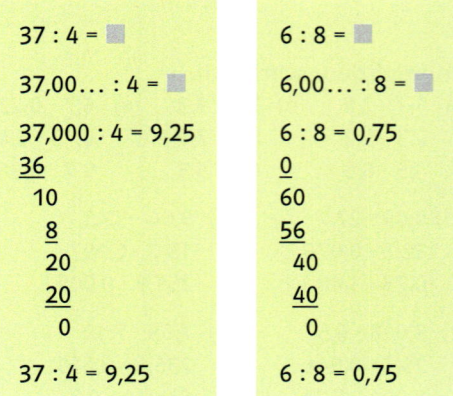

$37 : 4 = \blacksquare$

$37,00... : 4 = \blacksquare$

$37,000 : 4 = 9,25$
$\underline{36}$
10
$\underline{8}$
20
$\underline{20}$
0

$37 : 4 = 9,25$

$6 : 8 = \blacksquare$

$6,00... : 8 = \blacksquare$

$6 : 8 = 0,75$
$\underline{0}$
60
$\underline{56}$
40
$\underline{40}$
0

$6 : 8 = 0,75$

Bestimme den Quotienten.
a) 2 : 8   b) 9 : 5   c) 27 : 6
   9 : 12   15 : 8   37 : 4
   7 : 20   93 : 40   42 : 16

Lösungen zu Aufgabe 5:
0,25   0,35   0,75   1,8   1,875   2,325
2,625   4,5   9,25

Dezimalzahlen dividieren

6 Eine der abgebildeten Heftzwecken wiegt 0,5 g.

Wie viele Heftzwecken liegen auf der Waage?

7 Berechne durch Umwandeln.

> 1,80 € : 0,30 € = ⬛
> ⬛ ct : ⬛ ct = ⬛

a) 1,80 € : 0,30 €
2,40 € : 0,60 €
4,80 € : 0,80 €

b) 3,50 m : 0,70 m
3,60 m : 1,20 m
7,70 m : 1,10 m

8 Vergleiche die Divisionsaufgaben.

a)
8 : 2 = 4
80 : 20 = 4
800 : 200 = 4
8000 : 2000 = 4

b)
15 : 3 = 5
150 : 30 = 5
1 500 : 300 = 5
15 000 : 3000 = 5

c)
5 : 2 = 2,5
50 : 20 = 2,5
500 : 200 = 2,5
5000 : 2000 = 2,5

d)
9 : 6 = 1,5
90 : 60 = 1,5
900 : 600 = 1,5
9000 : 6000 = 1,5

> Das Ergebnis einer Divisionsaufgabe ändert sich nicht, wenn beide Zahlen (Dividend und Divisor) mit 10, 100, 1000, … multipliziert werden.

9 Berechne im Kopf.

> 1,8 : 0,3 = 18 : 3 = 6
>
> 0,88 : 0,11 = 88 : 11 = 8

a)
0,6 : 0,3
0,8 : 0,2
1,2 : 0,4
3,6 : 0,9

b)
2,4 : 0,8
3,6 : 0,9
2,8 : 0,7
5,6 : 0,8

c)
0,77 : 0,11
0,54 : 0,09
0,72 : 0,08
0,48 : 0,12

> So kannst du eine Dezimalzahl durch eine Dezimalzahl dividieren:
>
> 6,974 : 0,11 = ⬛
>
> 1. Multipliziere beide Dezimalzahlen (Dividend und Divisor) mit 10, 100, 1000, …, sodass der Divisor eine natürliche Zahl wird.
>
> 697,4 : 11 = ⬛
>
> 2. Dividiere. Setze beim Überschreiten des Kommas auch im Ergebnis ein Komma.
>
> 697,4 : 11 = 63,4
> <u>66</u>
>   37
>   <u>33</u>
>   44
>   <u>44</u>
>   0
>
> 6,974 : 0,11 = 63,4

10 Dividiere schriftlich.

a) 25,74 : 1,1
3,462 : 0,6
3,852 : 0,4

b) 29,16 : 0,9
4,888 : 0,8
16,03 : 0,7

c) 0,1645 : 0,07
2,2484 : 0,04
34,668 : 0,09

d) 6,4062 : 0,03
0,1225 : 0,05
0,0984 : 0,12

e) 0,20475 : 0,025
0,41172 : 0,012
0,01568 : 0,014

f) 1,06062 : 0,0011
1,0233 : 0,0015
1,33175 : 0,0025

Lösungen zu Aufgabe 10:

0,82 1,12 2,35 2,45 5,77 6,11
8,19 9,63 22,9 23,4 32,4 34,31
56,21 213,54 385,2 532,7 682,2
964,2

11 Berechne. Ergänze Nullen.

a) 1,8 : 0,09
9,9 : 0,15
2,4 : 0,08

b) 23,7 : 0,003
4,4 : 0,008
5,06 : 0,0011

c) 0,9 : 0,006
0,72 : 0,025
0,36 : 0,005

d) 0,05 : 0,0016
0,025 : 0,0004
0,125 : 0,00008

Lösungen zu Aufgabe 11:

20 30 28,8 31,25 62,5 66 72
150 550 1562,5 4600 7900

> 2,8   : 0,016 = ⬛
> 2,800 : 0,016 = ⬛
> 2800 :   16 = ⬛

Modellieren — Sachaufgaben lösen

So kannst du Sachaufgaben mit Dezimalzahlen lösen:

Der große Preis von Italien wird jährlich auf der 5,793 km langen Rennstrecke in Monza ausgetragen. Bei diesem Formel-1-Rennen werden 53 Runden gefahren.
Wie viel Kilometer legt ein Fahrzeug bei diesem Rennen zurück?

1. Lies die Aufgabe sorgfältig durch und notiere, was gesucht ist.

Die Länge der Strecke, die ein Fahrzeug bei einem Rennen zurücklegt

2. Schreibe alle Angaben auf, die du zur Lösung der Aufgabe benötigst.

53 Runden, jede Runde ist 5,793 km lang

3. Überlege, welche Berechnungen du durchführen musst.

Die Anzahl der Runden mit der Länge einer Runde multiplizieren

4. Führe die Rechnungen durch und bestimme das Ergebnis.

$53 \cdot 5,793 = 307,029$

5. Überprüfe das Ergebnis mithilfe einer Überschlagsrechnung und formuliere eine Antwort.

$50 \cdot 6 = 300$

Beim großen Preis von Italien legt ein Fahrzeug 307,029 km zurück.

Löse die Aufgaben auf den Seiten 22 und 23 zusammen mit einem Partner.

1 a) Maria passt manchmal auf das Kind der Nachbarn auf. Dafür erhält sie 5,50 € pro Stunde. Im vergangenen Monat hat sie 17,5 Stunden gearbeitet. Wie viel Euro hat sie verdient?
b) Auch Laura erhöht ihr Taschengeld durch Babysitten. Im Juni hat sie 15 Stunden gearbeitet und dabei 97,50 € verdient.
Wie viel Euro erhält sie pro Stunde?

1 Seemeile = 1,852 km

2 Familie Kath unternimmt einen Segeltörn und legt dabei in einer Woche 56,5 Seemeilen zurück.
Wie viel Kilometer sind das?

3 Herr Noll kontrolliert seinen Stromverbrauch. Zu Beginn eines Monats notiert er den Zählerstand.

1. April	3361,2 kWh
1. Mai	3712,8 kWh
1. Juni	4012,2 kWh
1. Juli	4322,1 kWh

Wie viel Kilowattstunden Strom hat Herr Noll im April (Mai, Juni) verbraucht?

4 a) Die 13 Mädchen und 17 Jungen der Klasse 6b machen einen Ausflug mit dem Reisebus. Der Bus kostet 378 €. Wie viel Euro muss jedes Kind bezahlen?
b) Zwei Jungen fahren nicht mit. Um wie viel Euro erhöhen sich die Fahrtkosten für jedes Kind?

5 Für die Zubereitung eines Obstsalats kauft Nina 0,452 kg Apfelsinen, 0,732 kg Äpfel, 0,342 kg Weintrauben und 0,621 kg Bananen.
Wie viel Kilogramm wiegt das Obst insgesamt?

Sachaufgaben

6 a) Bei der Tour de France benötigte der Sieger für eine 189 Kilometer lange Etappe 4,5 Stunden.
Wie viel Kilometer legte er im Durchschnitt pro Stunde zurück?

b) Auf einer anderen Etappe benötigte er bei einer durchschnittlichen Geschwindigkeit von 48,5 Kilometern pro Stunde für die Strecke 5,2 Stunden. Berechne die Länge der Etappe.

7 916,5 Liter Obstsaft werden in Flaschen zu je 0,75 Liter abgefüllt. Wie viele Flaschen können gefüllt werden?

8 Frau Werthmann tankt 45 Liter Benzin und bezahlt dafür 68,85 €.
Bei einer anderen Tankstelle bezahlt Herr Klinger 60,80 € für 40 Liter Benzin. Wer hat preiswerter getankt?

9 a) Im März ist Frau Kruppa mit ihrem Wagen 1200 Kilometer gefahren und hat dabei 87 Liter Benzin verbraucht.
Berechne den durchschnittlichen Verbrauch für 100 Kilometer.
b) Im April hat ihr Wagen 54 Liter Benzin für 750 Kilometer verbraucht. Hat sich der durchschnittliche Verbrauch verändert?

10 a) Gib die Größe jedes Grundstücks in Quadratmetern an.

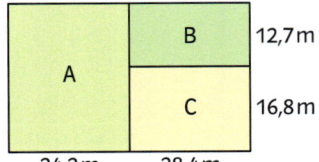

b) Wie groß sind alle drei Grundstücke zusammen?

11 Für seine Reise nach Nordamerika kauft Herr Eggenwirth bei der Bank 400 US-Dollar, 250 kanadische Dollar und 5000 mexikanische Peso.

Ausländische Währungen		
USA	1 US-Dollar	0,798 €
Kanada	1 Kanad. Dollar	0,751 €
Mexiko	100 Peso	6,094 €

Wie viel Euro bezahlt er insgesamt?

12 a) Eine Ein-Euro-Münze ist 2,33 mm dick. Wie hoch ist ein Stapel von 20 Euromünzen?
b) Ein Stapel von 30 Ein-Cent-Münzen ist 50,1 mm hoch. Wie dick ist eine Ein-Cent-Münze?
c) Eine Zwei-Euro-Münze ist 2,2 mm dick. Die Höhe eines Stapels aus Zwei-Euro-Münzen beträgt 55 mm. Aus wie vielen Münzen besteht der Stapel?

13 Beim Viererbob werden vier Läufe an zwei aufeinanderfolgenden Tagen gefahren. In der Tabelle sind die Ergebnisse bei den olympischen Winterspielen 2014 angegeben.

	Russland	Lettland	USA
1. Lauf	54,82 s	55,10 s	54,88 s
2. Lauf	55,37 s	55,13 s	55,47 s
3. Lauf	55,02 s	55,15 s	55,30 s
4. Lauf	54,89 s	55,31 s	55,33 s

a) Berechne für jeden Bob die Gesamtzeit.
b) Bestimme den Zeitunterschied zwischen dem Ersten und dem Zweiten sowie zwischen dem Zweiten und dem Dritten.

Lösungen zu Aufgaben 1 – 13:
0,29 0,59 0,9 1,52 1,53 1,67 2,147
6,50 7,2 7,25 12,6 25 42 46,6
96,25 104,638 220,1 220,69 220,98
252,2 299,4 309,9 351,6 360,68
477,12 713,9 811,65 1222 1551,7

1 Um die Größe eines Bildschirms anzugeben, wird die Länge der Diagonalen gemessen. Dabei wird die Einheit Zoll verwendet. Zoll ist die deutsche Übersetzung der englischen Längeneinheit inch.

1 inch = 1 Zoll = 1″ = 2,54 cm

Gib für jeden Bildschirm die Länge der Diagonalen in Zentimetern an.

2 Geschwindigkeitsbegrenzungen werden in Großbritannien in miles per hour angegeben.

1 mile = 1609,344 m ≈ 1,6 km

Wie viele Kilometer pro Stunde darf ein Auto innerhalb von Ortschaften (außerhalb von Ortschaften, auf der Autobahn) höchstens fahren?

3 a) Die Regeln des modernen Fußballspiels wurden zuerst in England aufgestellt. Dabei wurden auch die Maße der Tore festgelegt.

1 foot (ft) = 12 inches = 30,48 cm
1 yard (yd) = 3 feet   = 91,44 cm

Gib die Maße eines Fußballtores in Metern an.
b) Wird ein Spieler im Strafraum des Gegners gefoult, erhält die angreifende Mannschaft einen Strafstoß. Ausgeführt wird dieser Strafstoß von einem Punkt aus, der 12 yards von der Torlinie entfernt liegt.
Gib diesen Abstand in Metern an. Stimmt die Bezeichnung Elfmeter?

4 Auch die Regeln des Tennis stammen aus England. Beim Einzel ist das Spielfeld 26 yards lang und 9 yards breit, beim Doppel beträgt die Breite 12 yards.

Gib jeweils den Flächeninhalt des Spielfeldes in Quadratmetern an.

Dezimalzahlen

Dezimalzahlen können in eine erweiterte Stellenwerttafel eingeordnet werden.

H	Z	E	z	h	t	wir schreiben	wir lesen
100	10	1	$\frac{1}{10}$	$\frac{1}{100}$	$\frac{1}{1000}$		

1 Einer 6 Zehntel → 1,6 → Eins Komma sechs (Tafel: E=1, z=6)

7 Zehntel 2 Hundertstel → 0,72 → Null Komma sieben zwei (Tafel: E=0, z=7, h=2)

Dezimalzahlen können auf dem Zahlenstrahl dargestellt werden. Auf dem Zahlenstrahl liegt die kleinere Dezimalzahl links von der größeren Dezimalzahl.

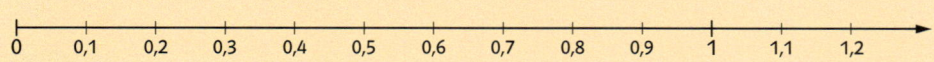

0   0,1   0,2   0,3   0,4   0,5   0,6   0,7   0,8   0,9   1   1,1   1,2

Runden von Dezimalzahlen auf Hundertstel

Bei 0, 1, 2, 3, 4 runde ab.

Bei 5, 6, 7, 8, 9 runde auf.

Auf diese Stelle soll gerundet werden.

h
1,368 ≈ 1,37

Diese Stelle gibt an, ob auf- oder abgerundet wird.

Bei der schriftlichen Addition und Subtraktion von Dezimalzahlen stehen Komma unter Komma, Einer unter Einern, Zehntel unter Zehnteln, ...

```
  14,702
+  0,570
   1
  15,272
```

14,702 + 0,57 = 15,272

```
  1,700
- 0,125
   1 1
  1,575
```

1,7 − 0,125 = 1,575

Eine Dezimalzahl wird mit 10, 100, 1000, ... multipliziert (durch 10, 100, 1000, dividiert), indem das Komma um 1, 2, 3, ... Stellen nach rechts (links) rückt. Für fehlende Ziffern werden Nullen geschrieben.

1,428 · 10 = 14,28
0,782 · 100 = 78,2

0,732 : 10 = 0,0732
12,4 : 1000 = 0,0124

Beim schriftlichen Multiplizieren von zwei Dezimalzahlen wird zunächst nicht auf das Komma geachtet.

Das Ergebnis hat so viele Stellen nach dem Komma wie beide Dezimalzahlen zusammen nach dem Komma haben.

3,607 · 2,08 = ▨

```
3,6 0 7 · 2,0 8
  7 2 1 4
    2 8 8 5 6
  7,5 0 2 5 6
```

3,607 · 2,08 = 7,50256

Beim schriftlichen Dividieren von zwei Dezimalzahlen werden beide Zahlen mit 10, 100, 1000, ... multipliziert, so dass der Divisor eine natürliche Zahl wird.

Sobald man beim Dividieren das Komma überschreitet, wird im Quotienten das Komma gesetzt.

1,278 : 0,09 = ▨

```
127,8 : 9 = 14,2
  9
  37
  36
   18
   18
    0
```

1,278 : 0,09 = 14,2

Üben und Vertiefen

1 Schreibe als Dezimalzahl.
a) acht Zehntel vier Hundertstel
sechs Zehntel neun Tausendstel
drei Hundertstel fünf Tausendstel
b) sechzehn Hundertstel
vierunddreißig Hundertstel
fünfundneunzig Tausendstel
c) elf Zehntel
zweihundertzwölf Tausendstel
vierhundertdrei Tausendstel

2 a) Setze jeweils das Komma so, dass
die Ziffer 8 den Stellenwert Zehntel hat.
782   1855   1118   7805   26 803
b) Setze jeweils das Komma so, dass die
Ziffer 1 den Stellenwert Hundertstel hat.
3691   5812   33 819   621   17

3 Welchen Stellenwert hat die Ziffer 6
in der Dezimalzahl 4,63 (5,006; 6,03;
0,961; 7,601)?

4 Prüfe, ob die beiden Dezimalzahlen
gleich groß sind oder nicht.
a) 0,088 und 0,0880
b) 0,0707 und 0,7070
c) 1,0200 und 1,020
d) 4,0303 und 4,30303
e) 2,0010 und 2,0100
f) 3,0050 und 3,00500

5 Zeichne das Teilstück des Zahlen-
strahls von 0 bis 1 in einer Länge von
10 cm. Markiere die Punkte für 0,4 (0,8;
0,13; 0,53; 0,71; 0,96).
a) Zeichne das Teilstück des Zahlen-
strahls von 17 bis 18 in einer Länge von
10 cm. Markiere die Punkte für 17,2
(17,7; 17,04; 17,59; 17,84; 17,92).

6 Ordne die Dezimalzahlen der Größe
nach. Beginne mit der kleinsten.
a) 4,55   4,45   5,44   4,54   5,45   5,54
b) 0,102   0,201   0,112   0,212   0,221
c) 7,15   1,75   5,71   5,17   1,57   7,51
d) 1,444   1,4   1,4044   1,404   1,40444
e) 0,11   0,0111   0,1011   1,101   0,001
f) 3,223   3,322   3,332   3,233   3,323

7 Runde
a) auf Zehntel: 0,78   34,52   2,062
0,072   11,067   18,72   3,72   9,96
b) auf Hundertstel: 12,503   31,987
0,0061   1,8062   2,302   5,696
c) auf Tausendstel: 0,7777   0,0808
21,7053   1,0088   0,0002   1,0997

8 Gib die Einwohnerzahlen der Städte
in Millionen mit zwei Stellen nach dem
Komma an. Ordne sie der Größe nach.

Barcelona	1 611 822 Einwohner
Berlin	3 401 147 Einwohner
Hamburg	1 747 630 Einwohner
London	8 308 369 Einwohner
Madrid	3 207 247 Einwohner
München	1 395 429 Einwohner
Paris	2 243 833 Einwohner
Rom	2 638 842 Einwohner
Warschau	1 718 219 Einwohner
Wien	1 753 673 Einwohner

9 a) Gib fünf Dezimalzahlen an, die
beim Runden auf Zehntel 7,5 (1,2; 0,6;
3) ergeben.
b) Gib fünf Dezimalzahlen an, die beim
Runden auf Hundertstel 1,23 (0,86; 0,07;
2,1) ergeben.

10 Die Angaben auf den Wegweisern
sind auf eine Stelle nach dem Komma
gerundet. Wie viel Meter beträgt die
Länge des Weges zum Strandbad (zum
Kurhaus, zum Aussichtsturm) mindestens, wie viel Meter höchstens?

Strandbad 0,7 km
Kurhaus 1,4 km
Aussichtsturm 2,6 km

Addieren und Subtrahieren

1 Berechne das Ergebnis im Kopf.

a) 1,8 + 2,3   b) 0,12 + 0,14
   2,7 + 1,5   0,34 + 0,62
   5,9 + 2,8   0,41 + 0,25

c) 3,4 – 2,1   d) 0,45 – 0,31
   4,9 – 3,7   0,94 – 0,13
   7,2 – 4,3   0,88 – 0,53

Lösungen zu Aufgabe 1:
0,14 0,26 0,35 0,66 0,81 0,96 1,2
1,3 2,9 4,1 4,2 8,7

2 Addiere oder subtrahiere schriftlich. Das Ergebnis jeder Aufgabe führt dich zur nächsten Aufgabe.

4,82 + 1,06 = ☐   6,01 – 3,59 = ☐

9,1 – 3,09 = ☐   16,38 – 7,28 = ☐

5,88 + 10,5 = ☐   2,42 + 2,4 = ☐

3,418 + 0,926 = ☐   11,15 – 2,091 = ☐

4,539 – 1,121 = ☐   9,059 – 4,52 = ☐

4,344 – 2,87 = ☐   1,474 + 9,676 = ☐

0,018 + 3,061 = ☐   7,395 – 2,91 = ☐

4,485 – 4,467 = ☐   3,079 – 0,971 = ☐

2,108 + 4,38 = ☐   6,488 + 0,907 = ☐

3 Stelle mithilfe eines Überschlags fest, welche Ergebnisse nicht richtig sein können. Die Buchstaben hinter den richtigen Ergebnissen bilden das Lösungswort.

a) 6,8 + 8,2 + 5,9 = 20,9   Ⓡ
   17,4 + 23,8 + 11,2 = 92,4   Ⓐ
   19,3 + 14,6 + 7,9 = 31,8   Ⓢ
   0,73 + 0,69 + 0,44 = 1,86   Ⓞ
   71,1 + 22,8 + 5,9 = 99,8   Ⓣ
   0,31 + 0,67 + 0,11 = 10,9   Ⓔ

b) 9,2 – 3,8 – 1,2 = 1,25   Ⓑ
   56,1 – 12,9 – 8,9 = 3,43   Ⓐ
   44,7 – 21,6 – 2,7 = 20,4   Ⓛ
   1,88 – 0,71 – 0,38 = 0,79   Ⓘ
   20,4 – 3,5 – 11,3 = 5,6   Ⓛ
   4,5 – 0,92 – 0,73 = 2,85   Ⓐ

4 a) Ergänze zu 1.
0,7   0,8   0,71   0,49   0,992
b) Ergänze zu 10.
7,5   8,2   5,9   9,52   8,05
c) Ergänze zu 100.
99,2   98,7   50,5   9,5   23,7

5 Fasse geschickt zusammen und bestimme das Ergebnis.

> 3,6 + 7,2 – 1,6 + 1,8
> = (3,6 – 1,6) + (7,2 + 1,8)
> = 2 + 9
> = 11

a) 2,4 + 5,3 – 2,3 + 9,6
   5,7 + 3,1 + 4,9 + 3,3
   8,1 + 9,4 + 2,6 – 2,1

b) 3,77 + 1,2 + 3,8 – 0,77
   3,95 + 2,6 + 1,05 + 4,4
   0,72 + 0,51 + 0,28 + 0,49

6 Vervollständige den Additionsturm in deinem Heft.

a)
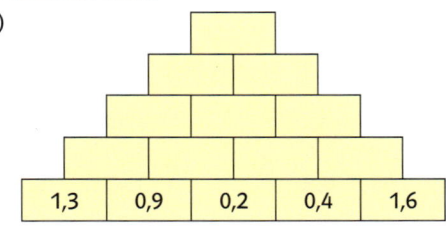

b)
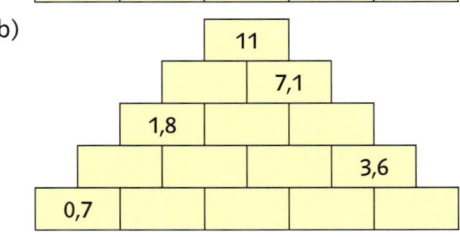

7 a) 2,7 + 5,3 – ☐ = 4,5
   7,1 – ☐ + 4,3 = 10,3
   ☐ – 6,2 – 1,3 = 2,5

b) 7,1 – ☐ – 3,2 = 2,1
   ☐ + 5,1 – 3,8 = 9,8
   4,7 – 2,8 + ☐ = 5,3

c) 8 – ☐ – 2,1 – 0,3 = 1,9
   1,7 + 4,2 + ☐ + 2,5 = 11
   4,8 – ☐ – 1,5 – 2,6 = 0,3

Bestimme jeweils den Platzhalter.

Multiplizieren und Dividieren

1 Berechne im Kopf.

a) 0,9 · 4
   1,3 · 4
   3 · 3,1

b) 2,8 · 10
   8 · 0,4
   10 · 1,9

c) 0,2 · 0,8
   0,6 · 0,3
   0,7 · 0,4

d) 3,472 · 100
   85,35 : 100
   0,19 · 0,02

e) 0,15 · 0,3
   48,2 : 1000
   0,77 · 1000

f) 0,00052 · 100
   0,006 · 0,07
   1000 · 0,0781

g) 24,11 : 100
   7,2 : 0,9
   4,6 : 1000

h) 0,04 · 0,6
   0,09 · 0,004
   0,11 · 0,003

i) 0,014 : 0,002
   0,03 · 0,0013
   0,054 : 0,006

2 Bei jeder Aufgabe erhältst du ein Lösungswort, wenn du im Ergebnis jede Ziffer durch den angegebenen Buchstaben ersetzt.

a) 8,41 · 0,03
   46,489 · 0,7
   4,093 · 1,1

b) 34,81 · 1,2
   0,78 · 0,33
   0,34273 · 0,8

c) 22,717 · 0,19
   1,033 · 0,13
   4,79 · 0,68

d) 0,189 · 1,451
   1,643 · 2,61
   1,2 · 0,14

e) 2,09 : 0,5
   0,102 : 0,6
   0,576 : 0,9

f) 20,56 : 0,8
   1,288 : 0,7
   3,454 : 1,1

g) 0,0788 : 0,4
   35,388 : 1,2
   40,92 : 1,5

h) 67,0707 : 0,9
   7,8605 : 2,5
   3,6688 : 0,04

i) 0,223 · 33,3
   11,46 · 6,47
   0,7598 · 0,2671

k) 516,9208 : 1,1
   0,135384 : 0,8
   0,24678 : 0,9

1	A
2	E
3	R
4	T
5	I
6	U
7	S
8	L
9	N
0	G

3 Stelle mithilfe eines Überschlags fest, welche Ergebnisse nicht richtig sein können. Die Buchstaben hinter den richtigen Ergebnissen bilden das Lösungswort.

a) 6,8 · 8,5 = 57,8 (G)
  1,9 · 4,2 = 2,98 (L)
  7,1 · 0,8 = 5,68 (E)
  9,2 · 4,5 = 41,4 (L)
  17,1 · 1,1 = 9,81 (E)
  6,7 · 3,8 = 25,46 (B)

b) 87,6 : 3 = 29,2 (B)
  7,65 : 5 = 15,3 (U)
  5,31 : 9 = 0,59 (L)
  4,24 : 8 = 5,3 (T)
  19,8 : 9 = 2,2 (A)
  23,4 : 6 = 3,9 (U)

4 Erkläre, welche Fehler Christopher gemacht hat.

a)
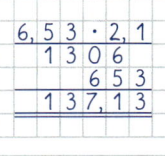

b)
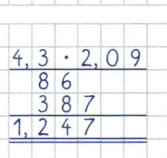

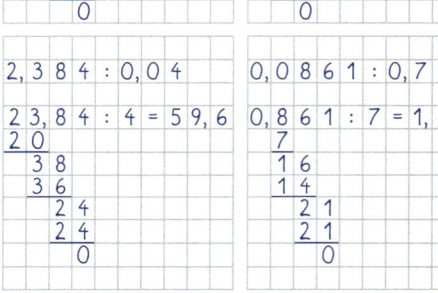

5 Fasse wie in den Beispielen geschickt zusammen und bestimme das Ergebnis.

> 0,25 · 1,6 · 4
> = (0,25 · 4) · 1,6
> =   1 · 1,6
> = 1,6

> 0,2 · 3,1 · 0,5
> = (0,2 · 0,5) · 3,1
> =   0,1 · 3,1
> = 0,31

a) 0,2 · 7,3 · 5
  3,4 · 4 · 0,25
  0,05 · 20 · 3,9
  0,5 · 3,1 · 0,2

b) 2,5 · 9,7 · 0,4
  0,5 · 27 · 0,2
  4,2 · 0,25 · 0,4
  0,025 · 2,3 · 400

6 Bestimme jeweils den Platzhalter.

a) 3 · ▦ = 18,12
  ▦ · 7 = 16,31
  8 · ▦ = 42,72

b) ▦ : 1,2 = 5,4
  3,36 : ▦ = 0,8
  ▦ : 0,3 = 4,3

c) 0,7 · ▦ = 0,392
  ▦ · 0,15 = 0,57
  0,06 · ▦ = 0,276

d) ▦ : 0,69 = 1,173
  0,756 : ▦ = 0,9
  ▦ : 0,42 = 2,73

Verbindung der Grundrechenarten

1 Berechne die Klammer zuerst.

> $(3,4 - 1,9) \cdot 6 = 1,5 \cdot 6 = 9$
> $6 - (2,4 + 1,1) = 6 - 3,5 = 2,5$
> $(2,4 - 0,9) \cdot (1,4 + 2,6) = 1,5 \cdot 4 = 6$

a) $(1,2 + 3,3) \cdot 2$
$(4,2 - 1,7) \cdot 4$
$(0,9 + 1,2) \cdot 3$

b) $3 \cdot (2,8 - 1,9)$
$10 \cdot (9,1 + 0,8)$
$7 \cdot (8,5 - 7,4)$

c) $(2,5 - 1,3) : 3$
$(4,2 + 1,8) : 4$
$(2,9 - 2,3) : 2$

d) $0,2 \cdot (2,7 + 8,3)$
$1,1 \cdot (6,4 + 2,6)$
$4,6 : (4,4 - 2,4)$

e) $5 - (1,1 + 2,1)$
$2,5 - (2,3 - 0,8)$
$7,1 - (3,3 + 1,7)$

f) $0,3 \cdot (4,4 - 3,9)$
$(0,5 + 1,9) : 0,4$
$0,8 \cdot (1,8 - 1,4)$

g) $(3,2 + 4,1 + 2,7) - (1,5 + 3,5)$
$(7 - 1,1) - (1,3 + 2,1 + 0,6)$
$(0,7 + 1,7 + 2,1) - (2,5 - 2,2)$

h) $(6,7 + 3,3) \cdot (0,8 + 2,4)$
$(10,2 - 0,3) : (1,8 + 1,2)$
$(5,3 - 4,1) \cdot (4,9 + 1,1)$

Lösungen zu Aufgabe 1:
0,15 0,3 0,32 0,4 1 1,5 1,8 1,9 2,1
2,2 2,3 2,7 3,3 4,2 5 6 6,3 7,2
7,7 9 9,9 10 32 99

2 Beachte die Regel „Punktrechnung vor Strichrechnung".

> $4,5 + 0,9 \cdot 8 = 4,5 + 7,2 = 11,7$
> $0,4 \cdot 8 + 0,9 \cdot 3 = 3,2 + 2,7 = 5,9$

a) $2 \cdot 0,6 + 0,8$
$2,5 - 0,7 \cdot 3$
$1,2 + 0,4 \cdot 5$

b) $1,3 + 4 \cdot 0,6$
$2,5 \cdot 2 - 1,9$
$2 \cdot 3,2 - 2,3$

c) $7,5 - 1,5 \cdot 4$
$1,1 \cdot 3 + 2,5$
$5,1 \cdot 2 - 2,2$

d) $2 \cdot 1,5 - 0,4 \cdot 3$
$0,5 \cdot 4 + 7 \cdot 0,2$
$5 \cdot 1,1 - 4 \cdot 0,1$

e) $2,1 : 3 + 1,5$
$1,8 + 2,4 : 4$
$0,9 : 0,3 + 0,3$

f) $8,3 - 5,6 : 0,8$
$8,8 : 2 + 1,6$
$4,8 : 0,8 - 2,5$

g) $6 \cdot 0,7 - 4 \cdot 0,3$
$8 \cdot 0,2 + 4 \cdot 0,6$
$0,7 \cdot 3 + 0,3 \cdot 7$

h) $0,5 \cdot 0,4 + 0,1 \cdot 0,3$
$0,7 \cdot 0,3 + 0,6 \cdot 0,4$
$0,8 \cdot 0,4 - 0,2 \cdot 0,9$

Lösungen zu Aufgabe 2:
0,14 0,23 0,4 0,45 1,3 1,5 1,8 2
2,2 2,4 3 3,1 3,2 3,3 3,4 3,5 3,7
4 4,1 4,2 5,1 5,8 6 8

3 Vertausche die Summanden und setze die Klammern so, dass du vorteilhaft rechnen kannst.

a) $1,7 + 2,1 + 2,3$
$2,1 + 3,4 + 1,9$
$4,8 + 2,9 + 1,2$

b) $4,6 + 2,7 - 2,6$
$8,3 + 0,6 - 6,3$
$2,8 + 2,9 - 1,9$

> $0,9 + 0,7 + 5,1$
> $= (0,9 + 5,1) + 0,7$
> $= 6 + 0,7$
> $= 6,7$

Lösungen zu Aufgabe 3:
2,6 3,8 4,7 6,1 7,4 8,9

4 Zerlege einen Faktor wie in den Beispielen. Bestimme dann das Ergebnis.

> $8 \cdot 3,4$
> $= 8 \cdot (3 + 0,4)$
> $= 8 \cdot 3 + 8 \cdot 0,4$
> $= 24 + 3,2$
> $= 27,2$

> $7 \cdot 5,9$
> $= 7 \cdot (6 - 0,1)$
> $= 7 \cdot 6 - 7 \cdot 0,1$
> $= 42 - 0,7$
> $= 41,3$

a) $6 \cdot 5,2$
$8 \cdot 9,1$
$9 \cdot 6,3$

b) $8,1 \cdot 4$
$4,3 \cdot 5$
$11,2 \cdot 3$

c) $7 \cdot 7,9$
$3 \cdot 4,9$
$1,9 \cdot 9$

Lösungen zu Aufgabe 4:
14,7 17,1 21,5 31,2 32,4 33,6 55,3
56,7 72,8

5 Notiere den Rechenweg und bestimme die Lösung.

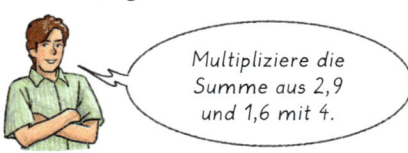

Multipliziere die Summe aus 2,9 und 1,6 mit 4.

> $(2,9 + 1,6) \cdot 4$
> $= 4,5 \cdot 4$
> $= 18$

a) Multipliziere die Summe aus 3,2 und 2,3 mit 4.
b) Multipliziere die Differenz aus 6,8 und 5,6 mit 3.
c) Dividiere die Summe aus 6,8 und 0,9 durch 7.
d) Addiere zu 5,3 das Produkt aus 1,1 und 3.
e) Subtrahiere von 2,9 den Quotienten aus 2,4 und 6.
f) Addiere 3,8 zum Produkt aus 0,8 und 1,5.

Lösungen zu Aufgabe 5:
1,1 3,6 2,5 5 8,6 22

6 a) Eine Summe aus drei Summanden beträgt 7,5. Der erste Summand ist 2,3, der zweite 4,9. Wie heißt der dritte Summand?
b) Ein Produkt aus drei Faktoren beträgt 0,24. Der erste Faktor ist 0,2, der zweite 0,6. Bestimme den dritten Faktor.

Einkaufen im Supermarkt

Fruchtaufstrich 2,19 €
Bienenhonig 3,95 €
Nuss-Nougat-Creme 1,95 €

Schokoriegel 0,60 €
Müsliriegel 0,40 €

Kühltheke
fettarme Milch (1 Liter)	0,85 €
Butter (250 g)	1,89 €
Fruchtjoghurt (150-g-Becher)	0,75 €
Schokopudding (100-g-Becher)	0,60 €

Käsetheke
	Preis pro kg
Camembert	17,90 €
Gouda mittelalt	12,95 €
franz. Butterkäse	15,50 €
Emmentaler	14,70 €

1 Lea und Sara kaufen im Supermarkt ein. Auf einem Zettel hat jedes Mädchen notiert, was es mitbringen möchte.

Sara

1 Ananas
250g Butter
1 Glas Honig
5 Becher Schoko-
          pudding
Papiertaschentücher
(30er Pack)

Lea

5 Kiwis
2 Liter Milch
1 Glas Fruchtaufstrich
2 Haushaltsrollen
3 Becher Fruchtjoghurt

Wie viel Euro muss Lea (Sara) bezahlen?

2 Ben kauft für seine Familie ein Glas Nuss-Nougat-Creme, einen 30er Pack Papiertaschentücher und 1,5 kg Orangen. Seine Mutter hat ihm einen Zehn-Euro-Schein gegeben.
Kann er zusätzlich noch einen Becher Schokopudding mitnehmen?

3 Stelle aus dem Angebot des Supermarkts einen Einkaufszettel zusammen. Bitte deinen Partner oder deine Partnerin auszurechnen, wie viel Euro für den Einkauf bezahlt werden muss.

4 An der Käsetheke kauft Frau Hebel 0,762 kg Emmentaler, 0,562 g Gouda und 0,432 kg Camembert.
Wie viel Euro muss sie bezahlen? Runde das Ergebnis auf zwei Stellen nach dem Komma.

5 Frau Perez benötigt vier Haushaltsrollen. Wie groß ist der Preisunterschied zwischen zwei Zweierpacks und einem Viererpack?

6 Pauls Kassenzettel ist zerrissen. Du siehst die Preise, aber nicht die Produkte, die er gekauft hat.

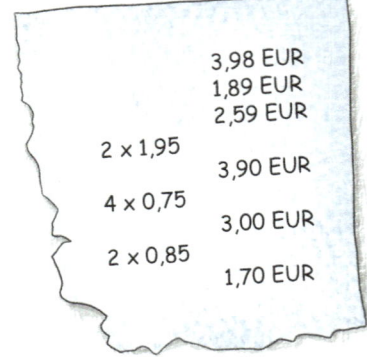

3,98 EUR
1,89 EUR
2,59 EUR
2 x 1,95
3,90 EUR
4 x 0,75
3,00 EUR
2 x 0,85
1,70 EUR

a) Überlege, was Paul eingekauft haben könnte.
b) Berechne, wie viel Euro er bezahlt hat.

Waschmittel
1,2 kg	4,79 €
4,8 kg	17,99 €
8,4 kg	29,99 €

Taschentücher
6er Pack	1,29 €
15er Pack	2,49 €
30er Pack	3,99 €

Haushaltsrollen
2er Pack	1,49 €
4er Pack	2,59 €

Obsttheke
	Preis pro kg
Tafeläpfel	2,99 €
Birnen	3,49 €
Orangen	2,25 €
Bananen	1,99 €
	Preis pro Stück
Ananas	4,99 €
Kiwi	0,40 €

7 a) Vergleiche den Preis eines 30er Packs Papiertaschentücher mit dem Preis von zwei 15er Packs.
b) Wie viel 6er Packs enthalten genauso viel Taschentücher wie ein 30er Pack? Wie viel Euro ist ein 30er Pack preiswerter als dieselbe Anzahl Taschentücher in 6er Packs?

8 Mia kauft Obst ein. Sie hat 1,248 kg Bananen, 2,375 kg Äpfel und 0,521 kg Orangen abgewogen.
Berechne, wie viel Euro sie für das Obst bezahlen muss. Runde das Ergebnis auf zwei Stellen nach dem Komma.

9 Herr Göhlert hat ein Glas Fruchtaufstrich, ein Liter Milch, einen 6er Pack Papiertaschentücher und zwei Haushaltsrollen eingekauft.
a) Stelle durch eine Überschlagsrechnung fest, wie viel Euro Herr Göhlert bezahlen muss. Runde dazu alle Preise auf ganze Euro und addiere die gerundeten Preise.
b) Bestimme den genauen Preis der Waren, die Herr Göhlert gekauft hat, und vergleiche ihn mit deinem Überschlag. Was stellst du fest?

10 a) Herr Noll kauft einen Karton mit 4,8 kg Waschmittel.
Wie viel Kartons zu 1,2 kg müsste er kaufen, um dieselbe Menge Waschmittel zu erhalten?
Bestimme den Preisunterschied.
b) Wie viel Euro ist ein Karton mit 8,4 kg Waschmittel preiswerter als dieselbe Menge Waschmittel in Kartons mit 1,2 kg?

Kommunizieren **Partnerarbeit**

1. Jeder liest sich die Aufgabe sorgfältig durch und macht sich klar, um welchen Sachverhalt es bei der Aufgabe geht.

2. Überlegt gemeinsam, welche Angaben, Hinweise und Hilfen in der Aufgabe gegeben sind.

3. Entwickelt gemeinsam einen Lösungsweg. Bestimmt die Lösung.

4. Überlegt, wie ihr den Lösungsweg und die Lösung der ganzen Klasse präsentieren könnt.

11 David überlegt, welchen Klebestift er kaufen soll.

10 g	20 g	40 g
1,29 €	1,68 €	2,48 €

a) Welcher Klebestift ist der preiswerteste?
b) Gibt es außer dem Preis noch andere Gründe für die eine oder andere Größe des Klebestifts?
c) Wie soll David sich entscheiden?

12 Laura hat einen 15er Pack Papiertaschentücher für 2,49 € gekauft und ausgerechnet, wie viel Euro ein Päckchen kostet.

```
15 Päckchen kosten 2,49 €

1 Päckchen kostet 2,49 € : 15

2,49 : 15 = 0,166
0
2 4
1 5
  9 9
  9 0
    9 0
    9 0
      0

2,49 : 15 = 0,166 ≈ 0,17

1 Päckchen kostet ungefähr 17 Cent.
```

Wie viel Euro kostet ein Päckchen Taschentücher, wenn du dich für den 6er Pack zu 1,29 € (den 30er Pack zu 3,99 €) entscheidest?

13 Ein Geschirrspülmittel wird in zwei Packungsgrößen angeboten: 32 Tabs für 4,48 € und 60 Tabs für 7,98 €.
a) Berechne für jede Packungsgröße den Preis für ein Tab.
b) Wie groß ist der Preisunterschied bei einem Tab?

14 Frau Speckmann kauft 1,5 kg Äpfel für 3,99 €. Frau Kruppa kauft 2,5 kg einer anderen Sorte Äpfel für 4,99 €.
a) Berechne jeweils den Preis für ein Kilogramm.
b) Gib den Preisunterschied pro Kilogramm an.

15 Vergleiche die beiden Angebote.

NUSSNOUGAT CREME
400 g 1,95 €
750 g 3,39 €

16 Multivitaminsaft wird in unterschiedlichen Mengen und Verpackungen angeboten.

0,5 *l*	1,5 *l*	0,7 *l*
0,65 €	2,49 €	0,98 €

0,3 *l*	3 x 0,2 *l*	1 *l*
0,60 €	1,59 €	1,79 €

Vergleiche die Angebote. Berechne dazu jeweils den Preis für ein Liter Multivitaminsaft.

17 a) Sucht weitere Produkte, die in unterschiedlichen Größen oder Verpackungen angeboten werden.
b) Vergleicht jeweils die Preise.
c) Überlegt, welche Gründe für oder gegen die verschiedenen Angebote sprechen.

Einkaufen im Supermarkt

18 Vervollständige die Preisliste in deinem Heft.

a) Kiwi

Anzahl	Preis (€)
1	▦
2	▦
3	▦
4	▦
5	2,25
6	▦
7	▦
8	▦
9	▦
10	▦

b) Orangen

Gewicht (kg)	Preis (€)
0,5	▦
1	▦
1,5	3,90
2	▦
2,5	▦
3	▦
3,5	▦
4	▦
4,5	▦
5	▦

c) Äpfel

Gewicht (kg)	Preis (€)
0,5	▦
1	▦
1,5	▦
2	▦
2,5	▦
3	▦
3,5	▦
4	▦
4,5	▦
5	9,90
5,5	▦
6	▦

d) Salami

Gewicht (kg)	Preis (€)
0,25	▦
0,5	▦
0,75	▦
1	18,80
1,25	▦
1,5	▦
1,75	▦
2	▦
2,25	▦
2,5	▦
2,75	▦
3	▦

e) junger Gouda

Gewicht (kg)	Preis (€)
0,2	▦
0,4	▦
0,6	▦
0,8	▦
1	2,95
1,2	▦
1,4	▦
1,6	▦
1,8	▦
2	▦

f) Weintrauben

Gewicht (kg)	Preis (€)
0,25	▦
0,5	▦
0,75	▦
1	▦
1,25	▦
1,5	▦
1,75	▦
2	4,96
2,25	▦
2,5	▦

19 Fünf Schokoriegel werden für 1,80 € angeboten.
a) Lege eine Preisliste an und trage den Preis für einen (zwei, drei, ... zehn) Schokoriegel ein.
b) Die zu den verschiedenen Anzahlen berechneten Preise kannst du in einem Koordinatensystem darstellen.

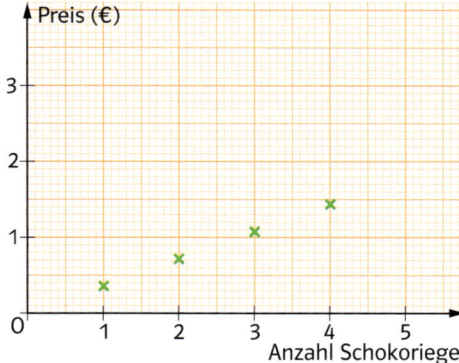

Vervollständige das Koordinatensystem in deinem Heft.

20 Im Supermarkt werden drei DIN-A4-Hefte zu einem Gesamtpreis von 1,89 € angeboten.
a) Lege eine Tabelle an und trage den Preis für ein Heft (zwei, drei … zehn Hefte) in die Tabelle ein.
b) Trage die Werte aus der Tabelle als Punkte in ein Koordinatensystem ein.
(x-Achse: 1 Heft ≙ 1 cm,
y-Achse: 1 € ≙ 1 cm).

21 a) Lege für jede Marke eine Tabelle an und trage den Preis für eine Haushaltsrolle (zwei, drei … zehn Rollen) ein.

b) Trage die Werte der drei Tabellen als Punkte in ein Koordinatensystem ein
(x-Achse: 1 Rolle ≙ 1 cm,
y-Achse: 1 € ≙ 1 cm).
c) Woran kannst du im Koordinatensystem das preisgünstigste (teuerste) Angebot erkennen?

1 Sarah möchte zwei Pakete verschicken. Das Gewicht des größeren Pakets bestimmt sie mit einer Personenwaage, das Gewicht des kleineren Pakets mit einer Haushaltswaage.

1,255 kg

3,7 kg

a) Die Personenwaage gibt das Gewicht nur auf 0,1 kg = 100 g genau an. Begründe, dass das schwerere Paket mindestens 3650 g und weniger als 3750 g wiegt.
b) Wie groß ist das Gesamtgewicht beider Pakete mindestens (höchstens)?
c) Überlege, welche Angabe für das Gesamtgewicht sinnvoll ist.

> Statt Masse wird in der Umgangssprache der Begriff Gewicht benutzt.

2 Mit einer Personenwaage wurde festgestellt, dass das Gewicht einer Packung Plastikkugeln 5,5 kg beträgt. Die Personenwaage gibt das tatsächliche Gewicht nur auf 0,1 kg = 100 g an. Daher ist 5,5 kg ein **Näherungswert** für das Gesamtgewicht der Packung Plastikkugeln.
Später wurde mit einer Haushaltswaage gemessen, dass die Verpackung 0,375 kg wiegt. Welche Gewichtsangabe ist für den Inhalt sinnvoll?

> Messwerte und Ergebnisse von Rechnungen mit Messwerten sind immer Näherungswerte, deren Genauigkeit von der Messung abhängt.
> Wird bei einem Näherungswert die mögliche Abweichung nicht angegeben, setzen wir voraus, dass der Näherungswert durch Runden entstanden ist.
> Die Ziffern des Näherungswertes werden **zuverlässige Ziffern** genannt.
> Beim Addieren und Subtrahieren von Näherungswerten wird auf die letzte zuverlässige Ziffer des ungenauesten Werts gerundet.

3 Gib wie in den Beispielen für jeden Näherungswert die Anzahl der zuverlässigen Ziffern an.

Näherungswert	Anzahl der zuverlässigen Ziffern
2,4	2
30,52	4
0,07	1

> Die Nullen vor der 7 werden nicht mitgezählt. (Anfangsnullen)

a) 1,5   b) 51,62   c) 0,04
   2,48   5,9022   0,0071

4 Bestimme wie im Beispiel die Anzahl der zuverlässigen Ziffern, berechne das Ergebnis und runde.

> 0,74 m + 1,8 m = ▧
>
>   0,7⊡   letzte zuverlässige Ziffer:
>   Hundertstel (genauerer Wert)
> + 1,⊡   letzte zuverlässige Ziffer:
> 2,5 4   Zehntel (ungenauerer Wert)
>
> Runden des Ergebnisses auf Zehntel:
> 0,74 m + 1,8 m = 2,54 ≈ 2,5

a) 0,63 m + 2,7 m   b) 3,167 kg + 0,24 t
   0,517 m + 5,6 m   0,091 kg − 8,2 g

c) 2,51 m² − 1,8 m²   d) 1,3 g − 0,036 g
   4,765 m² + 3,7 m²   3,4 g + 0,171 g

5 Fünf Fräsmaschinen müssen vom Hersteller zu den Käufern transportiert werden. Ihre Masse beträgt 9,5 t, 2,3 t, 8,75 t, 1,855 t und 975 kg.
Kann der abgebildete Sattelzug alle Maschinen auf einmal transportieren?

zulässige Gesamtmasse: 40 t
Leermasse (mit Fahrer): 16,6 t

6 Lea hat die Länge und Breite der Holzplatte jeweils auf zwei Stellen nach dem Komma genau gemessen und dann den Flächeninhalt ausgerechnet.

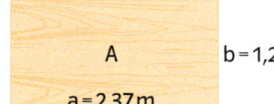

A = 2,37 · 1,28 = 3,0336
A = 3,0336 m²

Leas Messwerte für die Länge und Breite der Holzplatte sind nur auf 0,01 m = 1 cm genau. Daher ist die Maßzahl 3,0336 für den Flächeninhalt nicht exakt. Die Messwerte 2,37 m und 1,28 m haben jeweils drei zuverlässige Ziffern. Deshalb wird auch der Flächeninhalt mit drei Ziffern angegeben:
A = 3,0336 m² ≈ 3,03 m²
Angegeben sind Messwerte für die Länge und Breite einer Holzplatte. Gib den Flächeninhalt mit der richtigen Anzahl von Ziffern an.
a) a = 2,35 m b) a = 2,7 m c) a = 0,921 m
   b = 1,67 m   b = 2,7 m   b = 0,425 m

7 Der Inhalt eines Zehn-Liter-Eimers Wandfarbe reicht aus, um eine Fläche mit einem Flächeninhalt von 80 m² zu streichen. Ben hat gemessen, dass die Höhe der Kellerwand 2,14 m beträgt, und dann ausgerechnet, wie viel Meter Kellerwand er mit einem Eimer Farbe streichen kann.

Gegeben: Flächeninhalt A = 80 m²
         Höhe b = 2,14 m
Gesucht: Länge a
Rechnung:
a = 80 : 2,14 = 37,38317…
a = 37,38317… m

Ein Näherungswert (Flächeninhalt 80 m²) hat zwei zuverlässige Ziffern, der andere (Höhe b = 2,14 m) hat drei zuverlässige Ziffern. Beim Ergebnis richtet sich die Anzahl der Ziffern nach dem Wert mit der kleinsten Anzahl zuverlässiger Ziffern, daher wird die Länge mit zwei Ziffern angegeben. Gib die Länge a richtig an.

8 Angegeben sind Messwerte für den Flächeninhalt und die Breite eines Rechtecks. Gib die Länge des Rechtecks mit der richtigen Anzahl von Ziffern an.
a) A = 70 m²   b = 1,9 m
b) A = 120 m²   b = 3,5 m
c) A = 85,7 m²   b = 0,9 m

Beim Multiplizieren und Dividieren von Näherungswerten wird das Ergebnis auf die Anzahl zuverlässiger Ziffern gerundet, die der Wert mit der kleinsten Anzahl zuverlässiger Ziffern hat.
Anfangsnullen werden dabei nicht mitgezählt.

9 Sophies Zimmer ist 3,75 m lang und 3,15 m breit. Es soll mit Teppichboden ausgelegt werden. Ein Quadratmeter Teppichboden kostet rund 37 €. Mit welchen Kosten für den Teppichboden muss die Familie rechnen?

Preis: 37 €   (2 zuverlässige Ziffern)
Länge: 3,75 m   (3 zuverlässige Ziffern)
Breite: 3,15 m   (3 zuverlässige Ziffern)

Flächeninhalt:
A = 3,75 · 3,15 = 11,8125
A = 11,8125 m² ≈ 11,81 m²

Kosten für den Teppichboden:
11,81 · 37 = 436,97 ≈ 440

Der Teppichboden kostet ungefähr 440 €.

Runde bei Zwischenergebnissen auf eine Stelle mehr als zuverlässige Ziffern vorhanden sind.

Bestimme einen Näherungswert für die Kosten eines neuen Teppichbodens.

	Länge des Zimmers	Breite des Zimmers	geschätzter Preis pro m²
a)	4,23 m	2,87 m	23 €
b)	3,68 m	3,12 m	51 €
c)	4,32 m	3,00 m	43 €
d)	5,10 m	4,18 m	35,50 €

Die Honigbiene

Die Honigbiene ist die bekannteste der 500 in Deutschland vorkommenden Bienenarten. Diese Bienen leben in Gemeinschaften von 8000 bis 40 000 Mitgliedern zusammen. Jedes Bienenvolk hat eine Königin und 500 bis 1000 Drohnen, das sind männliche Bienen. Die übrigen Bienen heißen Arbeiterinnen. Eine Arbeiterin ist etwa 1 cm groß, eine Drohne 2 cm und die Königin 2,2 cm.

Die Königin erzeugt den Nachwuchs, Sie legt täglich bis zu 2000 Eier. Die einzige Aufgabe der Drohnen ist es, eine Königin zu begatten. Die Arbeiterinnen verrichten je nach ihrem Lebensalter unterschiedliche Tätigkeiten. Die jüngeren Arbeiterinnen kümmern sich um die Nachkommen, die älteren sammeln Nektar oder schaffen Wasser heran. Eine Arbeiterin lebt etwa sechs Wochen, eine Königin bis zu fünf Jahre.

Zur Ernährung brauchen Bienen außer dem Honig vor allem Wasser, das von den Wasserholerinnen in den Bienenstock gebracht wird.
Eine ausgewachsene Biene benötigt täglich 0,001 g Wasser, jede Brutzelle des Bienennachwuchses mindestens 0,02 g.

Eine Biene fliegt täglich sieben bis fünfzehn Mal aus. Dabei entfernt sie sich bis zu zwei Kilometer von ihrem Stock. Pro Minute besucht sie durchschnittlich zwölf Blüten. Um ihre Honigblase zu füllen, muss sie je nach Ergiebigkeit 15 bis 100 Blüten anfliegen.
Ein Ausflug dauert 25 bis 45 Minuten.

Beim Fliegen kann eine Biene eine Geschwindigkeit von 50 Kilometern pro Stunde erreichen. Wenn sie beladen ist, fliegt sie aber höchstens 20 Kilometer pro Stunde.
Dabei schlägt sie 250 mal pro Minute mit den Flügeln.
Die Energie für ihren Flug gewinnt sie aus dem Zucker des Honigs in ihrer Honigblase. Für einen Kilometer Flug benötigt sie etwa 0,002 g Zucker.

Eine Arbeiterin wiegt 0,1 g. Wenn sie vom Sammeln mit gefüllter Honigblase in den Bienenstock zurückkehrt, wiegt sie um die Hälfte mehr.

Die Honigbiene

Die Honigbiene

Größe: 1 cm – 2,2 cm

Gewicht:

Lebensdauer:

1 Übertrage den Steckbrief der Honigbiene in dein Heft und füge die fehlenden Zahlen und Größen ein. Ergänze ihn
durch weitere Angaben, die du im Text
findest.

2 Erkläre die unterschiedlichen Aufgaben von Arbeiterin, Drohne und Königin.

3 Wie viel Gramm wiegt eine mit Nektar beladene Sammelbiene?

4 a) Von jedem Ausflug bringt eine
Sammelbiene 0,05 g Nektar mit.
Wie viel Gramm Nektar transportiert sie
täglich?
b) Eine Arbeiterin ist in ihrem Leben
drei Wochen lang als Sammlerin tätig.
Wie viel Gramm Nektar sammelt sie in
dieser Zeit?
c) Aus drei Kilogramm Nektar wird ein
Kilogramm Honig hergestellt. Wie oft
müssen die Bienen ausfliegen, um ein
Kilogramm Honig zu gewinnen?

5 a) Wie lange ist eine Sammelbiene
täglich außerhalb des Bienenstocks
unterwegs?
b) Wie oft schlagen in dieser Zeit ihre
Flügel?

Einem Text Informationen entnehmen

1. Lies den Text im Ganzen durch. Schreibe in einem Satz
   auf, wovon der Text handelt.

2. Lies jeden einzelnen Abschnitt des Textes langsam und
   konzentriert.
   Schreibe zu jedem Abschnitt eine Überschrift auf.

3. Schreibe die Aussagen des Textes auf, die du für besonders wichtig hältst.

4. Schreibe die Wörter auf, die du nicht kennst. Kläre ihre
   Bedeutung, indem du ein Lexikon benutzt oder deinen
   Lehrer fragst.

5. Berichte einem Mitschüler oder einer Mitschülerin, was
   du gelesen hast.

6 a) Wie viele Kilometer legt eine
Sammelbiene täglich zurück?
b) Wie viel Gramm Zucker benötigt sie
täglich?

7 Wie viele Eier legt eine Bienenköni-
gin durchschnittlich in einer Stunde (in
einer Minute)?

8 a) Wie viel Gramm Wasser benötigt
ein Bienenstock mit 40 000 Bienen und
5000 Brutzellen täglich? Wie viel Liter
sind das?
b) Eine Wasserholerin kann an einem
Tag 20-mal zu einem nahegelegenen
Bach fliegen und bei einem Flug 0,01 g
Wasser transportieren. Wie viele Wasserholerinnen sind zur Versorgung des
Bienenstocks notwendig?

9 Überlege dir weitere Aufgaben zur
Honigbiene. Gib sie einem Mitschüler
oder einer Mitschülerin zum Lösen.

10 Suche in einem Biologiebuch oder
im Internet nach weiteren Informationen über Honigbienen.

Ausgangstest 1

1 Schreibe als Dezimalzahl.
a) neun Zehntel   b) elf Hundertstel
   vier Hundertstel   zwölf Tausendstel

c) sechs Zehntel drei Hundertstel
   fünf Hundertstel zwei Tausendstel

2 Setze >, < oder = ein.
a) 3,78 ▦ 3,87   b) 2,310 ▦ 2,31
   9,03 ▦ 9,023   7,878 ▦ 7,887

c) 0,042 ▦ 0,204   d) 3,78 ▦ 3,873
   0,002 ▦ 0,020   1,01 ▦ 1,010

3 Runde
a) auf Zehntel   b) auf Hundertstel
   0,64   0,872
   1,83   2,459
   10,47   3,8437

4 Berechne im Kopf.
a) 1,2 + 0,4   b) 3,9 − 0,7
   2,3 + 4,1   7,4 − 0,3
   1,5 + 2,6   2,4 − 0,9

c) 0,5 · 7   d) 23,9 · 10
   6 · 0,9   1,452 · 100
   0,4 · 8   79,8 : 10

e) 2,4 : 0,4   f) 37,8 : 100
   0,3 · 0,7   1,2225 · 1000
   1,2 : 0,3   1,56 : 1000

5 Addiere schriftlich.
a) 3,82 + 12,06 + 0,96
b) 0,56 + 2,7 + 1,809

6 Subtrahiere schriftlich.
a) 3,78 − 1,23   b) 1,27 − 0,78
c) 0,7 − 0,315   d) 0,3 − 0,029

7 Multipliziere schriftlich.
a) 2,641 · 4,3   b) 2,571 · 5,2
c) 0,738 · 0,33   d) 0,481 · 0,13

8 Dividiere schriftlich.
a) 56,34 : 9   b) 9,528 : 4
c) 23,76 : 0,4   d) 0,5742 : 0,06

9 In welcher Reihenfolge kamen die Läuferinnen ins Ziel?

Olympische Spiele 2012 400-m-Hürden	
Natalja Antjuch	52,7 s
Terea Brown	55,07 s
Lashinda Demus	52,77 s
Zuzana Hejnova	53,38 s
Gorganne Moline	53,92 s
Kaliese Spencer	53,66 s

10 Ein Liter Super kostet 1,63 €. Frau Kaufmann tankt 48 Liter. Wie viel Euro muss sie bezahlen?

11 Julius kauft 1,562 kg Bananen und 0,462 kg Weintrauben. Wie viel Euro muss er bezahlen?

Bananen 1kg 1,⁹⁰€   Weintrauben 1kg 2,⁸⁹€

Ich kann	Aufgabe	Hilfen und Aufgaben
Dezimalzahlen von der Wortform in die Zahlform übertragen.	1	Seite 11
Dezimalzahlen vergleichen.	2, 9	Seite 12
Dezimalzahlen runden.	3	Seite 14
einfache Aufgaben zu den Grundrechenarten bei Dezimalzahlen im Kopf lösen.	4	Seite 15, 17 – 18
Dezimalzahlen schriftlich addieren, subtrahieren, multiplizieren und dividieren.	5, 6, 7, 8	Seite 16, 19 – 21
einfache Sachaufgaben mit Dezimalzahlen lösen.	10, 11	Seite 22 – 24

1 Schreibe als Dezimalzahl.

a) acht Zehntel vier Hundertstel
neun Hundertstel zwei Tausendstel
drei Zehntel fünf Tausendstel

b) achtundvierzig Hundertstel
siebenundzwanzig Tausendstel
zwölf Zehntel

2 Ordne der Größe nach. Verwende das <-Zeichen.

a) 3,4; 3,43; 3,443; 3,34; 3,334
b) 0,0203; 0,0032; 0,302; 0,03; 0,023
c) 1,001; 1,01; 1,101; 1,11; 1,011

3 Berechne im Kopf.

a) 4,2 + 3,9   b) 1,4 · 0,3   c) 3,8 − 2,9
  6,1 − 2,9   3,5 : 0,5   1,2 · 0,7
  0,8 + 5,8   0,4 · 1,6   4,8 : 1,2

4 Multipliziere schriftlich.

a) 5,64 · 2,72   b) 0,0571 · 0,81
  82,9 · 0,771   0,481 · 0,027

5 Dividiere schriftlich.

a) 1,976 : 0,8   b) 0,1806 : 0,07
  0,5202 : 0,9   0,1386 : 0,011

6 Berechne.

a) 2,2 + 0,7 · 4   b) (4,5 − 3,4) · 0,3
  2,5 · 6 − 3,5   (2,8 + 4,2) · 0,4
  3 · 0,9 + 3,1   2,9 − (7,2 − 5,1)

7 Vertausche die Summanden und setze die Klammern so, dass du vorteilhaft rechnen kannst.

a) 7,9 + 2,4 + 3,1   b) 5,6 + 3,7 − 1,6

8 Erkläre, welche Fehler Leon gemacht hat.

13,2 + 0,87 = ◼   2,3 − 0,832 = ◼

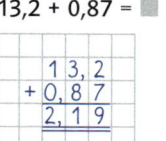

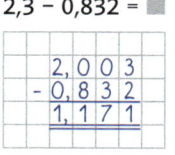

3,82 · 0,053 = ◼   1,596 : 0,07 = ◼

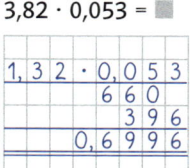

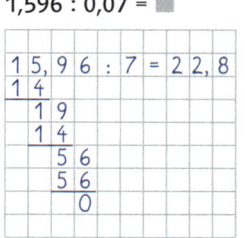

9 Seit dem letzten Tanken ist Frau Then 640 km gefahren. Sie tankt 48 Liter Benzin. Wie viel Liter Benzin verbraucht ihr Wagen auf 100 Kilometer?

10 Frau Müllers Auto hat einen durchschnittlichen Verbrauch von 6,2 Litern Benzin auf 100 Kilometern. Sie ist 820 km gefahren.
Wie viel Liter Benzin hat ihr Wagen verbraucht?

11 Der Höhenmesser eines Verkehrsflugzeugs zeigt die Flughöhe in Fuß (ft) an. (1 ft ≙ 30,48 cm)
a) Wie viel Meter über dem Erdboden befindet sich ein Flugzeug, dessen Höhenmesser 8750 ft anzeigt?
b) Wie viel Fuß zeigt der Höhenmesser eines Flugzeugs an, das 2000 m über dem Erdboden fliegt?

Ich kann	Aufgabe	Hilfen und Aufgaben
Dezimalzahlen von der Wortform in die Zahlform übertragen.	1	Seite 11
Dezimalzahlen vergleichen.	2	Seite 12
einfache Aufgaben zu den Grundrechenarten bei Dezimalzahlen im Kopf lösen.	3, 6	Seite 15, 18, 21
die Rechenregeln bei Dezimalzahlen anwenden.	6	Seite 26
Dezimalzahlen schriftlich multiplizieren und dividieren.	4, 5	Seite 19, 20 – 21
Fehler beim schriftlichen Rechnen mit Dezimalzahlen erkennen.	7	Seite 16, 19, 28
Sachaufgaben mit Dezimalzahlen lösen.	9, 10, 11	Seite 22 – 24

2 Kreis und Winkel

Der Bereich, der mit einem unbewegten Auge gesehen werden kann, wird als Gesichtsfeld eines Auges bezeichnet. Hier siehst du das horizontale Gesichtsfeld eines Auges.

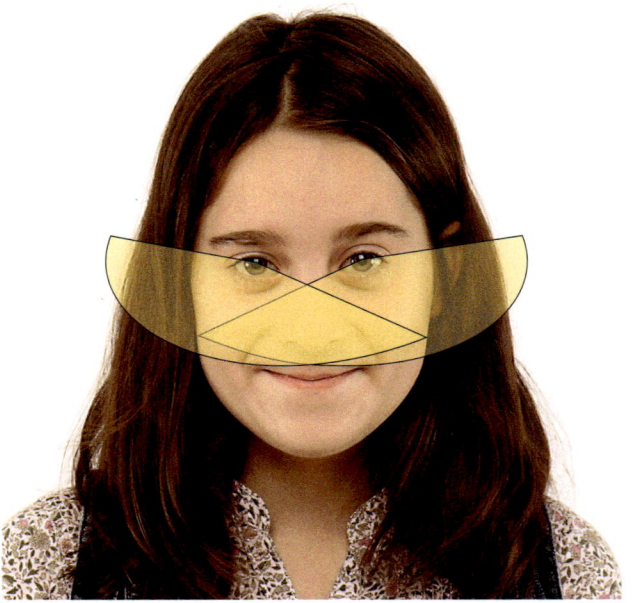

Das Gesichtsfeld des rechten und des linken Auges überschneiden sich in der Mitte. In diesem Überschneidungsbereich kann man Gegenstände räumlich sehen.

Das Gesichtsfeld von Tieren unterscheidet sich vom Gesichtsfeld des Menschen recht deutlich.

Pferde, Rehe und Hasen haben bei nur geringer Kopfbewegung volle Rundumsicht.

nicht sichtbar

einäugiges Sehen

räumliches Sehen

Katzen, Luchse, Leoparden und Adler verfügen über einen großen Bereich des scharfen räumlichen Sehens.

Erläutere, warum verschiedene Tierarten unterschiedlich große Gesichtsfelder haben. Denke dabei an die Lebensweise der einzelnen Tierarten.

Wir bestimmen die Größe unseres Gesichtsfeldes

1 Dieses Foto entspricht etwa dem Gesichtsfeld des Menschen. Das horizontale Gesichtsfeld beider Augen ist der Bereich der Umgebung, der von beiden Augen gleichseitig gesehen wird.

Du kannst mithilfe einer Mitschülerin oder eines Mitschülers in einem Selbstversuch die Größe deines horizontalen Gesichtsfeldes bestimmen. Führe dazu die folgenden Anweisungen aus.

Anschließend schaue ich starr nach vorne und bewege meine Arme langsam nach vorn. Jetzt sehe ich so gerade meine Daumen.

Zunächst strecke ich meine beiden Arme mit weit nach oben gerichteten Daumen aus und biege beide Arme so weit wie möglich nach hinten.

Schätzt die Größe des Winkels zwischen meinen Armen.

2 Durch den folgenden Versuch könnt ihr den Winkel des Gesichtsfeldes einer Mitschülerin oder eines Mitschülers ermitteln und auf dem Schulhof markieren.

Zeichnet mit Kreide und mithilfe einer Schnur zunächst einen nicht zu kleinen Kreis auf den Schulhof.

Eine Schülerin oder ein Schüler stellt sich auf den Mittelpunkt des Kreises, sieht genau geradeaus und bewegt den Kopf nicht.
a) Beschreibt anhand der Abbildungen, wie ihr den Winkel des Gesichtsfeldes bestimmen und markieren könnt.

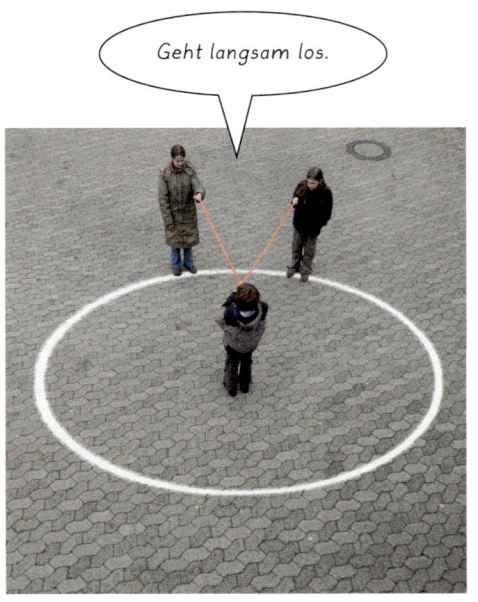

b) Wiederholt den Versuch. Bestimmt eine andere Mitschülerin oder einen anderen Mitschüler für die Kreismitte.
c) Führt einen Versuch durch, mit dem ihr jeweils das horizontale Gesichtsfeld des rechten und des linken Auges ermitteln könnt.

Kreise

1 a) Beschreibe, wie in den Abbildungen jeweils ein Kreis gezeichnet wird.

b) Zeichne jeweils Kreise auf verschiedenen Flächen.

2 Greta will für einen Ausflug verschiedene Ziele zusammenstellen, die 25 km von Ausgangsort entfernt sind.
a) Erläutere, warum sie wie abgebildet einen Kreis auf die Karte gezeichnet hat.

b) Nenne zwei Ziele, die sie auswählen kann.
c) Welche Stadt ist der Ausgangsort ihres Ausfluges?

3 Lena will den Durchmesser des abgebildeten Fahrradreifens bestimmen.

Beschreibe, wie sie dabei vorgeht.

4 Mit einem Messschieber kann der Durchmesser einer Münze sehr genau bestimmt werden.

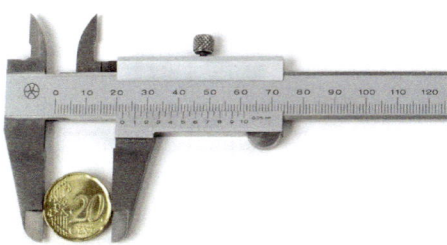

Nenne Gegenstände, an denen du eine Kreisfläche findest.
Bestimme, wenn möglich, jeweils den Durchmesser des Kreises.

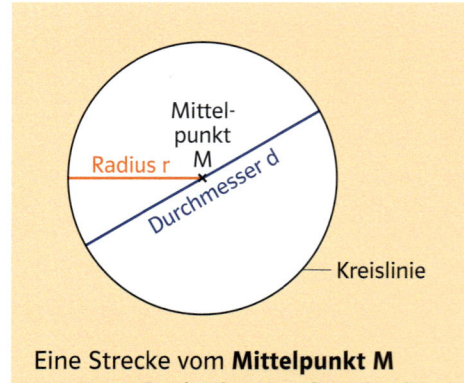

Eine Strecke vom **Mittelpunkt M** zu einem Punkt der Kreislinie heißt **Radius r**.
Der **Durchmesser d** verläuft durch den Mittelpunkt des Kreises. Er ist doppelt so lang wie der Radius r.

5 Zeichne mithilfe eines Zirkels einen Kreis mit dem angegebenen Radius. Markiere zuvor den Mittelpunkt M. Zeichne auch einen Radius ein.

a) r = 3 cm   b) r = 4 cm   c) r = 20 mm
d) r = 3,5 cm   e) r = 27 mm   f) r = 4,3 cm

6 Zeichne einen Kreis mit dem angegebenen Durchmesser. Zeichne einen Durchmesser ein.
a) d = 6 cm   b) d = 5 cm   c) d = 40 mm
d) d = 5,4 cm   e) d = 8 cm 4 mm

7 Eine Gruppe will für eine Radwanderung Ziele zusammenstellen, die nicht weiter als 5 km, 10 km oder 15 km vom Ausgangsort entfernt sind. Erläutere, warum die Gruppe wie abgebildet drei Kreise auf die Karte gezeichnet hat.

8 Zeichne einen Kreis mit r = 3 cm und einen zweiten mit r = 4 cm.
Ordne die beiden Kreise so an, dass sie
a) keinen gemeinsamen Punkt haben,
b) einen gemeinsamen Mittelpunkt haben,
c) sich berühren,   d) sich schneiden,
e) ineinander liegen,
f) ineinander liegen und sich berühren.

9 Übertrage das folgende Kreismuster in dein Heft.
Überlege zunächst, wo die einzelnen Kreismittelpunkte liegen.

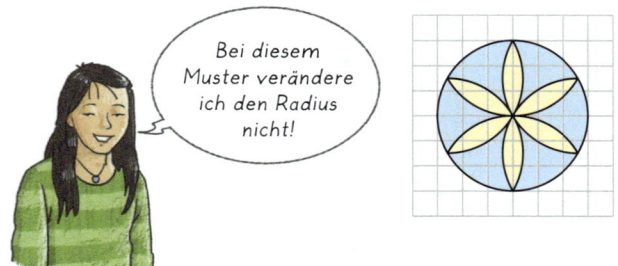

Bei diesem Muster verändere ich den Radius nicht!

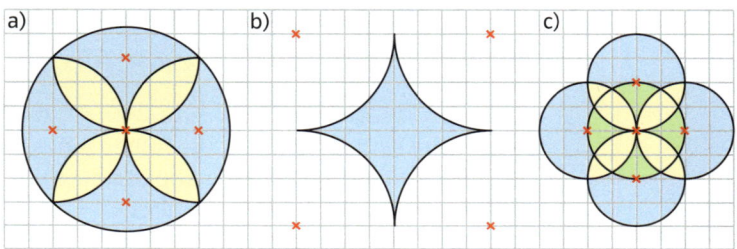

a)   b)   c)

10

Regenschirm? Ameisenbär?

r   r = 6

Kamm?

Zeichne die einzelnen Kreisfiguren in dein Heft. Suche für jede Figur einen passenden Namen.

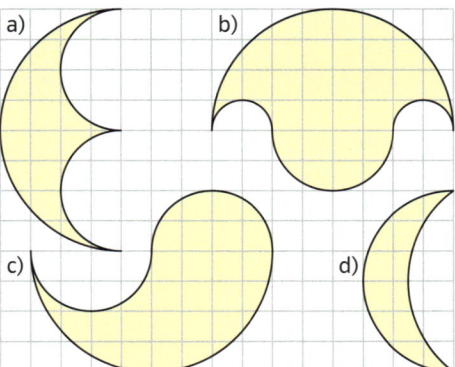

a)   b)
c)   d)

Winkel

1 In deiner Umwelt treten an vielen Stellen Winkel auf.

Rehe sind Fluchttiere. Die Augen eines Rehs liegen seitlich am Kopf. Dadurch kann es auch schräg von hinten anschleichende Raubtiere entdecken. Das Gesichtsfeld eines Rehs umfasst etwa 300 Grad. Andere Fluchttiere wie der Hase oder die Waldschnepfe können, ohne den Kopf zu wenden, den vollen Gesichtskreis von 360 Grad erfassen.

Die Augen des Waldkauzes sind starr nach vorne gerichtet. Sein Gesichtsfeld ist nicht sehr groß (160°). Dank seines beweglichen Kopfes, der um 270 Grad drehbar ist, kann er seine Beute schnell finden.
Beschreibe weitere Beispiele aus dem Alltag, bei denen Winkel vorkommen.

2 Die verschiedenfarbigen Lichtbündel eines Leuchtfeuers helfen Bootsführern, sich auf dem Meer zu orientieren.

Wie viele farbig markierte Winkel erkennst du in der Abbildung?

3 a) Weißt du, wo es einen „toten Winkel" gibt?
b) Was ist gemeint, wenn ein Fußballspieler aus „spitzem Winkel" auf das Tor schießt?

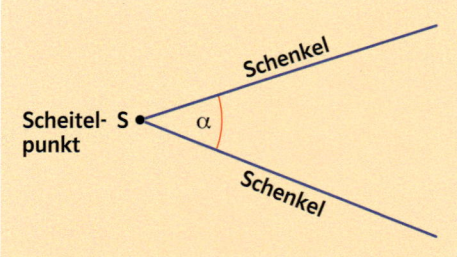

Ein **Winkel** wird von zwei Strahlen gebildet, die einen gemeinsamen Anfangspunkt haben.
Dieser Punkt heißt **Scheitelpunkt** des Winkels.
Die Strahlen heißen **Schenkel** des Winkels.

Winkel werden oft mit kleinen griechischen Buchstaben bezeichnet.

alpha	beta	gamma	delta	epsilon
α	β	γ	δ	ε

Winkelgrößen

1 Die Schülerinnen und Schüler einer 6. Klasse wollen für ihr Schulfest ein Glücksrad bauen.

a) Beschreibe anhand des Tafelbildes, wie sie die Einteilung eines Kreises in vier gleich große Felder vorgenommen haben.

b) Die abgebildeten Kreise sind jeweils in gleich große Felder unterteilt.

I
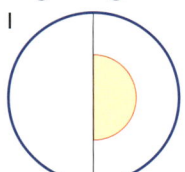

II
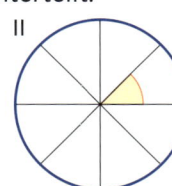

Bestimme die Größe des markierten Winkels. Wie gehst du vor?

> Zum Messen eines Winkels wird ein Vollwinkel in 360 gleich große Teile geteilt.
>
>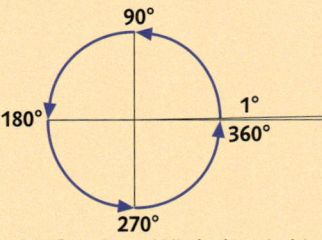
>
> Die Größe eines Winkels wird in der **Einheit Grad** angegeben.
> 1 Grad (1°) ist der 360. Teil eines Vollwinkels.
>
>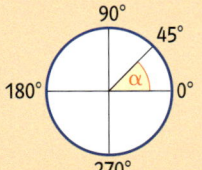
>
> Wir sagen:
> α ist 45 Grad groß
> Wir schreiben:
> $\alpha = 45°$
> Dabei bezeichnet α den Winkel und auch seine Größe.

2 In der folgenden Übersicht siehst du, wie die Winkel ihrer Größe nach eingeteilt werden.

> **Spitze Winkel** sind größer als 0° und kleiner als 90°.
> $0° < \alpha < 90°$
>
>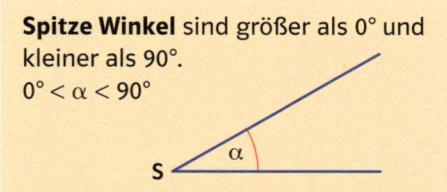
>
> Ein **rechter Winkel** ist 90° groß.
> $\alpha = 90°$
>
>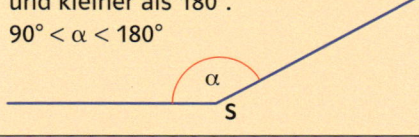
>
> **Stumpfe Winkel** sind größer als 90° und kleiner als 180°.
> $90° < \alpha < 180°$
>
>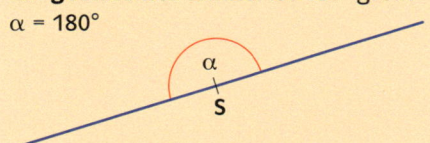
>
> Ein **gestreckter Winkel** ist 180° groß.
> $\alpha = 180°$
>
>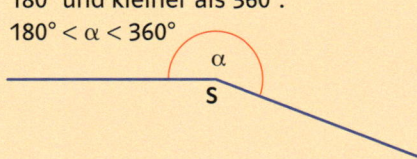
>
> **Überstumpfe Winkel** sind größer als 180° und kleiner als 360°.
> $180° < \alpha < 360°$
>
> Ein **Vollwinkel** ist 360° groß.
> $\alpha = 360°$
>
>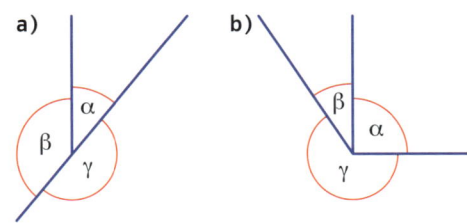

Ordne die abgebildeten Winkel jeweils ihrer Winkelart zu.

a)

b)

> Stelle die Winkelarten auf einem Lernplakat dar.

> Hinweise zum Erstellen eines Lernplakats findest du auf Seite 232.

Winkel messen und zeichnen

1 Das Geodreieck ist ein Werkzeug, mit dem du die Größe eines Winkels messen kannst.

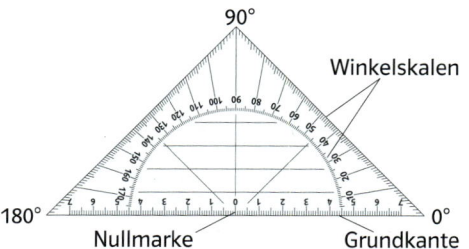

90°

Winkelskalen

180°   0°

Nullmarke   Grundkante

Suche auf deinem Geodreieck die Skalenwerte 0°, 10°, 30°, 45°, 73°, 90°, 128°, 137°, 155° und 180°. Was stellst du fest?

So kannst du mithilfe eines Geodreiecks die Größe eines Winkels messen:

1. Lege die Nullmarke auf den Scheitelpunkt S.

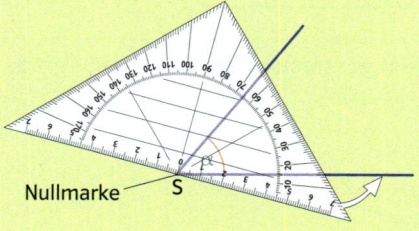

Nullmarke   S

2. Drehe die Grundkante des Geodreiecks auf einen Schenkel.

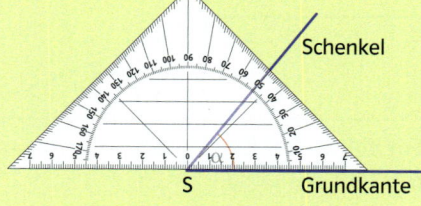

Schenkel

S   Grundkante

3. Lies auf der Skala die Winkelgröße ab.

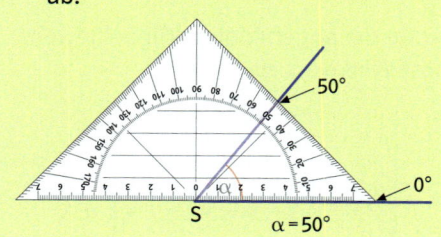

50°

0°

S

α = 50°

2 Bestimme mit dem Geodreieck jeweils die Größe der abgebildeten Winkel. Schätze zunächst die Winkelgröße.

Winkel	α	β	
geschätzte Größe	60°		
gemessene Größe			

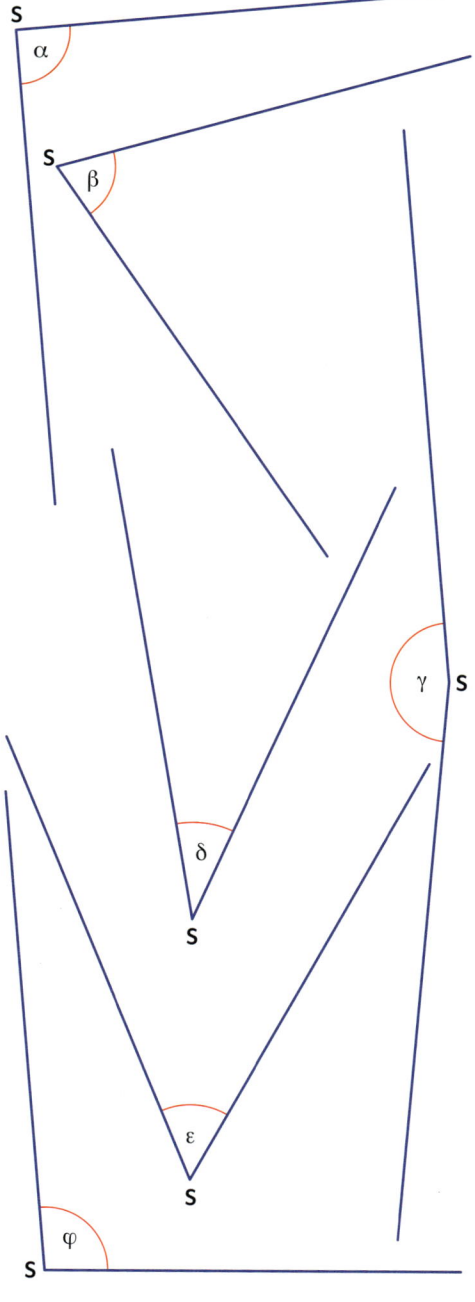

Lösungen zu Aufgabe 2:
170°   95°   70°   35°   53°   90°

3 In den Abbildungen sind zwei Verfahren dargestellt, einen 130° großen Winkel zu zeichnen.
Beschreibe die beiden Verfahren.

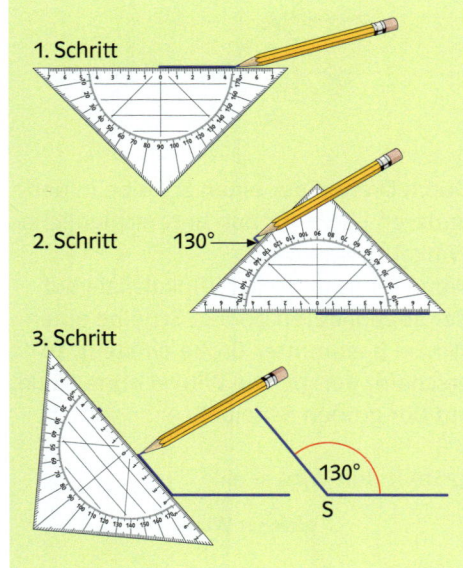

1. Schritt

2. Schritt 130°

3. Schritt

130°
S

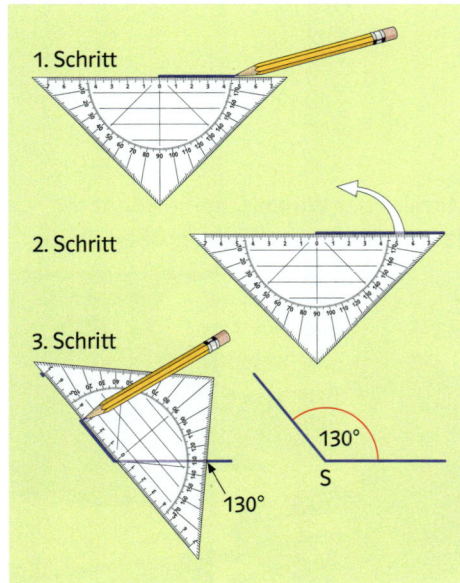

1. Schritt

2. Schritt

3. Schritt

130°
S
130°

4 Zeichne jeweils einen Winkel der vorgegebenen Größe. Markiere den Winkel mit einem Kreisbogen.
a) 40°   80°   25°   15°   100°   165°
b) 175°   180°   70°   45°   105°   90°
c) 153°   93°   18°   114°   66°   144°
d) 8°   107°   133°   155°   34°   123°

5 Die Größe des abgebildeten Winkels α liegt zwischen 180° und 360°.
a) Erläutere, wie mithilfe des Geodreiecks die Winkelgröße bestimmt wird.

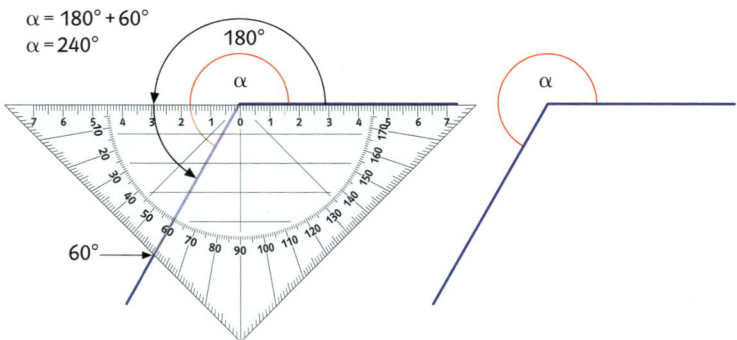

$\alpha = 180° + 60°$
$\alpha = 240°$

180°
α
60°

α

b) Finde einen zweiten Lösungsweg. Begründe ihn.
c) Bestimme jeweils die Größe der abgebildeten Winkel. Schätze zunächst.

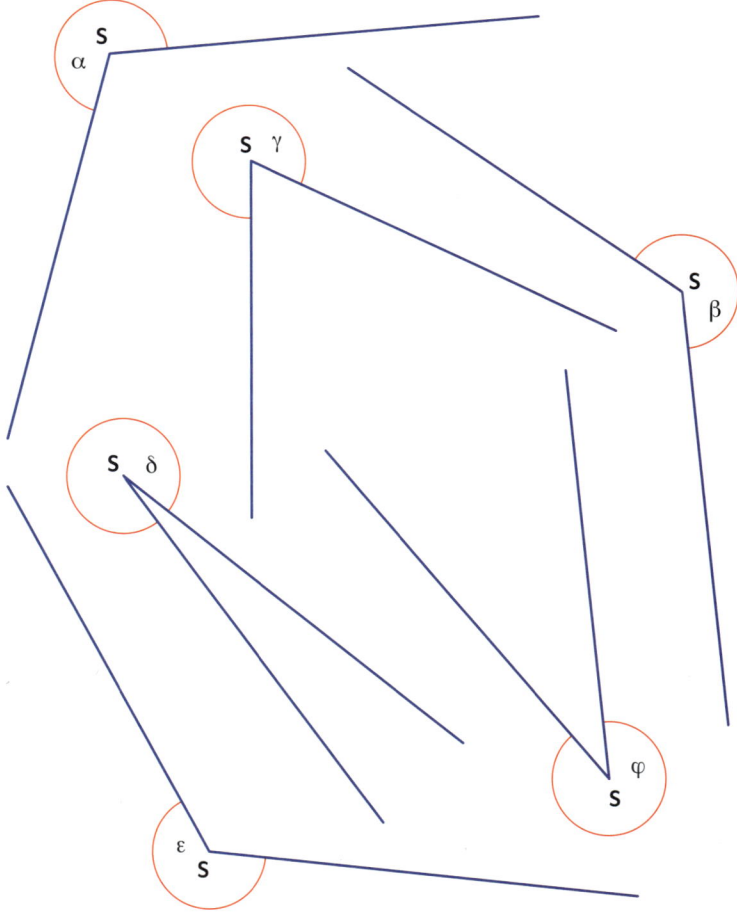

S
α

S γ

S
β

S δ

φ
S

ε
S

Lösungen zu Aufgabe 5:
345°   235°   250°   295°   230°   325°

Winkelgrößen mit der Winkelscheibe darstellen

1 Fertigt in Partnerarbeit eine Winkelscheibe an. Dazu benötigt ihr zwei verschieden farbige Tonkartonbögen. Zeichnet zunächst auf jeden Bogen einen Kreis mit dem Radius 7 cm und schneidet anschließend die Kreise sorgfältig aus.

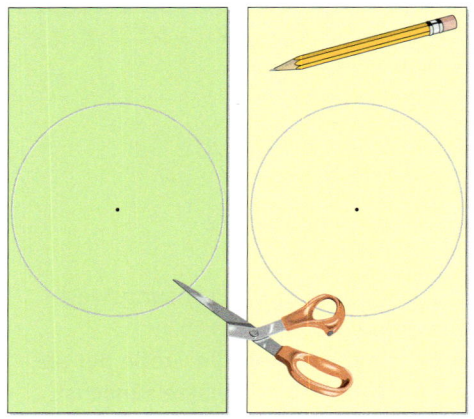

Wie ihr weiterarbeiten könnt, zeigen die folgenden Abbildungen.

1.

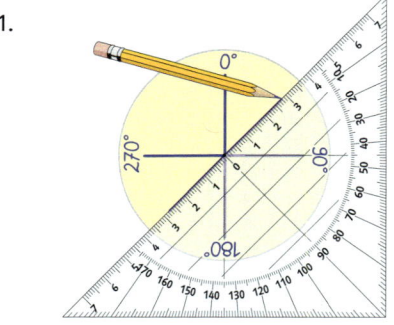

2. Schneidet jede Scheibe bis zum Mittelpunkt ein.

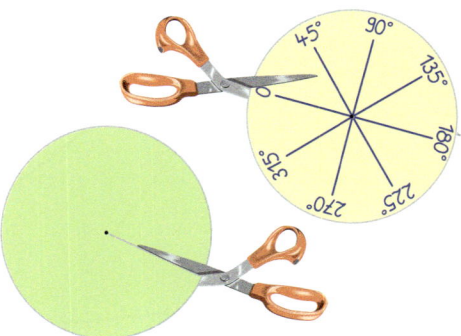

3. Steckt die beiden Scheiben ineinander.

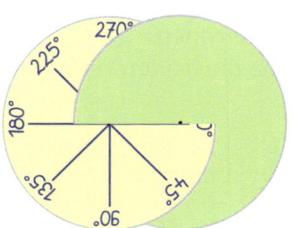

Durch Drehen der einen Scheibe in der anderen könnt ihr nun unterschiedliche Winkel einstellen.
Wenn ihr mithilfe der Winkelskala auf der abgebildeten gelben Scheibe einen Winkel bestimmter Größe einstellt, so erscheint der gleiche Winkel ohne Skala auf der grünen Scheibe.

4. Stellt den Winkel ein.

gleicher Winkel

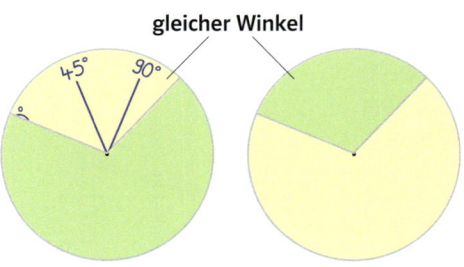

Mithilfe der Winkelscheibe könnt ihr das Schätzen von Winkelgrößen üben.

Gib auch die Winkelart an.

Ein Partner stellt mit der Skala einen Winkel ein, der andere sieht nur den Winkel auf der Rückseite und schätzt dessen Größe.

1 Auf dem Zifferblatt der abgebildeten Uhr ist der Winkel farbig markiert, den der große Zeiger während einer bestimmten Zeitspanne überstrichen hat. Gib die Anzahl der Minuten an.

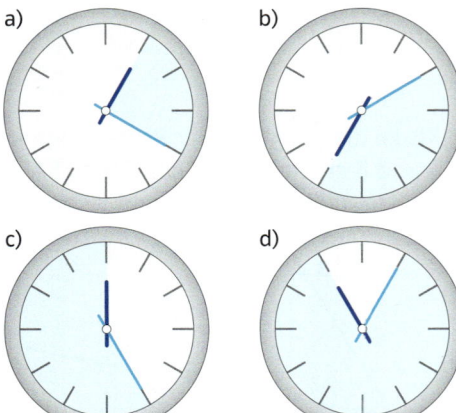

a)

b)

c)

d)

2 Der rot gefärbte Winkel entsteht, wenn der Strahl a entgegen dem Uhrzeigersinn (linksherum) auf b gedreht wird. Beschreibe, wie der grün gefärbte Winkel entsteht.

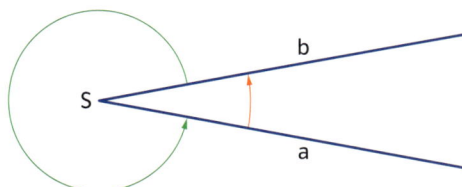

b

S

a

Wird ein Strahl um seinen Anfangspunkt gedreht, so entsteht ein Winkel.

3 In den folgenden Beispielen siehst du, wie ein Winkel durch seine Schenkel bezeichnet wird.

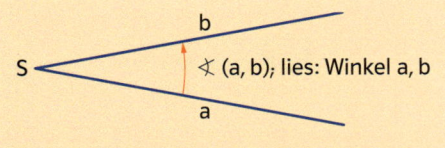

b

S

$\sphericalangle$ (a, b); lies: Winkel a, b

a

$\sphericalangle$ **(a, b)** bezeichnet den Winkel, der bei einer **Linksdrehung** des **Schenkels a** auf **Schenkel b** überstrichen wird.

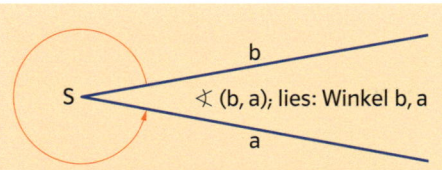

b

S

$\sphericalangle$ (b, a); lies: Winkel b, a

a

$\sphericalangle$ **(b, a)** bezeichnet den Winkel, der bei einer **Linksdrehung** des **Schenkels b** auf **Schenkel a** überstrichen wird.

Überprüfe, ob der markierte Winkel richtig bezeichnet ist.

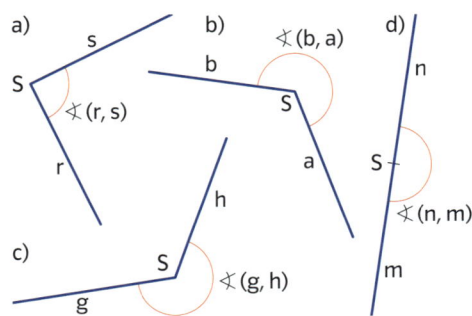

a)
s
S
$\sphericalangle$ (r, s)
r

b)
$\sphericalangle$ (b, a)
b
S
a
h

c)
S
$\sphericalangle$ (g, h)
g

d)
n
S
$\sphericalangle$ (n, m)
m

4 Du kannst einen Winkel auch durch seinen Scheitelpunkt und je einen Punkt auf seinen Schenkeln bezeichnen. Bezeichne den markierten Winkel. Schreibe so: $\alpha = \sphericalangle$ (a, b) $= \sphericalangle$ ASB

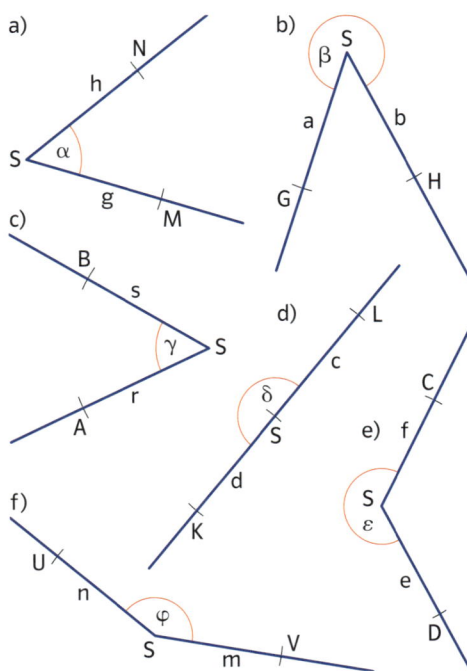

a)
N
h
S
α
g
M

b)
S
β
a
b
G
H

c)
B
s
γ
S
r
A

d)
L
c
C
δ
S
d
K
e)
f
S
ε
e
D

f)
U
n
φ
S
m
V

Ein Winkel wird hier stets gegen den Uhrzeigersinn bezeichnet.

Griechischer Buchstabe: phi (φ)

Wenn der Winkel durch drei Punkte bezeichnet wird, steht der Scheitelpunkt stets in der Mitte.

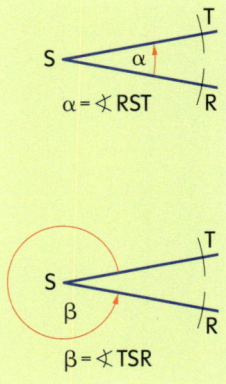

T
S α
R
$\alpha = \sphericalangle$ RST

T
S β
R
$\beta = \sphericalangle$ TSR

51

Wir messen Winkel mithilfe eines Geometrieprogramms.

c) Mithilfe der folgenden Anweisungen kannst du die Größe des Winkels ∢ ASB bestimmen:

1. Klicke das Werkzeug „Winkel" an.

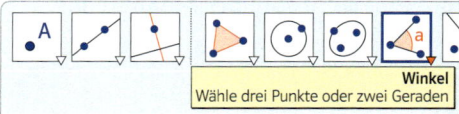

Winkel
Wähle drei Punkte oder zwei Geraden

2. Klicke die Punkte in der Reihenfolge A, S und B an oder klicke den Strahl SA und anschließend den Strahl SB an.

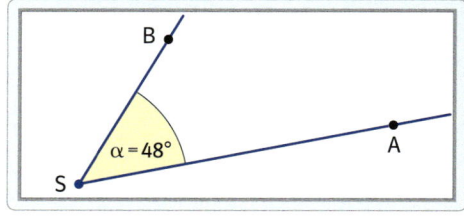

1 a) Erzeuge einen beliebig großen Winkel.
Benutze dazu das Werkzeug „Strahl durch zwei Punkte".
b) Benenne den Scheitelpunkt mit S und die Punkte auf den Schenkeln wie abgebildet mit A und mit B. Klicke dazu mit der rechten Maustaste auf den jeweiligen Punkt.

Du musst die Punkte oder die Halbgeraden jeweils gegen den Uhrzeigersinn anklicken.

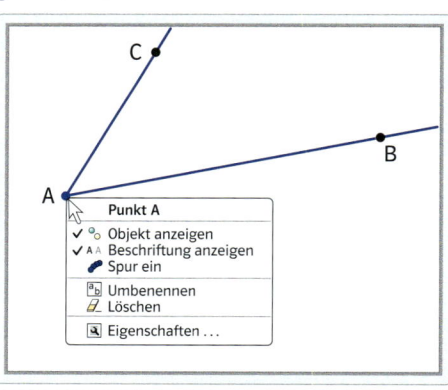

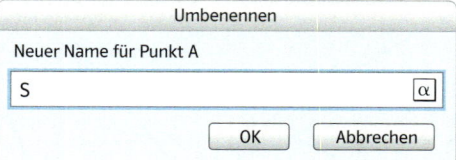

Umbenennen

Neuer Name für Punkt A

S   α

OK   Abbrechen

Du erhältst den Winkel ∢ ASB.

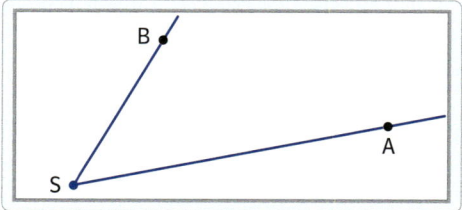

d) Bestimme auch die Größe des Winkels ∢ BSA. Was stellst du fest?
e) Verändere die Größe des Winkels α. Bewege dazu den Punkt B.

2 Zeichne zunächst wie abgebildet einen Streckenzug.

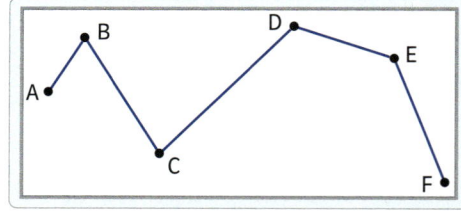

Fordere anschließend eine Mitschülerin oder einen Mitschüler auf, die Größen aller auftretenden Winkel zu bestimmen.

3 a) Erzeuge einen 75° großen Winkel.

b) Zeichne weitere Winkel mit fester Größe.

Kreis und Winkel

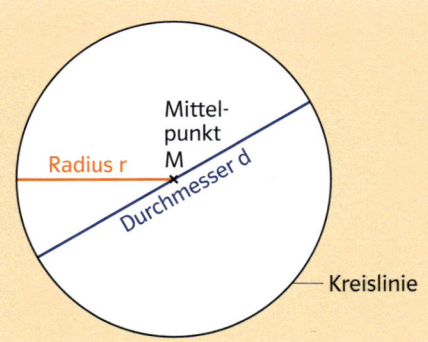

Eine Strecke vom **Mittelpunkt M** zu einem Punkt der Kreislinie heißt **Radius r.**
Der **Durchmesser d** verläuft durch den Mittelpunkt des Kreises.
Der Durchmesser d ist doppelt so lang wie der Radius r.

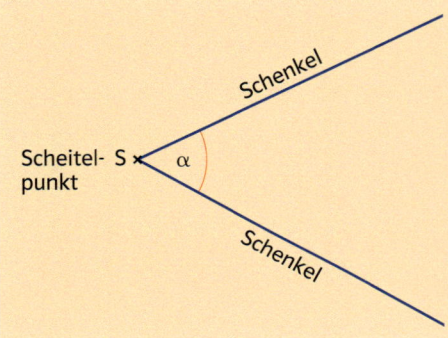

Ein **Winkel** wird von zwei Strahlen gebildet, die einen gemeinsamen Anfangspunkt haben.

Dieser Punkt heißt **Scheitelpunkt** des Winkels.

Die Strahlen heißen **Schenkel** des Winkels.

Ein Winkel kann mit kleinen griechischen Buchstaben, durch die Nennung seiner Schenkel oder durch seinen Scheitelpunkt und je einen Punkt auf seinen Schenkeln bezeichnet werden.

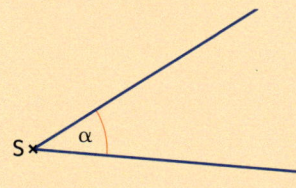 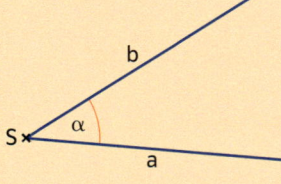 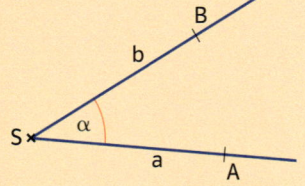

alpha beta gamma delta
  α   β   γ   δ

$\alpha = \sphericalangle (a, b)$

$\alpha = \sphericalangle ASB$

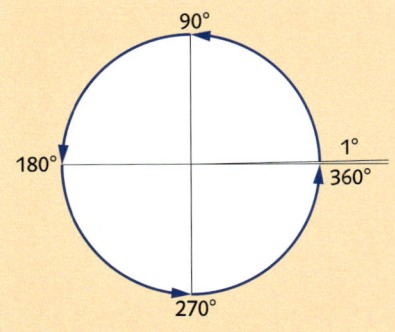

Zum **Messen eines Winkels** wird ein Vollwinkel in 360 gleich große Teile geteilt.
Die Größe eines Winkels wird in der Einheit Grad angegeben. 1 Grad (1°) ist der 360. Teil eines Vollwinkels.

Üben und Vertiefen

1 Kreise mit gleichem Mittelpunkt heißen **konzentrische Kreise.**

Zeichne konzentrische Kreise in dein Heft und male die Ringe mit verschiedenen Farben aus.

2 Übertrage das Muster in dein Heft. Überlege zunächst, wo der Mittelpunkt der einzelnen Kreise liegt.

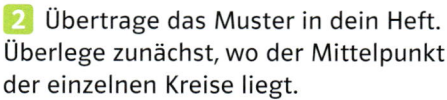

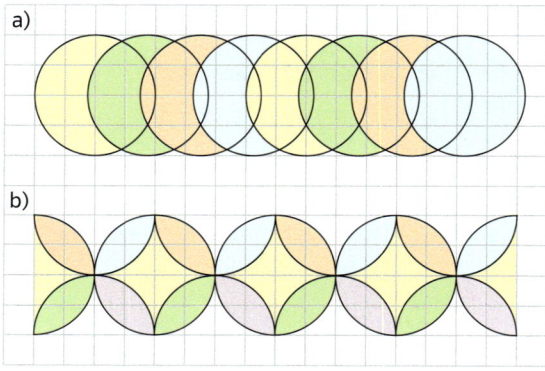

3 a) Zeichne mit dem Zirkel zunächst einen Kreis auf ein Blatt Papier. Schneide den Kreis anschließend aus. Wie kannst du prüfen, ob der Kreis Symmetrieachsen hat?
b) Zeichne, wenn möglich, mehrere Symmetrieachsen farbig ein. Was stellst du fest?

4 Zeichne die Kreisfigur.

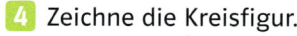

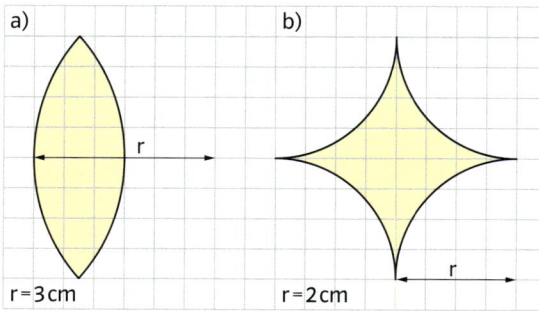

a)   b)

r=3cm   r=2cm

5 Die Schalen vieler Schnecken sind spiralförmig aufgebaut.

Zeichne mithilfe der Abbildungen eine Spirale. Überlege zunächst, an welche Stelle deines Blattes du den Anfang setzen willst.

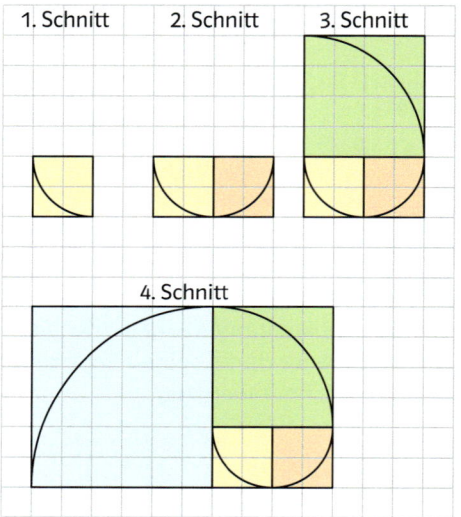

6 Das Bild zeigt eine Windrose.

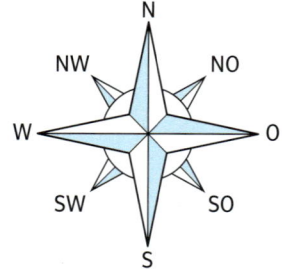

Wie groß ist der Winkel, den eine Wetterfahne bei einer Winddrehung von
a) S nach W,   b) SO nach NW,
c) W nach SW,   d) N nach NO,
e) O nach S,   f) SW nach N
überstrichen hat?
Es gibt jeweils zwei Lösungen. Begründe deine Antwort.

7 a) Auf dem Zifferblatt der abgebildeten Uhr ist der Winkel markiert, den der große Zeiger während einer bestimmten Zeitspanne überstrichen hat. Gib die Anzahl der Minuten an.

I 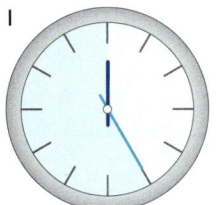 II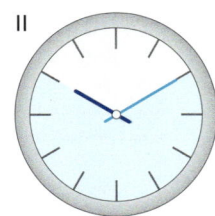

b) Zeichne zunächst ein Zifferblatt in dein Heft (Radius 3 cm). Markiere anschließend den Winkel, den der große Zeiger in 20 (40, 45, 55) Minuten überstrichen hat.

8 Bestimme die Größe des Winkels, der von den Zeigern einer Uhr um 6.00 Uhr (9.00 Uhr, 4.00 Uhr, 11.00 Uhr) eingeschlossen wird.

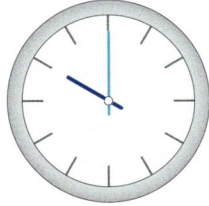

9 Ordne die markierten Winkel jeweils ihrer Winkelart zu. Ergänze die Tabelle im Heft.

a) 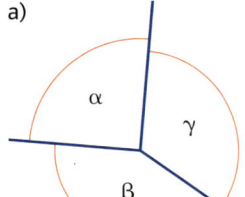 b)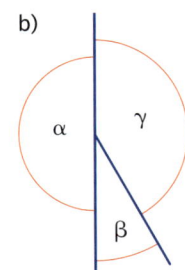

	Winkel	Winkelart
a)	α	
	β	stumpfer Winkel
	γ	
b)	α	
	β	
	γ	

10 Bestimme jeweils die Größe der abgebildeten Winkel. Schätze zunächst die Winkelgröße. Gib auch die Winkelart an.

Winkel	α	▦
Winkelart	stumpfer W.	▦
geschätzte Größe	120°	▦
gemessene Größe	▦	▦

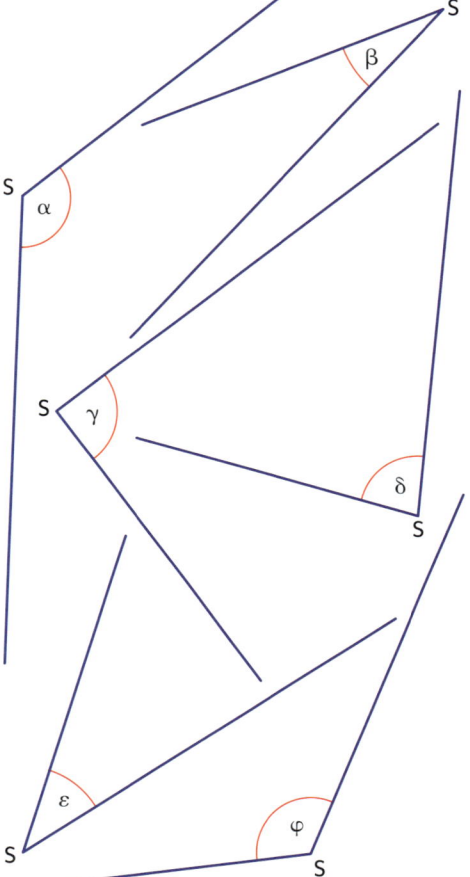

11 Zeichne jeweils einen Winkel der angegebenen Größe. Markiere den Winkel mit einem Kreisbogen.
a) 30°   70°   80°   15°   110°   115°
b) 165°   170°   60°   55°   115°   90°
c) 143°   83°   28°   124°   76°   152°

12 Diktiere einer Mitschülerin oder einem Mitschüler die Gradzahlen verschiedener spitzer und stumpfer Winkel. Fordere sie oder ihn auf, die Winkel zu zeichnen. Kontrolliere die Zeichnung.

13 a) Zeichne zwei zueinander senkrecht liegende Geraden. Zeichne um den Schnittpunkt der beiden Geraden einen Kreis von 5 cm Durchmesser.
Benenne die Schnittpunkte der Geraden mit der Kreislinie wie abgebildet mit A, B, C und D.

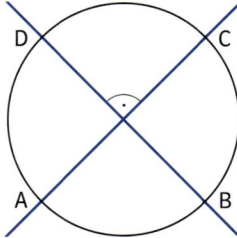

b) Verbinde die Punkte in der Reihenfolge A, B, C, D und A. Welche Figur entsteht?

14 Bezeichne die markierten Winkel durch die Nennung seiner Schenkel. Schreibe so: $\alpha = \sphericalangle\ (\blacksquare, \blacksquare)$.

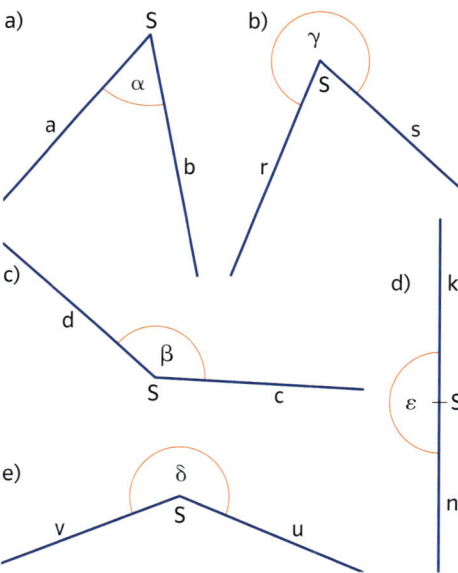

15 Zeichne in ein Koordinatensystem (Einheit 1 cm) einen Winkel $\sphericalangle$ (a, b). Der Scheitelpunkt des Winkels ist der Punkt S. Schenkel a geht durch Punkt A, Schenkel b durch Punkt B. Miss die Größe des Winkels.

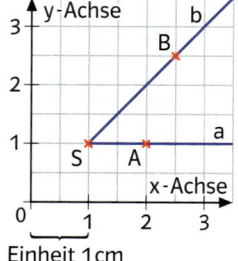

a) S (2 | 1,5)   A (6,5 | 0)   B (0 | 7,5)
b) S (3 | 8)   A (4 | 2)   B (2 | 4)
c) S (7 | 8)   A (3,5 | 7)   B (6 | 2)
d) S (9,5 | 2,5)   A (6,5 | 1)   B (7,5 | 6,5)

16 a) Erläutere, wie in dem Beispiel ein 250° großer Winkel gezeichnet wird.

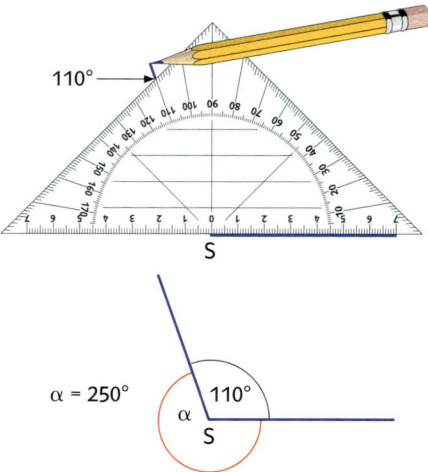

b) Beschreibe eine weitere Möglichkeit, den Winkel zu zeichnen.

17 Zeichne den Winkel der angegebenen Größe. Markiere den Winkel mit einem Kreisbogen.
a) 240° b) 210° c) 270° d) 320° e) 190°
f) 195° g) 285° h) 214° i) 293° k) 344°

18 Bestimme mithilfe des Geodreiecks jeweils die Größe des markierten Winkels.

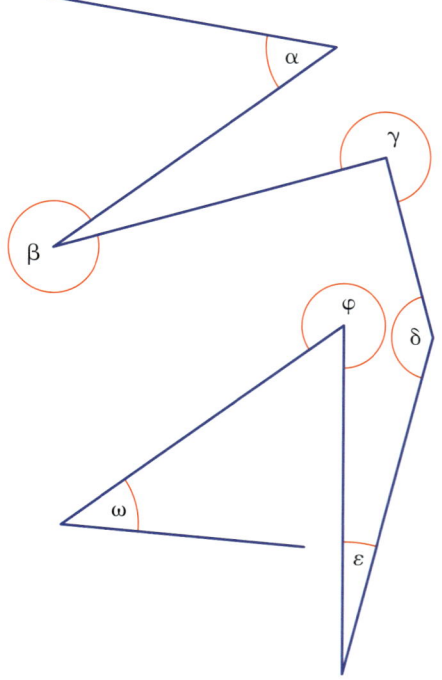

19 a) Beschreibe anhand der Abbildung, wie du mithilfe des Zirkels ein Sechseck mit gleich langen Seiten (**regelmäßiges Sechseck**) zeichnen kannst.

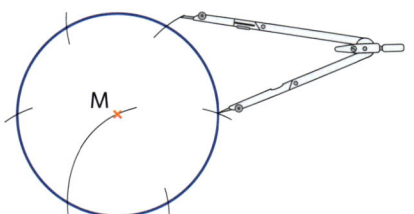

b) Zeichne ein regelmäßiges Sechseck in einen Kreis mit dem Radius r = 3 cm ein.
c) Zeichne in einen Kreis mit r = 4 cm ein gleichseitiges Dreieck.

20 Bestimme in den Abbildungen jeweils die Größe der mit α, β und γ bezeichneten Winkel. Übertrage gegebenenfalls die Abbildungen in dein Heft. Musst du, um die Aufgabe zu lösen, alle Winkelgrößen in der Abbildung messen?

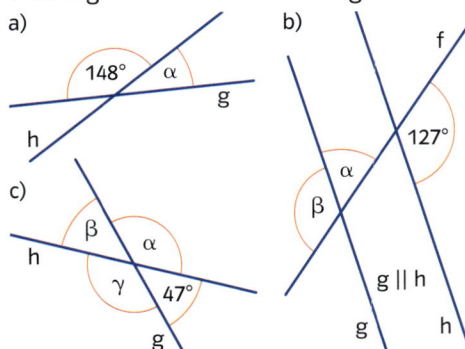

a)
b)
c)

Kennzeichne Winkel gleicher Größe durch einen Kreisbogen mit derselben Farbe. Was stellst du fest?

21 Beim Kugelstoßen steht der Sportlerin oder dem Sportler zum Schwungholen ein Kreis mit einem Durchmesser von 2,135 m (7 engl. Fuß) zur Verfügung.

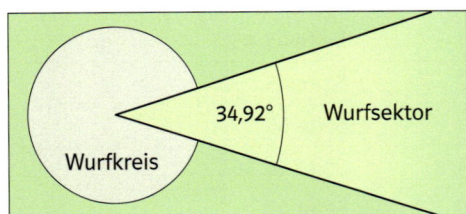

Zeichne die abgebildete Wettkampfanlage im Maßstab 1:100. Runde zuvor die gegebenen Größen sinnvoll.

22 Auch beim Speerwerfen sind die Maße für die Anlaufbahn und den Wurfsektor genau festgelegt.

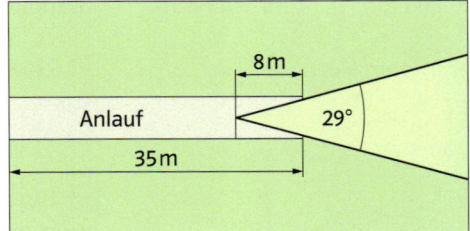

Zeichne anhand der Abbildung eine Wettkampfanlage. Wähle einen geeigneten Maßstab.

23

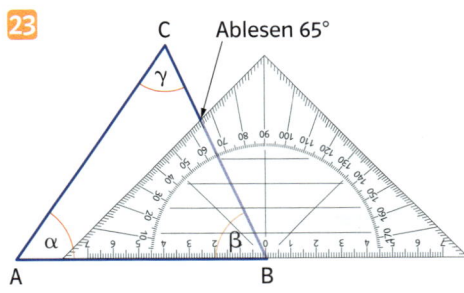

Die in dem Dreieck mit α, β und γ bezeichneten Winkel heißen **Innenwinkel des Dreiecks.**
Zeichne in ein Koordinatensystem (Einheit 1 cm) ein Dreieck ABC mit den Eckpunkten A (2|1), B (8|2) und C (6|7). Bestimme die Größe der einzelnen Innenwinkel. Bilde anschließend die Summe der Innenwinkel. Was stellst du fest? Überprüfe dieses Ergebnis an weiteren Dreiecken.

24 a) Zeichne in ein Koordinatensystem (Einheit 0,5 cm) ein Viereck ABCD mit den Eckpunkten A (2|2), B (16|2), C (21|10) und D (7|10).
Welche Figur erhältst du? Gib ihre Eigenschaften an. Miss dazu auch die Größe der Innenwinkel.
b) Wie viele Winkelgrößen musst du in dem Viereck mindestens messen, um die Summe der Innenwinkel zu erhalten? Begründe deine Antwort.
c) In einem Parallelogramm beträgt die Größe eines Innenwinkels 70° (40°, 115°). Bestimme jeweils die Größe der anderen Innenwinkel.

Diese Aufgaben kannst du mit einem Partner bearbeiten.

Ausgangstest 1

1 Zeichne einen Kreis mit dem angegebenen Radius (Durchmesser). Zeichne in den Kreis einen Radius und einen Durchmesser ein.
a) r = 2,5 cm   b) d = 6,0 cm   c) r = 43 mm

2 Übertrage das Muster in dein Heft.

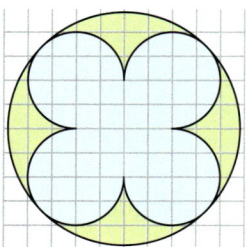

3 a) Auf welche Ziffer der Uhr zeigt der große Zeiger, wenn er sich von 12 Uhr aus um 270° gedreht hat?
b) Bestimme die Größe des Winkels, der von den Zeigern einer Uhr um 8.00 Uhr eingeschlossen wird.

4 Miss die Größe des abgebildeten Winkels.

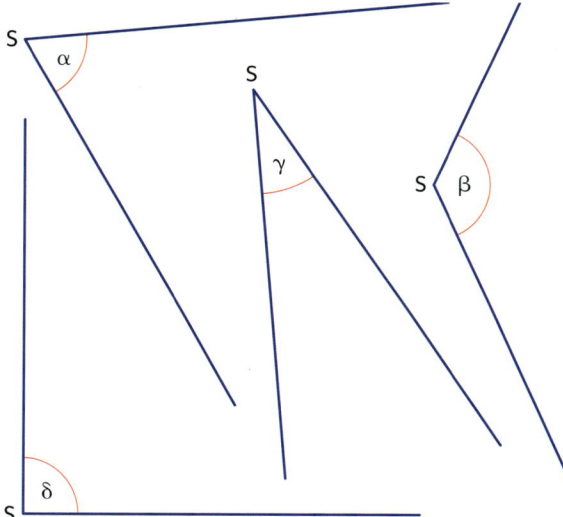

5 Beschreibe mit einem Satz die folgenden Winkelarten.
a) rechter Winkel   b) gestreckter Winkel
c) spitzer Winkel   d) stumpfer Winkel

6 Zeichne jeweils einen Winkel der angegebenen Größe. Markiere den Winkel mit einem Kreisbogen.
$\alpha = 65°$ $\beta = 78°$ $\gamma = 115°$ $\delta = 160°$

7 Bezeichne die markierten Winkel durch die Nennung seiner Schenkel.
Schreibe so: $\alpha = ∢ (■, ■)$.

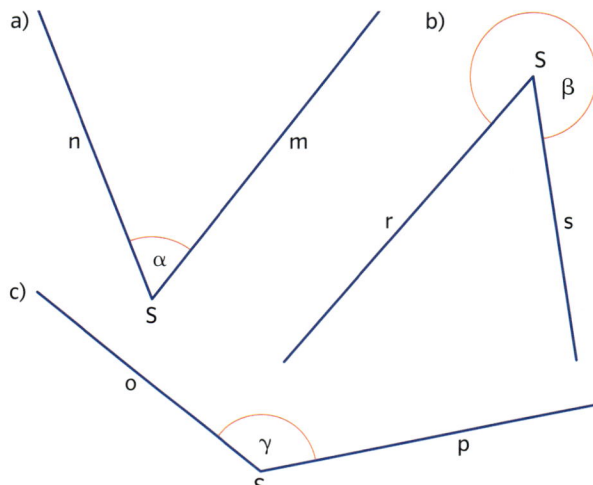

8 Zeichne in ein Koordinatensystem (Einheit 1 cm) den Winkel $∢$ ASB. Der Scheitelpunkt des Winkels ist der Punkt S. Schenkel a geht durch den Punkt A und Schenkel b durch den Punkt B. Miss die Größe des Winkels.
a) S (2 | 1)   A (6 | 0,5)   B (2,5 | 5)
b) S (2,5 | 2)   A (7,5 | 1,5)   B (5,5 | 4,5)
c) S (2 | 8)   A (1 | 6)   B (8,5 | 9,5)

Ich kann	Aufgabe	Hilfen und Aufgaben
einen Kreis mit vorgegebenem Radius (Durchmesser) zeichnen.	1	Seite 44, 45
nach einer Vorlage ein Kreismuster zeichnen.	2	Seite 45
Winkelgrößen in Sachzusammenhängen bestimmen.	3	Seite 55
die Größe eines Winkels messen.	4, 8	Seite 48, 56
die Winkelarten beschreiben.	5	Seite 47
einen Winkel mit vorgegebener Größe zeichnen.	6	Seite 49
Winkel durch die Nennung seiner Schenkel bezeichnen.	7	Seite 51, 56

Ausgangstest 2

1 Die Abbildungen zeigen das Gesichtsfeld einer Eule und eines Turmfalken.

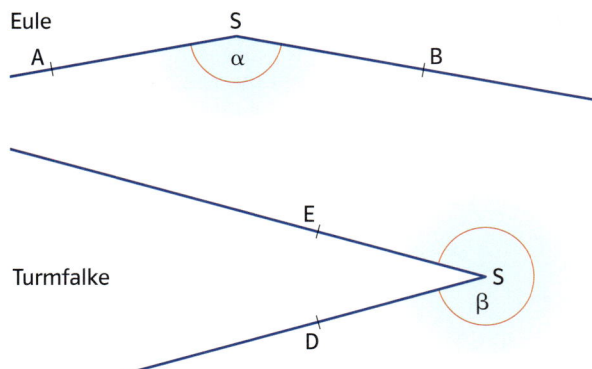

Bezeichne die markierten Winkel jeweils mit großen Buchstaben und bestimme ihre Größe.

2 Zeichne das Gesichtsfeld eines Hundes und eines Frosches in dein Heft.

Hund 250°   Frosch 330°

3 Sind die Aussagen wahr oder falsch? Begründe deine Antwort in einem kurzen Text.
a) Wenn (a, b) ein spitzer Winkel ist, dann ist ∢ (b, a) ein stumpfer Winkel.
b) Wenn ∢ (a, b) ein stumpfer Winkel ist, dann ist ∢ (b, a) ein überstumpfer Winkel.

4 Zeichne einen Kreis mit einem Radius von 5 cm. Unterteile den Kreis in gleich große Felder. Die Winkel am Kreismittelpunkt sollen jeweils 40° (120°) groß sein. Woran kannst du erkennen, dass du richtig gezeichnet hat?

5 Bezeichne die im Trapez markierten Winkel jeweils mit großen Buchstaben und bestimme ihre Größe. Schreibe so: α = ∢ BAE = ■°

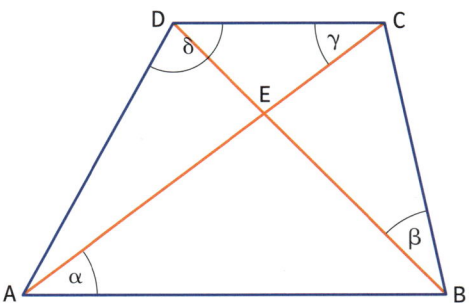

6 a) Zeichne in ein Koordinatensystem (Einheit 1 cm) ein Dreieck mit den Eckpunkten A (1 | 7), B (5 | 1) und C (9,5 | 6).
Bestimme die Größe der einzelnen Innenwinkel.
b) Zeichne in ein Koordinatensystem (Einheit 0,5 cm) ein Viereck mit den Eckpunkten A (6 | 2), B (17 | 2), C (17 | 18) und D (1 | 15). Bestimme die Größe der Innenwinkel.

7 a) Zeichne in ein Koordinatensystem (Einheit 1 cm) ein Viereck ABCD mit A (0,5 | 0,5), B (8,5 | 2,5), C (5 | 8) und D (1 | 7).
b) Welche Figur erhältst du?
c) Gib die Größe der einzelnen Innenwinkel an. Wie viele Winkelgrößen musst du dazu in der Figur bestimmen?

Ich kann	Aufgabe	Hilfen und Aufgaben
einen Winkel mit großen Buchstaben bezeichnen und seine Größe bestimmen.	1	Seite 49, 51
einen überstumpfen Winkel mit vorgegebener Größe zeichnen.	2	Seite 56
Winkelarten zueinander in Beziehung setzen.	3	Seite 47, 55
einen Kreis nach einer vorgegebenen Winkelgröße am Mittelpunkt zeichnerisch in gleich große Felder unterteilen und diese Unterteilung durch eine Rechnung überprüfen.	4	Seite 47, 57
in einem Trapez Winkel durch drei Punkte benennen und ihre Größe messen.	5	Seite 51
in ein Koordinatensystem ein Dreieck (ein Viereck) zeichnen und die Größe seiner Innenwinkel bestimmen.	6, 7	Seite 51, 57

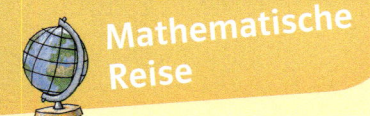
Kreismuster in der Architektur

Baustile erkennst du an typischen Formen. Hauptkennzeichen der Gotik (ca. 1200 – 1500) ist der Spitzbogen. Du findest ihn häufig bei Gewölben, Türen und Fenstern.

Auf dem Foto erkennst du ein durch Kreise und Kreisbögen kunstvoll ausgestaltetes Fenster. Seine steinernen Ornamente wurden von den Baumeistern der Gotik mit Zirkel und Lineal entworfen. Sie werden deshalb auch als „Maßwerk" bezeichnet.

1 Suche im Internet Abbildungen gotischer Fenster, drucke sie aus und klebe sie in dein Heft.

2 a) In der Abbildung siehst du, wie mithilfe eines Zirkels ein Spitzbogen gezeichnet werden kann. Beschreibe die Form des Spitzbogens. Wo liegen die einzelnen Mittelpunkte der Kreisbögen?

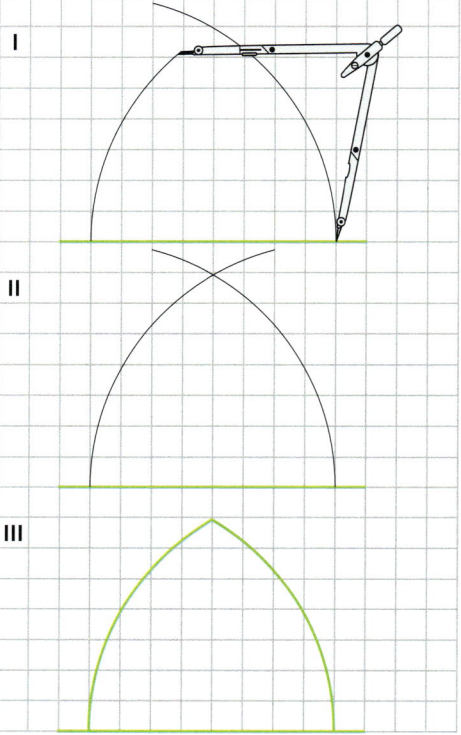

b) David hat im Internet die folgende Konstruktionsskizze eines Fensters gefunden. Übertrage die Skizze in doppelter Größe in dein Heft.

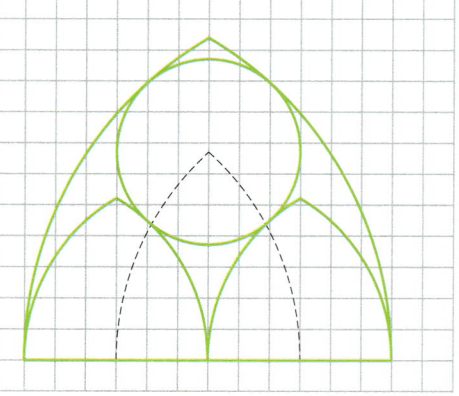

3 Die steinernen Ornamente in den gotischen Fenstern zeigen häufig Kreise in einem Kreis.

Je nach der Anzahl der inneren ineinandergreifenden Kreise nennt man solche Formen Dreipass, Vierpass, Sechspass oder Vielpass.
In der Sprache der gotischen Baumeister bedeutet „Pass" soviel wie „Zirkelschlag". Ein Dreipass wird danach aus drei, ein Vierpass aus vier und ein Sechspass aus sechs Zirkelschlägen geformt.

Dreipass   Vierpass

Zeichne einen Vierpass. Die Abbildungen zeigen dir, wie du beginnen kannst.

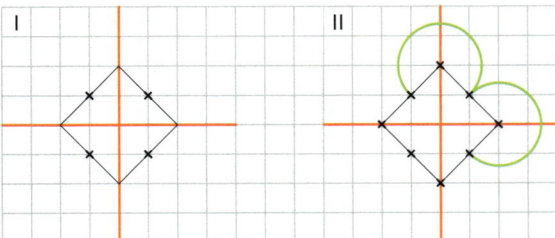

4 Die „Fischblase" ist eine in der Spätgotik weit verbreitete Ornamentform.

In der folgenden Abbildung siehst du die einfachste Form dieses Ornamentes. In einem Kreis treten zwei Fischblasen auf.

Zeichne mithilfe der Abbildungen in einem Kreis zwei (vier) Fischblasen und gestalte sie farbig.

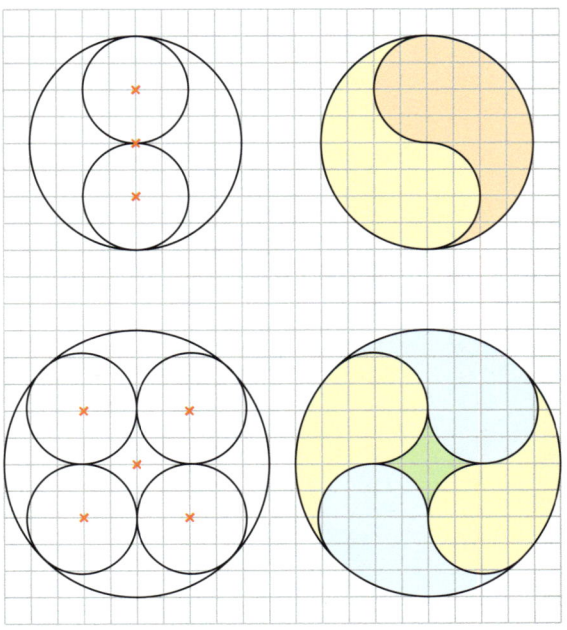

3 Brüche

Das Puzzle besteht aus sieben Teilen, die man zu Figuren zusammengelegt.

Das Spiel kannten schon die Chinesen.

Stelle das abgebildete Tangram her.
Färbe vor dem Ausschneiden die Rück-
seite rot. Jedes Puzzleteil ist Teil der
Gesamtfläche und stellt einen Bruch dar.

Aus welchen geometrischen Figuren
besteht das Puzzle?

Welchen Bruchteil nimmt das große Dreieck ein?

Aus welchen geometrischen Figuren besteht das Puzzle?

Aus den sieben Teilen kannst du die abgebildeten Figuren legen.

Brüche und Tangram

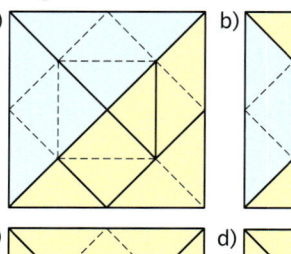

Lege die Figuren nach. Verwende alle Teile des Tangrams.

1 Welcher Bruchteil des Tangrams ist blau gefärbt?

a) b)
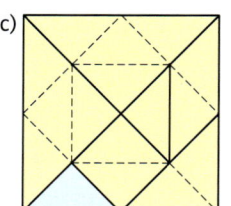

c) d)
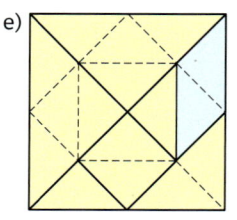

e) f)
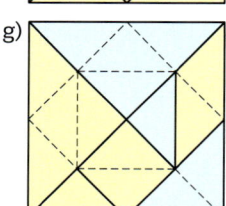

g) h)

2 Welcher Bruchteil der dargestellten Figur ist blau, welcher ist gelb gefärbt?

a) b)

c)

d)

e)

f)
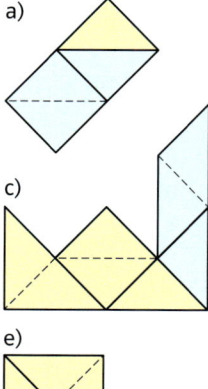
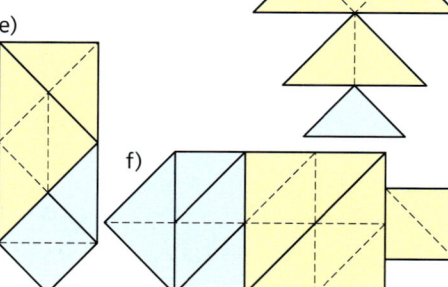

3 Welcher Bruchteil der Figuren ist blau, welcher ist gelb gefärbt?

a) b)
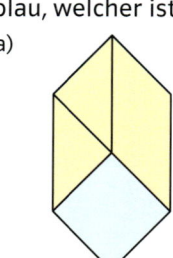
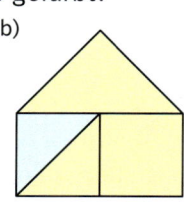

c) d)

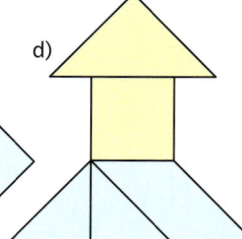

e) f)
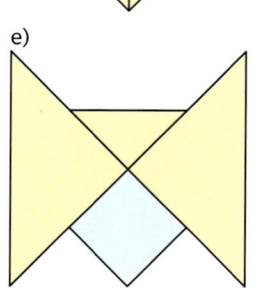

g) h)
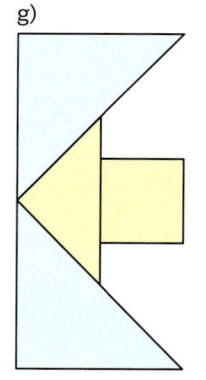

i)
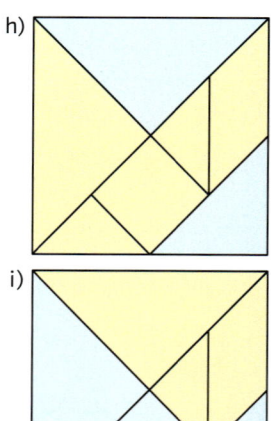

4 Lege mit den Puzzleteilen eine Figur, bei der der rote Teil den angegebenen Bruch darstellt.

a) $\frac{1}{2}$ b) $\frac{1}{3}$ c) $\frac{3}{5}$ d) $\frac{3}{16}$

Brüche darstellen

1 Welcher Bruchteil ist gelb, welcher ist weiß gefärbt? Notiere die Ergebnisse.

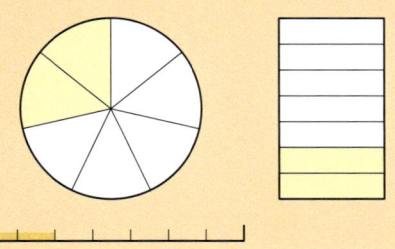

a)   b)   c)

d)   e)   f)

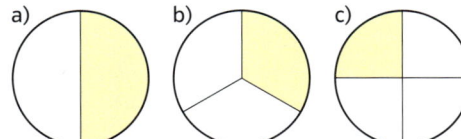

g)   h)   i)

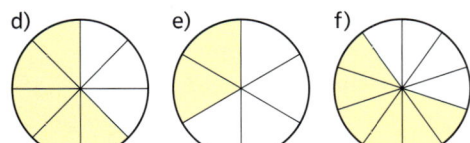

k)   l)   m)

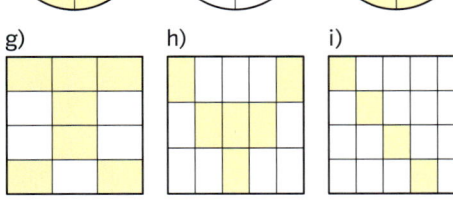

n)   o)   p)

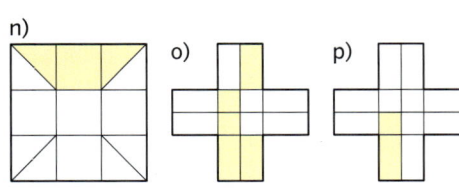

2 Welcher Bruchteil der Buchstaben ist jeweils farbig?

3 Stelle die Bruchteile jeweils in einem Rechteck mit einer Länge von 6 cm und einer Breite von 3 cm dar.

a) $\frac{1}{6}$ b) $\frac{1}{3}$ c) $\frac{1}{12}$

d) $\frac{5}{6}$ e) $\frac{5}{24}$ f) $\frac{13}{48}$

4 Du siehst den Bruchteil eines Ganzen. Übertrage die Figur in dein Heft und ergänze zum Ganzen.

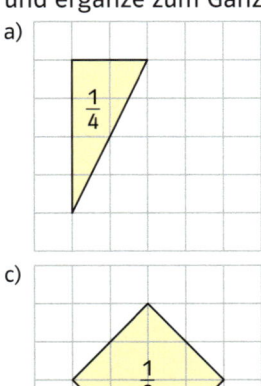

a) $\frac{1}{4}$

b) $\frac{1}{3}$

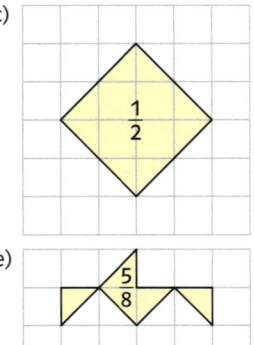

c) $\frac{1}{2}$

e) $\frac{5}{8}$

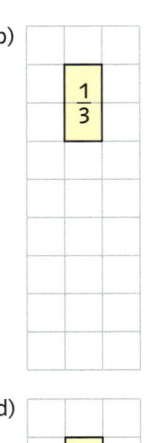

d) $\frac{3}{4}$

Erweitern und Kürzen

Durch **Erweitern** (Verfeinern der Einteilung) oder durch **Kürzen** (Vergröbern der Einteilung) ändert sich der Wert eines Bruchs nicht.

Erweitern

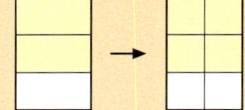

$\frac{2}{3}$ wird erweitert mit **2**

$$\frac{2 \cdot 2}{3 \cdot 2} = \frac{4}{6}$$

Zähler **und** Nenner werden mit **derselben** Zahl multipliziert.

Kürzen

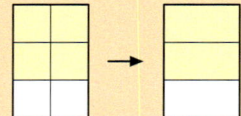

$\frac{4}{6}$ wird gekürzt durch **2**

$$\frac{4 : 2}{6 : 2} = \frac{2}{3}$$

Zähler **und** Nenner werden durch **dieselbe** Zahl dividiert.

1 Welcher Bruchteil ist im Bild gelb, welcher ist blau gefärbt? Gib mindestens zwei Brüche an, die den gleichen Bruchteil bezeichnen.

a) b) c)

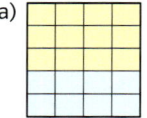  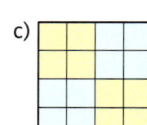

d) e) f)

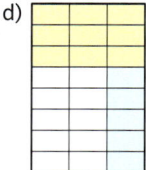 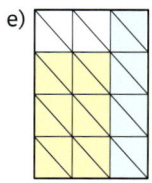 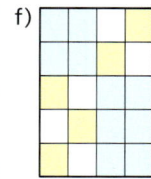

g) h) i)

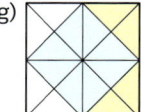 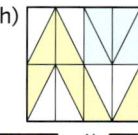

k) l)

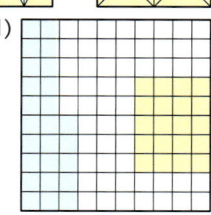

2 Erweitere die folgenden Brüche jeweils mit 3 (5; 7).

a) $\frac{2}{3}$ $\frac{3}{5}$ $\frac{5}{7}$ $\frac{3}{11}$ $\frac{7}{9}$ $\frac{5}{13}$

b) $\frac{3}{4}$ $\frac{5}{6}$ $\frac{1}{8}$ $\frac{7}{10}$ $\frac{5}{12}$ $\frac{9}{14}$

3 Erweitere schrittweise.

a) $\frac{3}{4} = \frac{\blacksquare}{8} = \frac{\blacksquare}{16} = \frac{\blacksquare}{32}$ b) $\frac{1}{7} = \frac{\blacksquare}{14} = \frac{\blacksquare}{28} = \frac{\blacksquare}{140}$

c) $\frac{2}{3} = \frac{\blacksquare}{9} = \frac{\blacksquare}{27} = \frac{\blacksquare}{81}$ d) $\frac{5}{6} = \frac{\blacksquare}{12} = \frac{\blacksquare}{36} = \frac{\blacksquare}{72} = \frac{\blacksquare}{288}$

e) $\frac{2}{5} = \frac{\blacksquare}{25} = \frac{\blacksquare}{75} = \frac{\blacksquare}{250}$ f) $\frac{8}{9} = \frac{\blacksquare}{18} = \frac{\blacksquare}{36} = \frac{\blacksquare}{180} = \frac{\blacksquare}{360}$

4 Kürze.

$\frac{6}{12}$	$\frac{6}{18}$	$\frac{12}{30}$	$\frac{18}{24}$	durch	2	3	6

5 Bestimme den Platzhalter.

a) $\frac{3}{7} = \frac{\blacksquare}{35}$ b) $\frac{5}{\blacksquare} = \frac{15}{60}$

c) $\frac{4}{20} = \frac{2}{\blacksquare}$ d) $\frac{\blacksquare}{42} = \frac{1}{3}$

e) $\frac{6}{10} = \frac{\blacksquare}{5}$ f) $\frac{18}{10} = \frac{\blacksquare}{5}$

g) $\frac{16}{\blacksquare} = \frac{8}{9}$ h) $\frac{23}{25} = \frac{\blacksquare}{75}$

6 Kürze soweit wie möglich. Teilbarkeitsregeln erleichtern das Kürzen. Schau nach auf Seite 179.

$$\frac{72}{108} = \frac{36}{54} = \frac{18}{27} = \frac{6}{9} = \frac{2}{3}$$

a) $\frac{16}{24}$ b) $\frac{15}{60}$ c) $\frac{9}{63}$ d) $\frac{12}{40}$

e) $\frac{25}{45}$ f) $\frac{18}{42}$ g) $\frac{14}{49}$ h) $\frac{33}{110}$

7 Kürze oder erweitere

a) auf den Nenner 42:

$\frac{1}{7}$ $\frac{18}{84}$ $\frac{9}{21}$ $\frac{24}{126}$ $\frac{5}{6}$ $\frac{13}{14}$

b) auf den Nenner 24:

$\frac{1}{4}$ $\frac{5}{6}$ $\frac{12}{48}$ $\frac{36}{72}$ $\frac{25}{120}$ $\frac{49}{168}$

c) auf den Nenner 18:

$\frac{2}{3}$ $\frac{5}{6}$ $\frac{7}{9}$ $\frac{12}{54}$ $\frac{15}{90}$ $\frac{64}{144}$

Brüche vergleichen

1 Vergleiche die Brüche.

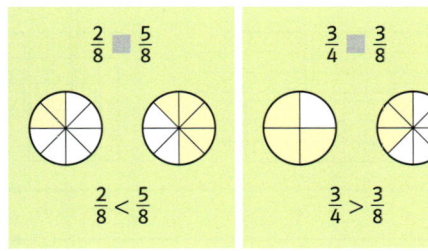

$$\frac{2}{8} \square \frac{5}{8} \qquad \frac{3}{4} \square \frac{3}{8}$$

$$\frac{2}{8} < \frac{5}{8} \qquad \frac{3}{4} > \frac{3}{8}$$

a) $\frac{2}{5} \square \frac{3}{5}$ b) $\frac{7}{9} \square \frac{7}{10}$

c) $\frac{5}{6} \square \frac{4}{6}$ d) $\frac{5}{6} \square \frac{5}{8}$

e) $\frac{4}{12} \square \frac{7}{12}$ f) $\frac{4}{12} \square \frac{4}{8}$

2 Welcher Bruch ist größer: $\frac{3}{7}$ oder $\frac{4}{9}$?

Ein Siebtel ist größer als ein Neuntel.

Vier ist mehr als Drei.

Erläutere, warum du die beiden Brüche nur schwer vergleichen kannst.

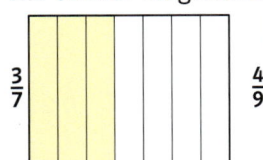
$\frac{3}{7}$

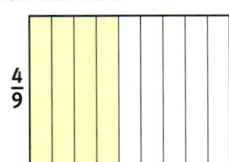
$\frac{4}{9}$

Ungleichnamige Brüche (Brüche mit verschiedenen Nennern) werden verglichen, indem man sie gleichnamig (nennergleich) macht und dann die Zähler vergleicht.

$$\frac{3}{5} \square \frac{4}{7}$$

$$\frac{3 \cdot 7}{5 \cdot 7} \square \frac{4 \cdot 5}{7 \cdot 5}$$

$$\frac{21}{35} > \frac{20}{35}$$

$$\frac{3}{5} > \frac{4}{7}$$

3 Vergleiche die Brüche. Setze <, > oder = ein.

a) $\frac{3}{4} \square \frac{5}{8}$ b) $\frac{2}{3} \square \frac{5}{9}$ c) $\frac{3}{5} \square \frac{7}{10}$

$\frac{1}{3} \square \frac{4}{7}$ $\frac{1}{3} \square \frac{3}{9}$ $\frac{4}{5} \square \frac{6}{10}$

$\frac{3}{5} \square \frac{2}{6}$ $\frac{2}{3} \square \frac{7}{9}$ $\frac{2}{5} \square \frac{6}{15}$

d) $\frac{1}{3} \square \frac{2}{6}$ e) $\frac{4}{11} \square \frac{9}{33}$ f) $\frac{36}{39} \square \frac{12}{13}$

$\frac{5}{12} \square \frac{3}{4}$ $\frac{15}{27} \square \frac{6}{9}$ $\frac{3}{5} \square \frac{10}{13}$

$\frac{1}{7} \square \frac{3}{14}$ $\frac{14}{21} \square \frac{2}{3}$ $\frac{2}{7} \square \frac{3}{8}$

4 Ordne die folgenden Brüche der Größe nach:

$$\frac{9}{100} \qquad \frac{9}{43} \qquad \frac{9}{750} \qquad \frac{9}{2} \qquad \frac{9}{15} \qquad \frac{9}{42}$$

5 Vergleiche die Brüche.

a) $\frac{2}{3} \square \frac{3}{5}$ b) $\frac{3}{10} \square \frac{2}{5}$ c) $\frac{7}{8} \square \frac{20}{24}$

$\frac{4}{7} \square \frac{3}{8}$ $\frac{2}{7} \square \frac{3}{10}$ $\frac{5}{15} \square \frac{1}{3}$

$\frac{2}{6} \square \frac{3}{4}$ $\frac{5}{6} \square \frac{2}{3}$ $\frac{7}{13} \square \frac{2}{3}$

$\frac{1}{3} \square \frac{3}{6}$ $\frac{1}{2} \square \frac{6}{11}$ $\frac{15}{45} \square \frac{12}{33}$

6 Ordne die Brüche der Größe nach. Beginne mit dem kleinsten Bruch.

a) $\frac{5}{12} \quad \frac{3}{4} \quad \frac{2}{3} \quad \frac{11}{24} \quad \frac{5}{6} \quad \frac{1}{2}$

b) $\frac{3}{10} \quad \frac{4}{5} \quad \frac{4}{20} \quad \frac{3}{15} \quad \frac{7}{30} \quad \frac{2}{15}$

7 Ersetze den Platzhalter. Manchmal gibt es mehrere Möglichkeiten.

a) $\frac{3}{7} > \frac{\square}{7}$ b) $\frac{5}{6} < \frac{5}{\square}$ c) $\frac{\square}{5} = \frac{8}{10}$

$\frac{3}{5} = \frac{6}{\square}$ $\frac{7}{10} > \frac{7}{\square}$ $\frac{\square}{8} > \frac{5}{8}$

$\frac{4}{9} < \frac{\square}{9}$ $\frac{7}{12} < \frac{8}{\square}$ $\frac{\square}{4} < \frac{3}{4}$

d) $\frac{2}{\square} > \frac{2}{5}$ e) $\frac{5}{10} = \frac{\square}{20}$ f) $\frac{3}{7} = \frac{\square}{21}$

$\frac{5}{\square} < \frac{5}{6}$ $\frac{7}{4} < \frac{\square}{4}$ $\frac{4}{\square} < \frac{4}{5}$

$\frac{4}{10} < \frac{\square}{5}$ $\frac{4}{7} > \frac{4}{\square}$ $\frac{5}{\square} > \frac{5}{8}$

Gemischte Zahlen

1 Simon hat Waffeln gebacken. Nachdem er und seine Freunde sich satt gegessen haben, sind noch einige Stücke übrig geblieben.
a) Wie viele Fünftel bleiben insgesamt übrig?
b) Wie viele ganze Waffeln lassen sich aus den restlichen Stücken zusammenlegen? Wie viele Fünftel sind danach noch vorhanden?

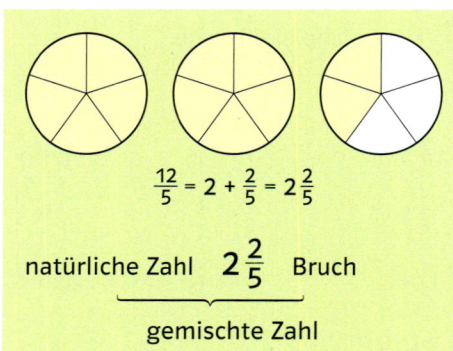

$\frac{12}{5} = 2 + \frac{2}{5} = 2\frac{2}{5}$

natürliche Zahl $\quad 2\frac{2}{5} \quad$ Bruch

gemischte Zahl

2 Schreibe als Bruch und als gemischte Zahl.

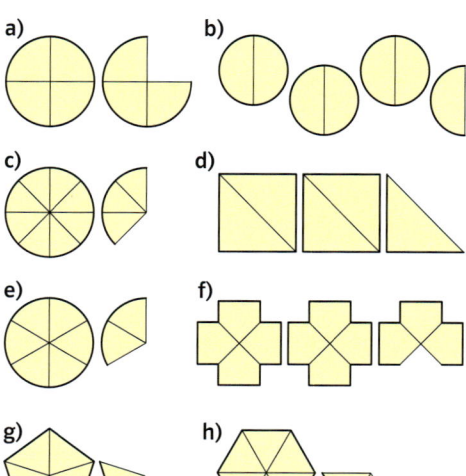

a)

b)

c)

d)

e)

f)

g)

h)

3 Schreibe als Bruch und als gemischte Zahl.

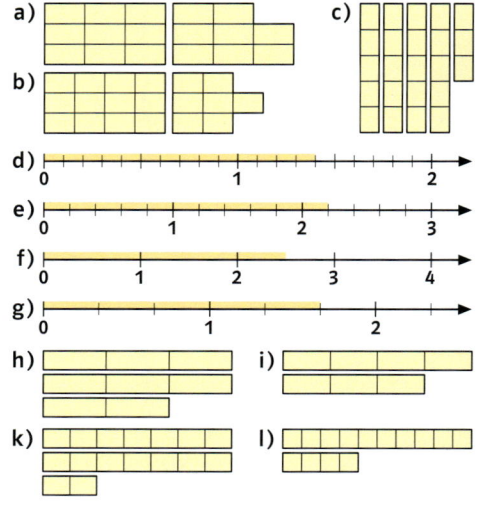

a)

b)

c)

d)

e)

f)

g)

h)

i)

k)

l)

4 Schreibe als Bruch.

a) $3 = \frac{\blacksquare}{7}$ b) $4 = \frac{\blacksquare}{3}$ c) $3 = \frac{9}{\blacksquare}$

$2 = \frac{\blacksquare}{5}$ $2 = \frac{\blacksquare}{8}$ $2 = \frac{10}{\blacksquare}$

$1 = \frac{\blacksquare}{13}$ $3 = \frac{\blacksquare}{6}$ $5 = \frac{10}{\blacksquare}$

5 Schreibe als Bruch.

$2\frac{5}{7} = 2 + \frac{5}{7} = \frac{14}{7} + \frac{5}{7} = \frac{19}{7}$

a) $3\frac{1}{2}$ b) $2\frac{1}{4}$ c) $3\frac{4}{4}$ d) $2\frac{2}{7}$

$2\frac{1}{5}$ $3\frac{1}{3}$ $1\frac{2}{9}$ $7\frac{3}{4}$

$3\frac{7}{9}$ $2\frac{3}{10}$ $5\frac{1}{4}$ $4\frac{2}{9}$

6 Bestimme die Platzhalter.

a) $2\frac{3}{7} = \frac{\blacksquare}{7}$ b) $2\frac{1}{3} = \frac{\blacksquare}{3}$ c) $2\frac{3}{4} = \frac{\blacksquare}{4}$

$1\frac{1}{5} = \frac{\blacksquare}{5}$ $4\frac{3}{8} = \frac{\blacksquare}{8}$ $7\frac{1}{2} = \frac{\blacksquare}{2}$

7 Schreibe als gemischte Zahl oder als natürliche Zahl.

a) $\frac{7}{4}$ b) $\frac{27}{9}$ c) $\frac{12}{4}$ d) $\frac{9}{7}$

$\frac{5}{2}$ $\frac{6}{3}$ $\frac{17}{5}$ $\frac{12}{5}$

$\frac{8}{3}$ $\frac{13}{10}$ $\frac{10}{3}$ $\frac{27}{4}$

Brüche am Zahlenstrahl

1 Emilia und Jakob versuchen die Karten mit Brüchen richtig anzuordnen. Wohin gehören die restlichen Karten?

2 Gib jeweils einen Bruch an, der zu dem markierten Punkt gehört.

a)
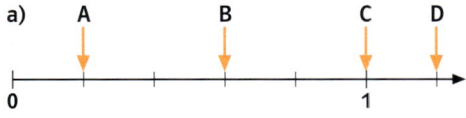

b)
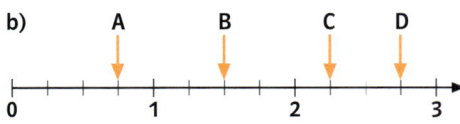

c)
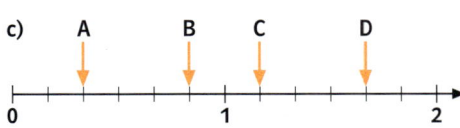

3 Zeichne einen Zahlenstrahl von 0 bis 2 (16 cm lang) und trage die folgenden Brüche ein.

a) $\frac{1}{4}$ $\frac{12}{8}$ $\frac{3}{3}$ $\frac{12}{16}$ $\frac{3}{8}$ $\frac{8}{8}$ $\frac{2}{16}$

b) $\frac{5}{8}$ $\frac{7}{8}$ $\frac{8}{4}$ $\frac{21}{16}$ $\frac{13}{8}$ $\frac{7}{4}$ $\frac{1}{8}$

4 Gib die markierte Stelle auf dem Zahlenstrahl jeweils als Bruch und als gemischte Zahl an.

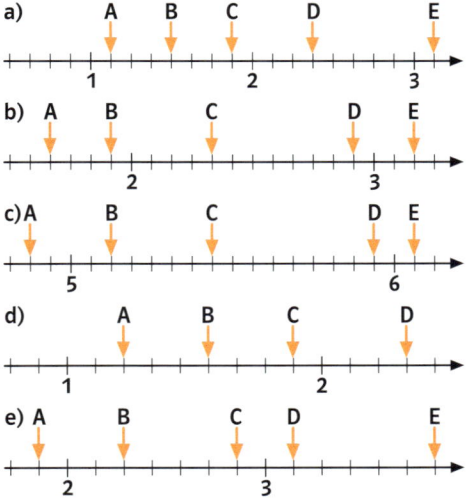

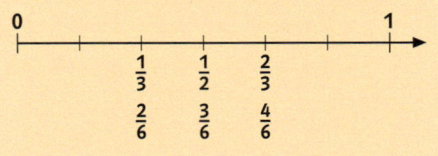

Brüche, die auf dem Zahlenstrahl an der gleichen Stelle liegen, bezeichnen dieselbe Bruchzahl.

Bruchteile berechnen

1 Die Fläche von Deutschland beträgt 360 000 km².
Die Hälfte davon wird landwirtschaftlich genutzt, ein Drittel ist Wald und drei Hundertstel Wasser.

a) Gib jeweils den Anteil für Landwirtschaft und Wald in Quadratkilometer an.
b) Wie groß ist die von Wasser bedeckte Fläche?

So kannst du $\frac{3}{5}$ von 80 cm berechnen:

1. Berechne **ein Fünftel** von 80 cm.
   Teile dazu 80 cm : 5.

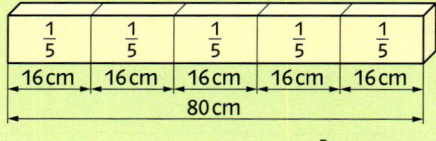

$$80 \text{ cm} \xrightarrow{\ :5\ } 16 \text{ cm}$$

$\frac{1}{5}$ von 80 cm sind 16 cm

2. Bestimme **drei Fünftel** von 80 cm.
   Multipliziere dazu 16 cm mit 3.

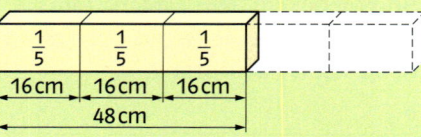

$$80 \text{ cm} \xrightarrow{\ :5\ } 16 \text{ cm} \xrightarrow{\ \cdot 3\ } 48 \text{ cm}$$

$\frac{3}{5}$ von 80 cm sind 48 cm

2 Berechne.

a) $\frac{1}{4}$ von 60 cm   b) $\frac{2}{3}$ von 240 €

   $\frac{2}{4}$ von 60 cm $\frac{2}{5}$ von 50 kg

   $\frac{3}{4}$ von 60 cm $\frac{3}{8}$ von 80 km

c) $\frac{5}{6}$ von 90 m   d) $\frac{3}{10}$ von 1200 t

   $\frac{3}{7}$ von 84 l $\frac{5}{9}$ von 360 m

   $\frac{5}{12}$ von 36 min $\frac{3}{11}$ von 770 g

3 Berechne.

$\frac{11}{15}$ von 180 m sind ▢

$$180 \text{ m} \xrightarrow{\ :15\ } 12 \text{ m} \xrightarrow{\ \cdot 11\ } 132 \text{ m}$$

$\frac{11}{15}$ von 180 m sind 132 m.

a) $\frac{3}{5}$ von 75 ml   b) $\frac{7}{12}$ von 120 kg

   $\frac{7}{15}$ von 300 ha $\frac{5}{12}$ von 96 €

   $\frac{5}{9}$ von 540 m $\frac{11}{12}$ von 144 g

c) $\frac{6}{7}$ von 42 m   d) $\frac{4}{15}$ von 90 min

   $\frac{7}{8}$ von 56 g $\frac{3}{25}$ von 1000 g

   $\frac{8}{9}$ von 72 ha $\frac{11}{30}$ von 2400 m

4 Ein Bürger der Bundesrepublik verbraucht täglich etwa 120 l Trinkwasser. Davon entfallen auf Körperpflege $\frac{1}{8}$, Trinken und Kochen $\frac{1}{24}$, Toilettenspülung $\frac{7}{24}$, Wohnungsreinigung $\frac{5}{24}$, Baden und Duschen $\frac{1}{12}$, Geschirrreinigung $\frac{1}{12}$, Wäsche waschen $\frac{1}{8}$, Gartenpflege $\frac{1}{24}$. Wie viel Liter sind das jeweils?

5 Ein Tank für Oberflächenwasser fasst 1200 Liter. Er wird im Erdboden eingegraben und durch das Regenwasser gefüllt. Im Monat Mai war er zu $\frac{2}{3}$ gefüllt. Nach einer Trockenperiode war er nur noch halb voll.

6 Der sichtbare Teil (ein Neuntel) eines Eisbergs wird auf ein Volumen von 162 000 m³ geschätzt. Wie groß ist das Volumen des Eisbergs, das sich unter Wasser befindet?

Das Ganze bestimmen

1 Typisch für diesen Leuchtturm ist die rot weiße Markierung, die bald zum Erkennungsmerkmal für viele Leuchttürme wurde. Der Leuchtturm ist von der Wasseroberfläche ab gemessen ungefähr 30 Meter hoch.
Die Hälfte des Gebäudes ragt aus dem Wasser heraus, ein Drittel wird vom Wasser umspült und das Fundament im Meeresboden ist ein Sechstel der Gesamthöhe.
a) Fertige eine vereinfachte Skizze des Leuchtturms an.
b) Wie tief ist das Wasser an seinem Standort?
c) Wie tief ragt das Fundament in den Meeresboden hinein?

Lösen durch Rückwärtsrechnen

$\frac{7}{10}$ von ▢ sind 21 m

▢ $\xrightarrow{:10}$ ▢ $\xrightarrow{\cdot 7}$ 21 m

▢ $\xleftarrow{\cdot 10}$ ▢ $\xleftarrow{:7}$ 21 m

30 m $\xleftarrow{\cdot 10}$ 3 m $\xleftarrow{:7}$ 21 m

$\frac{7}{10}$ von 30 m sind 21 m

---

2 Bestimme den Platzhalter.

a) $\frac{4}{5}$ von ▢ sind 72 l   (80 l; 92 l)

b) $\frac{3}{7}$ von ▢ sind 27 kg   (33 kg; 42 kg)

c) $\frac{5}{8}$ von ▢ sind 60 m   (70 m; 75 m)

d) $\frac{7}{10}$ von ▢ sind 84 km   (49 km; 63 km)

e) $\frac{5}{9}$ von ▢ sind 40 t   (35 t; 65 t)

f) $\frac{3}{4}$ von ▢ sind 120 cm   (36 cm; 48 cm)

g) $\frac{2}{11}$ von ▢ sind 18 km   (12 km; 24 km)

h) $\frac{5}{12}$ von ▢ sind 40 min (35 min; 50 min)

3 Berechne das Ganze.

a) $\frac{3}{4}$ einer Strecke sind 75 cm

b) $\frac{2}{3}$ einer Strecke sind 12 m

c) $\frac{5}{8}$ einer Strecke sind 250 m

d) $\frac{5}{7}$ eines Geldbetrages sind 85 €

e) $\frac{4}{5}$ eines Geldbetrages sind 256 €

f) $\frac{9}{10}$ einer Masse sind 450 g

g) $\frac{5}{6}$ einer Masse sind 1 t

4 Auf dem Foto wird ein junger Kuckuck von einem Zaunkönig ernährt. Der Kuckuck ist ein Brutschmarotzer, der seine Eier in die Nester fremder Vögel legt.

Der Zaunkönig auf dem Bild wiegt 10 g, das sind $\frac{2}{15}$ des Gewichts des Kuckucks.

Brüche und Dezimalzahlen

1 Bei den Olympischen Winterspielen 2014 in Sotschi gewann Maria Höfl-Riesch die Super Kombination mit 2 Minuten und 34,62 Sekunden.

Silber gewann die Österreicherin Nicole Hosp. Ihr Abstand zur deutschen Siegerin betrug 40 hundertstel Sekunden. Als Dritte kam überraschend die Amerikanerin Julia Mancuso ins Ziel. Sie benötigte eine Zeit von 2 Minuten und 35,15 Sekunden.
a) Mit welcher Zeit wurde Nicole Hosp Zweite?
b) Wie groß war der zeitliche Abstand von Julia Mancuso jeweils zum ersten und zweiten Platz? Gib den zeitlichen Abstand auch als Bruch an.

	H	Z	E	z	h	t	
	100	10	1	$\frac{1}{10}$	$\frac{1}{100}$	$\frac{1}{1000}$	
$\frac{7}{10}$			0	7			0,7
$\frac{79}{100} = \frac{7}{10} + \frac{9}{100}$			0	7	9		0,79
$\frac{43}{1000} = \frac{4}{100} + \frac{3}{1000}$			0	0	4	3	0,043
$20\frac{7}{100} = 20 + \frac{7}{100}$		2	0	0	7		20,07

Brüche mit dem Nenner 10, 100, 1000, … lassen sich auch als Dezimalzahlen schreiben. **Dezimalzahlen** werden deshalb auch als **Dezimalbrüche** bezeichnet. Beide Ausdrücke sind gleichwertig.

2 Schreibe jeweils als Dezimalzahl.
a) 3 Zehntel; 27 Hundertstel;
   2 Zehntel und 3 Hundertstel
b) $\frac{7}{10}$ $\frac{9}{10}$ $\frac{3}{10}$ $1\frac{7}{10}$ $3\frac{4}{10}$ $12\frac{9}{10}$
c) $\frac{19}{10}$ $\frac{27}{10}$ $\frac{49}{10}$ $\frac{89}{10}$ $\frac{93}{10}$ $\frac{125}{100}$ $\frac{230}{100}$
d) $2\frac{5}{10}$ $3\frac{25}{100}$ $1\frac{324}{1000}$ $4\frac{15}{100}$ $2\frac{75}{100}$

3 Schreibe jeweils als Bruch oder als gemischte Zahl.

$$0,3 = \frac{3}{10} \qquad 0,12 = \frac{12}{100} \qquad 8,09 = 8\frac{9}{100}$$

a) 0,6   0,12   0,345   0,04   0,001
b) 0,99   0,102   0,33   0,500
c) 0,75   0,023   0,109   0,0045
d) 0,3   0,03   0,003   0,67   0,708
e) 1,2   1,45   1,05   2,003   2,67
f) 0,0234   0,0056   0,302   0,056
g) 7,25   8,04   12,357   2,025   3
h) 11,008   10,0049   25,3700

4 Schreibe die Brüche als Dezimalzahl, indem du sie erweiterst oder kürzst.

$$\frac{18}{40} = \frac{9}{20} = \frac{45}{100} = 0,45$$

a) $\frac{1}{2}$ b) $\frac{2}{5}$ c) $\frac{3}{4}$ d) $\frac{7}{20}$ e) $\frac{3}{25}$

f) $\frac{7}{5}$ g) $\frac{47}{50}$ h) $\frac{5}{4}$ i) $\frac{3}{8}$ k) $\frac{27}{125}$

l) $\frac{25}{250}$ m) $\frac{60}{400}$ n) $\frac{56}{80}$ o) $\frac{77}{110}$ p) $\frac{42}{70}$

q) $\frac{140}{70}$ r) $\frac{54}{60}$ s) $\frac{72}{90}$ t) $\frac{14}{35}$ u) $\frac{42}{105}$

5 Gib die markierte Stelle auf dem Zahlenstrahl jeweils als Bruch und Dezimalzahl an.

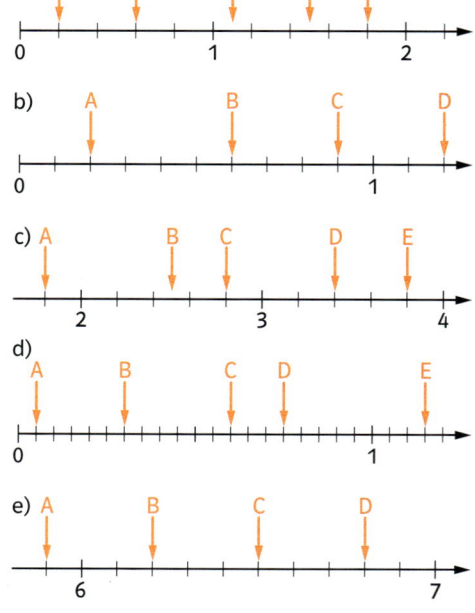

6 In dem Beispiel siehst du zwei Verfahren, wie $\frac{5}{8}$ in eine Dezimalzahl umgewandelt werden kann.

$$\frac{5}{8} = \frac{5 \cdot 125}{8 \cdot 125} = \frac{625}{1000} = 0{,}625$$

$$\frac{5}{8} = 5 : 8 = 0{,}625$$

```
5 : 8 = 0,625
0
50
48
 20
 16
 40
 40
  0
```

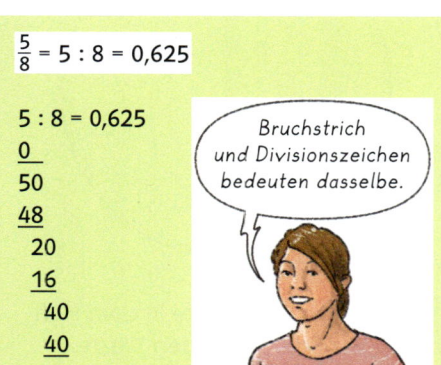

Bruchstrich und Divisionszeichen bedeuten dasselbe.

Beschreibe die beiden Verfahren.

7 Wandle den folgenden Bruch in eine Dezimalzahl um.

a) $\frac{1}{5}$ b) $\frac{13}{250}$ c) $\frac{17}{200}$ d) $\frac{1}{8}$ e) $\frac{27}{125}$

Welches Verfahren benutzt du? Begründe deine Entscheidung.

8 Wandle durch schriftliche Division in eine Dezimalzahl um:

a) $\frac{3}{8}$ b) $\frac{3}{16}$ c) $\frac{5}{32}$ d) $\frac{7}{32}$

9 Wandle $\frac{4}{9}$ in eine Dezimalzahl um. Was stellst du fest?

$$\frac{2}{3} = 0{,}666\ldots = 0{,}\overline{6}$$

Lies: Null Komma Periode sechs

Die Ziffer oder die Zifferngruppe, die sich im Ergebnis immer wiederholt, heißt **Periode.**
Die Periode wird durch einen waagerechten Strich gekennzeichnet.

10 a) Wandle die Brüche durch schriftliche Division in eine Dezimalzahl um.

$$\frac{3}{11} \quad \frac{5}{12} \quad \frac{2}{15}$$

b) Beschreibe in einem Text, woran du erkennen kannst, dass du die schriftliche Division abbrechen darfst.

11 Schreibe als Dezimalzahl.

a) $\frac{4}{9}$ $\frac{2}{11}$ $\frac{7}{11}$ $\frac{21}{40}$ $\frac{12}{33}$ $\frac{17}{40}$

b) $\frac{13}{15}$ $\frac{7}{12}$ $\frac{9}{16}$ $\frac{3}{22}$ $\frac{11}{18}$ $\frac{1}{15}$

c) $\frac{25}{18}$ $\frac{37}{25}$ $\frac{7}{24}$ $\frac{5}{11}$ $\frac{7}{32}$ $\frac{8}{15}$

d) $11\frac{14}{33}$ $2\frac{13}{21}$ $1\frac{5}{12}$ $3\frac{4}{7}$ $2\frac{4}{9}$

12 Setze im Heft jeweils das richtige Zeichen (>, <, =) ein.

a) $0{,}\overline{5}$ ▨ $0{,}55$ b) $0{,}\overline{4}$ ▨ $\frac{4}{9}$

$2{,}3\overline{7}$ ▨ $2{,}377$ $\frac{5}{16}$ ▨ $0{,}312$

$0{,}756$ ▨ $0{,}\overline{7}$ $4\frac{3}{11}$ ▨ $4{,}\overline{2}$

Abbrechende Dezimalzahl

$\frac{2}{5} = 2 : 5 = 0{,}4$

Periodische Dezimalzahl

$\frac{2}{3} = 2 : 3 = 0{,}\overline{6}$

```
7 : 8 = 0,875
0
70       Die Division
64       bricht ab.
 60
 56
 40
 40
  0
```
$\frac{7}{8} = 0{,}875$

```
2 : 3 = 0,666...
0
20       Die Ziffer 6
18       wiederholt
 20      sich immer
 18      wieder.
  2
...
```
$\frac{2}{3} = 0{,}666\ldots = 0{,}\overline{6}$

```
5 : 11 = 0,4545...
0
50       Die Ziffern-
44       gruppe 45
 60      wiederholt
 55      sich immer
 50      wieder.
...
```
$\frac{5}{11} = 0{,}4545\ldots = 0{,}\overline{45}$

```
1 : 6 = 0,1666...
0
10       Nach der
 6       Ziffer 1
 40      wiederholt
 36      sich die
 40      Ziffer 6
...      immer
         wieder.
```
$\frac{1}{6} = 0{,}166\ldots = 0{,}1\overline{6}$

Brüche und Prozentzahlen

1 Im Lebensmittelhandel werden Fruchtgetränke angeboten.

Bezeichnung	Fruchtanteil
Fruchtsaft	100 Prozent
Fruchtnektar	50 Prozent
Fruchtsaftgetränk	15 Prozent

Was bedeuten die Prozentangaben?

> Der Anteil an einer Gesamtgröße wird häufig als Hundertstelbruch angegeben. Ein Hundertstel einer Gesamtgröße wird **Prozent** genannt.
>
> $$\frac{1}{100} = 1\,\%$$

Italienisch
„per cento"

Cento
cto
cto
%
%
%

2 Gib den Anteil der blauen (gelben) Felder in Prozent und Hundertstelbrüchen an.

a)
b)
c)
d)
e)
f)

3 Zeichne ein Hunderterfeld in dein Heft und stelle die folgenden Anteile dar. Gib die Anteile in Prozent an.

a) $\frac{17}{100}$ b) $\frac{1}{4}$ c) $\frac{1}{5}$ d) $\frac{3}{10}$ e) $\frac{4}{50}$

4 Bezeichne den Anteil der farbigen Flächen jeweils mit Prozenten und Brüchen.

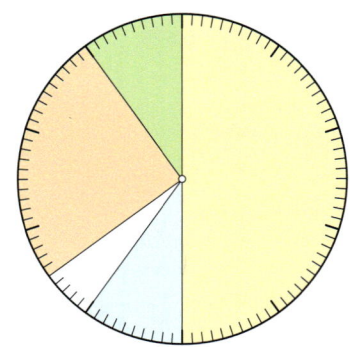

5 Übertrage die Tabelle in dein Heft und ergänze die fehlenden Werte.

$\frac{1}{4}$	$\frac{3}{4}$		$\frac{1}{5}$	
$\frac{25}{100}$		$\frac{80}{100}$	$\frac{10}{100}$	
25 %				50 %

6 Gib in Prozent an und ordne der Größe nach. Beginne mit dem kleinsten Anteil.

a) $\frac{1}{2}$ $\frac{7}{10}$ $\frac{32}{100}$ $\frac{74}{100}$ $\frac{9}{10}$ $\frac{3}{4}$ $\frac{7}{100}$

b) $\frac{11}{10}$ $\frac{6}{5}$ $\frac{24}{20}$ $\frac{24}{25}$ $\frac{135}{100}$ $\frac{3}{2}$ $\frac{37}{50}$ $\frac{68}{100}$

c) $\frac{4}{50}$ $\frac{12}{10}$ $\frac{12}{20}$ $\frac{45}{1000}$ $\frac{5}{4}$ $\frac{3}{25}$ $\frac{100}{1000}$

7 Eine Gesamtschule hat 1240 Schülerinnen und Schüler. Wie viele Schülerinnen und Schüler kommen jeweils zu Fuß zur Schule, fahren mit dem Fahrrad, der Straßenbahn oder werden mit dem Auto gebracht?

5% von 1240 sind $\frac{5}{100}$ von 1240

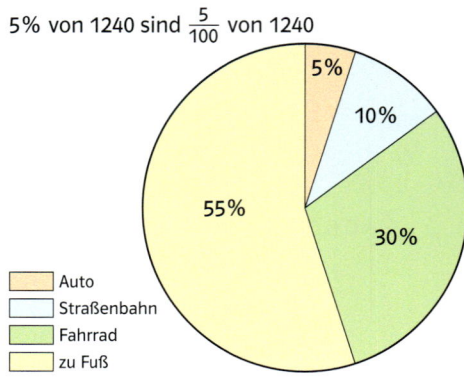

Auto
Straßenbahn
Fahrrad
zu Fuß

Brüche kompakt

Brüche beschreiben Teile eines Ganzen

Der Nenner beschreibt, in wie viele gleich große Teile das Ganze geteilt wurde. ⟶

$$\frac{2}{7}$$

⟵ Der Zähler beschreibt, wie viele Teile betrachtet werden.

Erweitern

$\frac{2}{3}$ wird erweitert mit 4

$$\frac{2 \cdot 4}{3 \cdot 4} = \frac{8}{12}$$

Zähler **und** Nenner werden mit derselben Zahl **multipliziert.**

Kürzen

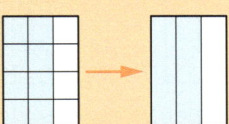

$\frac{8}{12}$ wird gekürzt durch 4

$$\frac{8 : 4}{12 : 4} = \frac{2}{3}$$

Zähler **und** Nenner werden durch dieselbe Zahl **dividiert.**

Brüche und Dezimalzahlen (Dezimalbrüche)

Einen Bruch kann man in eine Dezimalzahl umwandeln, indem man den Zähler durch den Nenner dividiert.
Dabei entsteht eine **abbrechende Dezimalzahl** oder eine **periodische Dezimalzahl.**

$\frac{3}{4} = $ ▪

```
3 : 4 = 0,75
 0
30
28
 20
 20
  0
```

$\frac{4}{9} = $ ▪

```
4 : 9 = 0,44 ...
0
40
36
 4
 ...
```

$\frac{4}{9} = 0,\overline{4}$

abbrechende Dezimalzahl : 0,75

periodische Dezimalzahl: 0,$\overline{4}$
lies: Null Komma Periode vier

Zahlenstrahl

Brüche und Dezimalzahlen können am Zahlenstrahl dargestellt werden. Brüche, die auf dem Zahlenstrahl an der gleichen Stelle liegen, bezeichnen dieselbe Bruchzahl.

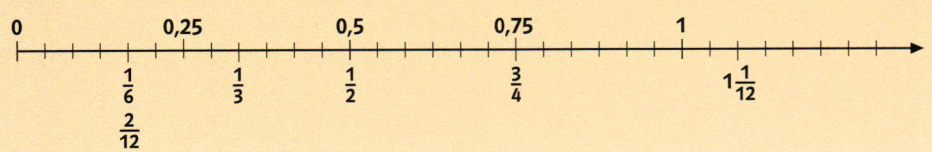

Bruchteile von Größen

$\frac{3}{4}$ von 200 € sind ▪

200 € $\xrightarrow{:4}$ 50 € $\xrightarrow{\cdot 3}$ 150 €

$\frac{3}{4}$ von 200 € sind 150 €

Prozente

Ein Hundertstel einer Gesamtgröße wird Prozent genannt.

$$\frac{1}{100} = 1\,\%$$

Üben und Vertiefen

1 Welcher Bruchteil ist gefärbt?

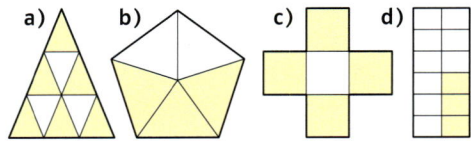

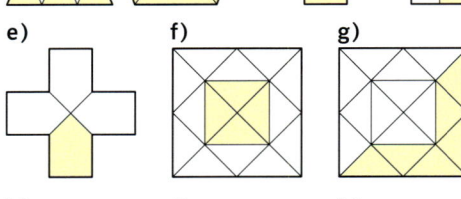

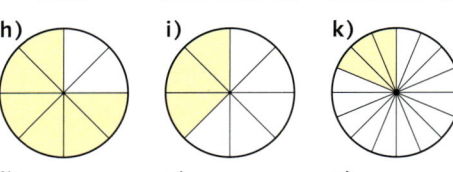

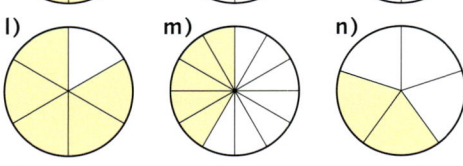

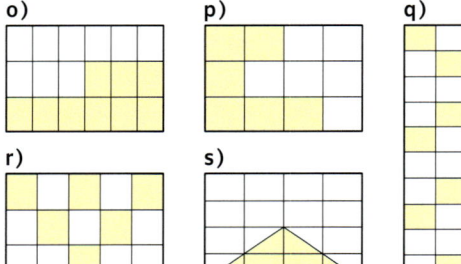

2 Übertrage ins Heft und färbe den angegebenen Bruchteil.

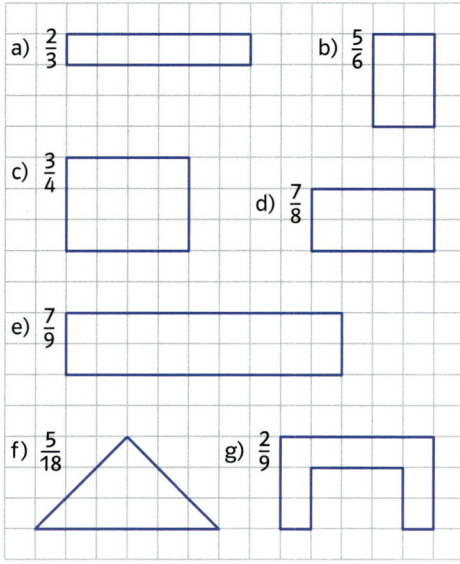

3 Zeichne in dein Heft einen Zahlenstrahl. Der Abstand zwischen Null und Eins beträgt 12 cm. Trage dort die folgenden Brüche ein:

$\frac{2}{3}$ $\frac{5}{6}$ $\frac{1}{12}$ $\frac{7}{12}$ $\frac{7}{24}$ $\frac{3}{4}$ $\frac{5}{8}$

4 Gib die markierte Stelle auf dem Zahlenstrahl jeweils als Bruch und Dezimalzahl an.

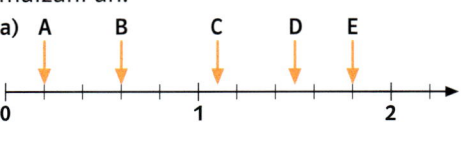

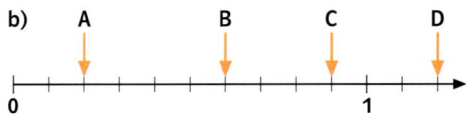

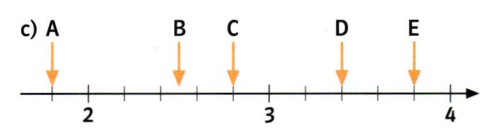

5 Welcher Bruchteil wird hier dargestellt?

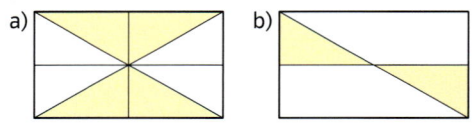

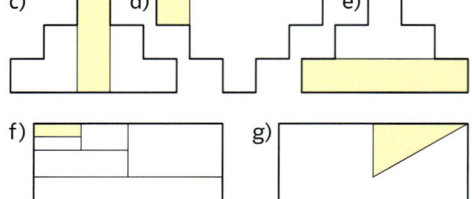

6 Von verschiedenen Figuren siehst du einen Bruchteil. Zeichne das Ganze in dein Heft.

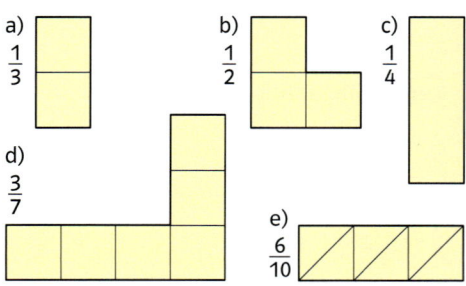

Üben und Vertiefen

7 In der folgenden Zeichnung hat sich ein Fehler eingeschlichen. Begründe.

a)
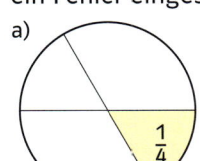

b)
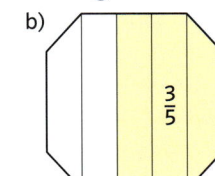

c)
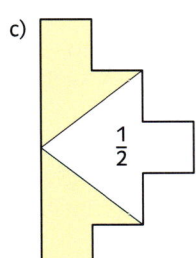

d)
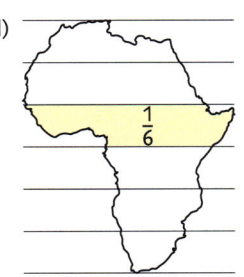

8 Finde jeweils mindestens zwei Bezeichnungen für den gefärbten Bruchteil.

a)
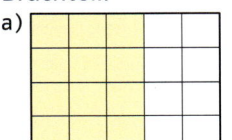

b)
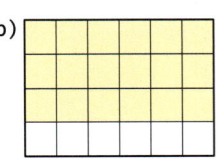

c)
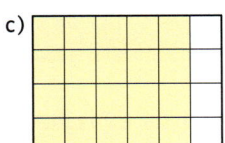

d)
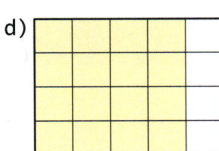

9 Erweitere die Brüche auf den angegebenen Nenner.

a) $\frac{3}{4} = \frac{\blacksquare}{12}$ $\frac{5}{8} = \frac{\blacksquare}{16}$ $\frac{2}{7} = \frac{\blacksquare}{21}$

b) $\frac{7}{10} = \frac{\blacksquare}{40}$ $\frac{3}{5} = \frac{\blacksquare}{35}$ $\frac{4}{13} = \frac{\blacksquare}{52}$

10 Bestimme die Platzhalter.

a) $\frac{1}{4} = \frac{\blacksquare}{12}$ $\frac{3}{4} = \frac{\blacksquare}{40}$ $\frac{7}{10} = \frac{35}{\blacksquare}$

d) $\frac{\blacksquare}{9} = \frac{24}{54}$ $\frac{3}{11} = \frac{9}{\blacksquare}$ $\frac{5}{17} = \frac{25}{\blacksquare}$

11 Kürze soweit wie möglich.

a) $\frac{16}{24}$ $\frac{15}{75}$ $\frac{6}{48}$ $\frac{21}{60}$

b) $\frac{8}{32}$ $\frac{25}{100}$ $\frac{50}{120}$ $\frac{24}{120}$

12 Berechne.

a) $\frac{3}{4}$ von 64 km   b) $\frac{1}{2}$ von 52 l

$\frac{5}{8}$ von 2754 € $\frac{2}{3}$ von 48 km

$\frac{2}{7}$ von 294 € $\frac{2}{9}$ von 198 ml

$\frac{1}{12}$ von 552 l $\frac{3}{10}$ von 50 €

13 Gib die gezeichneten Strecken in einer kleineren Einheit an.

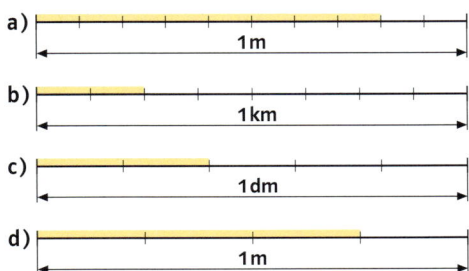

14 Berechne das Ganze.

a) $\frac{7}{8}$ der Strecke sind 518 m

b) $\frac{3}{4}$ des Geldbetrages sind 4500 €

c) $\frac{5}{9}$ der Strecke sind 235 km

d) $\frac{3}{4}$ der Zeit sind 180 Minuten

e) $\frac{3}{5}$ der Zeit sind 15 Stunden

f) $\frac{6}{7}$ der Fläche sind 240 m²

15 Welcher Bruchteil der Fläche ist gefärbt? Wie groß ist die gefärbte Fläche?

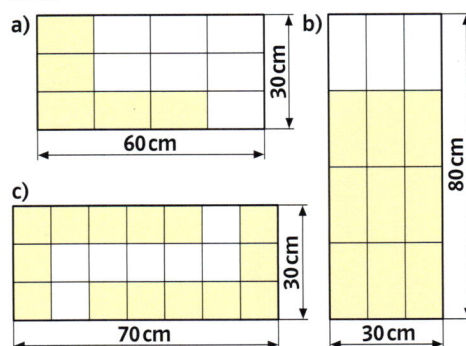

Sachaufgaben

Die Aufgaben kannst du auch in Gruppenarbeit lösen. Beachte die Hinweise auf Seite 79.

1 Die Klasse 6 c hat auf einem Flohmarkt 350 € eingenommen. Ein Zehntel des Betrages spenden die Schülerinnen und Schüler für eine Kinderhilfsorganisation, ein Fünftel dient zur Gestaltung eines Klassenfestes und drei Fünftel zur Mitfinanzierung der Klassenfahrt. Der Rest wird für die Verschönerung des Klassenraumes zurückgelegt.

2 Eine Schwalbe fliegt in der Sekunde etwa 54 m weit, eine Brieftaube schafft etwa $\frac{1}{3}$ dieser Strecke, ein Pferd im Galopp $\frac{5}{27}$, ein Finnwal $\frac{5}{54}$ und der Mensch im schnellen Lauf $\frac{1}{6}$ der Strecke.

3 Ungefähr $\frac{3}{10}$ der Erdoberfläche sind Land. Das sind 153 Mio. Quadratkilometer. Wie groß ist die gesamte Oberfläche der Erde? Wie viel Quadratkilometer der Erde werden von Wasserflächen bedeckt?

4 Etwa $\frac{3}{4}$ des Gewichts eines Apfels ist Wasser und $\frac{1}{4}$ des Gewichts ist Fruchtzucker. Wie viel Gramm Wasser und wie viel Gramm Zucker enthält ein Apfel von 120 g (180 g, 240 g)?

An apple a day keeps the doctor away.

5 An einer Schule werden die Fahrräder überprüft.
Im 6. Jahrgang werden von 48 Fahrrädern 12 Fahrräder beanstandet, im 7. Jahrgang haben von 57 Fahrrädern 19 Fahrräder Mängel.
Welcher Jahrgang schnitt bei der Fahrradkontrolle besser ab?

6 a) Die Ruhr ist auf $\frac{1}{5}$ ihrer Länge schiffbar, das sind 43 km. Bestimme ihre Länge.
b) Bestimme jeweils die Gesamtlänge des Rheins (schiffbar auf $\frac{3}{4}$ der Länge, das sind 990 km) und der Elbe (schiffbar auf $\frac{4}{5}$ der Länge, das sind 932 km).

7 Leon erhält monatlich 25 € Taschengeld. Davon gibt er 28 % für Zeitschriften aus. Paula bekommt 20 € Taschengeld und kauft für 6 € Zeitschriften. Wer gibt den größeren Anteil seines Taschengeldes für Zeitschriften aus?

Gruppenarbeit

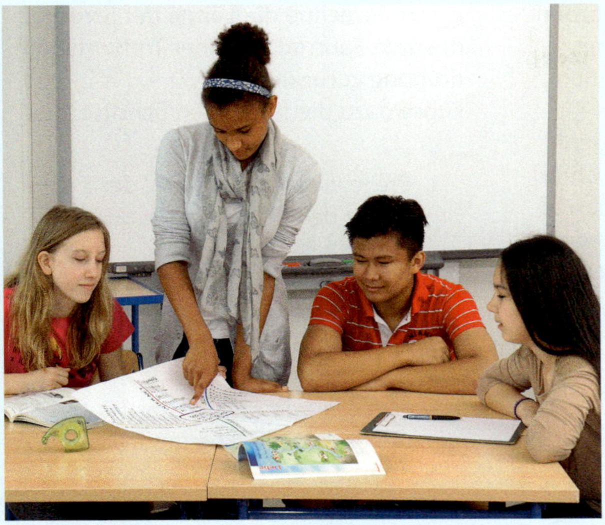

Regeln für die Gruppenarbeit

1. Der Arbeitsplatz wird eingerichtet. Alle Arbeitsmaterialien werden zurechtgelegt.
2. Die Gruppenarbeit beginnt mit einer gemeinsamen Besprechung der Aufgabenstellung.
3. Der Arbeitsablauf wird organisiert. Dabei werden alle an der Arbeit beteiligt.
4. Alle Gruppenmitglieder notieren die wichtigsten Ergebnisse.
5. Der Vortrag der Ergebnisse wird gemeinsam vorbereitet. Alle sind für die Qualität der Arbeit verantwortlich.

Regeln für die Präsentation

1. Beginne nicht sofort, sondern warte ab, bis Ruhe herrscht.
2. Versuche frei zu sprechen und schaue das Publikum an. Benutze einen Notizzettel als Merkhilfe.
3. Stelle wichtige Informationen besonders heraus.
   Benutze dazu die Tafel, Folien, Plakate.
4. Warte am Ende ab, ob es noch Fragen oder Anmerkungen gibt.

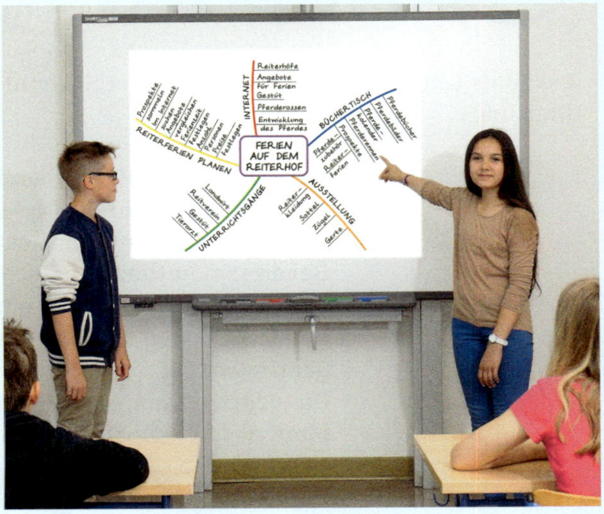

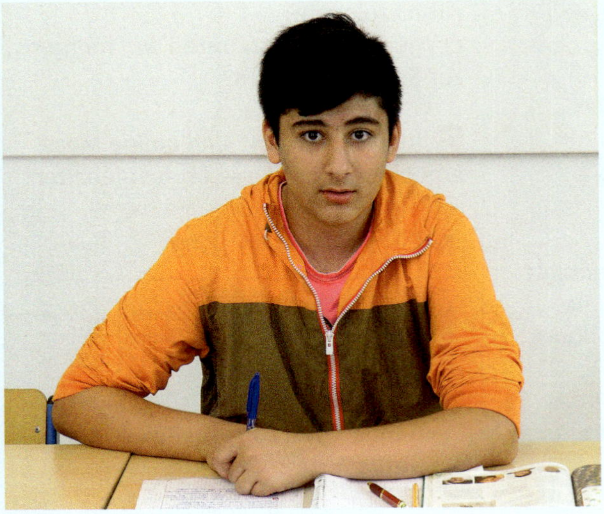

Regeln für das Publikum

1. Wenn eine Gruppe ihre Ergebnisse vorträgt, hört das Publikum aufmerksam zu.
2. Jeder überlegt während der Präsentation:
   - Was kann ich bei dieser Präsentation lernen?
   - Welche Fragen habe ich noch?
   - Was hat mir gut gefallen, was könnte noch verbessert werden?
3. Das Publikum nimmt in der Nachbesprechung dazu Stellung.

Die Kettenschaltung

1 Karl Freiherr Drais von Sauerbronn konstruierte 1817 ein Laufrad. Ein Benutzer musste sich mit den Füßen vom Untergrund abstoßen.
Das 1871 von dem englischen Ingenieur James Starley entwickelte Hochrad war mit einer Tretkurbel am Vorderrad versehen. Mit einem Hochrad wurden Geschwindigkeiten bis zu 25 $\frac{km}{h}$ erreicht.

lenkbares Laufrad von Drais 1817 (Draisine)   Hochrad 1880

Gegen Ende des 19. Jahrhunderts wurde zum ersten Mal ein Fahrrad mit einem Kettenhinterradantrieb konstruiert.
Bei diesem Antrieb wird die Kraft über zwei Zahnräder, die durch eine Gliederkette verbunden sind, auf das Hinterrad übertragen.
Das vordere Zahnrad wird als **Kettenblatt,** das hintere als **Ritzel** bezeichnet.

Ritzel   Kettenblatt

14 Zähne

42 Zähne

a) In der Abbildung hat das Kettenblatt eine größere Anzahl von Zähnen als das Ritzel. Beschreibe, welche Wirkung dadurch erreicht wird.
b) Wie viele Umdrehungen macht das abgebildete Ritzel bei einer Umdrehung des Kettenblattes?

2 a) Berechne die Länge der Strecke, die dein Fahrrad bei einer Tretkurbelumdrehung zurücklegt.
Führe dazu die folgenden Schritte aus:

1. Stelle jeweils die Anzahl der Zähne des Kettenblattes und des Ritzels fest.
   Hat dein Fahrrad eine Kettenschaltung, so wähle ein Kettenblatt und ein Ritzel aus.

2. Ermittle, wie oft sich das Hinterrad bei einer Kurbelumdrehung dreht.

3. Bestimme den Umfang eines Reifens.

4. Berechne den bei einer Tretkurbelumdrehung zurückgelegten Weg.

b) Wie viele Tretkurbelumdrehungen musst du machen, um einen Kilometer zurückzulegen?
c) Wie oft musst du treten, um morgens zur Schule zu fahren?

3 In der Übersicht sind einige Messergebnisse der Klasse 6b festgehalten.

Rad von	Kettenblatt	Ritzel	Radumfang
Manuel	36 Zähne	12 Zähne	2,07 m
Sandra	48 Zähne	16 Zähne	2,23 m
Laura	36 Zähne	24 Zähne	1,92 m

Bestimme jeweils den bei einer Kurbelumdrehung zurückgelegten Weg.

Die Kettenschaltung

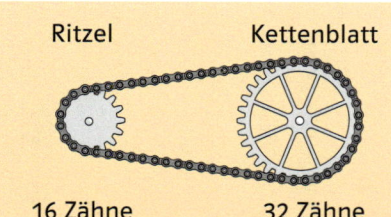

Ritzel   Kettenblatt

16 Zähne   32 Zähne

Übersetzung: $\frac{32}{16}$ = 2,00

Das Verhältnis der Zähnezahl des Kettenblattes zur Zähnezahl des Ritzels wird als **Übersetzung** bezeichnet.

Die Übersetzung gibt an, wie oft sich das Hinterrad bei einer Drehung des Kettenblattes dreht.

Weg bei einer vollen Pedalumdrehung

Die bei einer Tretkurbelumdrehung zurückgelegte Strecke wird **Entfaltung** genannt.

4 Ein Fahrrad mit einer Kettenschaltung konnte erstmals 1928 gekauft werden.
Eine moderne 24-Gang-Kettenschaltung eines Mountainbikes hat zum Beispiel drei verschiedene Kettenblätter und acht verschiedene Ritzel.

Kurbelgarnitur
3 Kettenblätter

Ritzelpaket
8 Zahnräder

a) Untersuche ein Fahrrad mit Kettenschaltung. Wie viele unterschiedliche Gänge (Möglichkeiten, die Übersetzung zu ändern) hat es?
b) Beschreibe, wann du beim Fahrradfahren in den kleinsten, wann in den größten Gang schaltest.
Gib auch an, welches Kettenblatt und welches Ritzel jeweils im kleinsten und größten Gang benutzt wird.

5   26er Mountainbike

Der Radumfang beträgt 2,07 m.

Beachte die Hinweise zur Gruppenarbeit auf Seite 79.

24-Gang-Schaltung	Anzahl der Zähne
3 Kettenblätter	24, 34, 46
8 Ritzel	12, 14, 16, 18, 21, 24, 28, 32

a) Bestimmt in Gruppenarbeit für alle 24 Gänge des Mountainbikes die Übersetzung und die Entfaltung.
Stellt eure Ergebnisse in einer Tabelle zusammen.

Dezimalzahlen auf zwei Nachkommastellen runden.

Anzahl der Zähne beim Kettenblatt	24	24	24
Anzahl der Zähne beim Ritzel	12	14	16
Übersetzung	$\frac{24}{12}$ = 2,00	$\frac{24}{14}$ ≈ 1,71	▦
Entfaltung	4,14	▦	▦

b) Vergleicht die Werte für die Entfaltung miteinander. Ordnet sie dazu der Größe nach. Was stellt ihr fest?
Hat diese Kettenschaltung 24 verschiedene Gänge? Begründet eure Antwort.

Ausgangstest 1

1 Gib den Anteil der blauen (weißen) Flächen als Bruch an.

a) 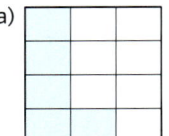 b) 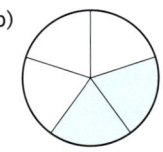 c)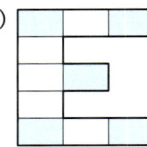

d) 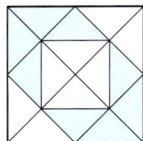 e) 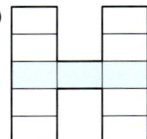 f)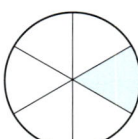

g)  h) 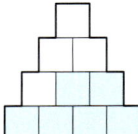 i)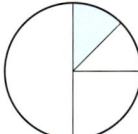

k)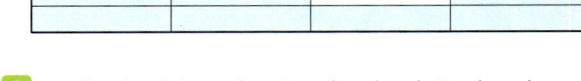

2 Stelle die folgenden Brüche durch Rechtecke (4 cm lang und 3 cm breit) dar. Du darfst auch mehrere Brüche im gleichen Rechteck darstellen.

a) $\frac{1}{3}$ b) $\frac{1}{4}$ c) $\frac{5}{12}$ d) $\frac{3}{24}$ e) $\frac{5}{8}$

3 Kürze so weit wie möglich.

a) $\frac{30}{42}$ b) $\frac{48}{80}$ c) $\frac{21}{49}$

$\frac{70}{105}$ $\frac{24}{52}$ $\frac{30}{66}$

$\frac{56}{84}$ $\frac{38}{76}$ $\frac{28}{196}$

4 Erweitere auf den angegebenen Nenner.

a) $\frac{3}{4} = \frac{\blacksquare}{100}$ b) $\frac{2}{5} = \frac{\blacksquare}{15}$ c) $\frac{3}{10} = \frac{\blacksquare}{100}$

$\frac{2}{7} = \frac{\blacksquare}{21}$ $\frac{2}{9} = \frac{\blacksquare}{45}$ $\frac{5}{13} = \frac{\blacksquare}{65}$

$\frac{7}{18} = \frac{\blacksquare}{54}$ $\frac{3}{4} = \frac{\blacksquare}{60}$ $\frac{5}{6} = \frac{\blacksquare}{144}$

5 Vergleiche die Brüche.
Setze <, > oder = ein.

a) $\frac{3}{5} \,\blacksquare\, \frac{7}{10}$ b) $\frac{2}{3} \,\blacksquare\, \frac{5}{7}$ c) $\frac{5}{12} \,\blacksquare\, \frac{5}{13}$

$\frac{2}{7} \,\blacksquare\, \frac{3}{4}$ $\frac{3}{11} \,\blacksquare\, \frac{2}{3}$ $\frac{28}{42} \,\blacksquare\, \frac{4}{6}$

$\frac{4}{9} \,\blacksquare\, \frac{2}{5}$ $\frac{1}{9} \,\blacksquare\, \frac{2}{7}$ $\frac{7}{9} \,\blacksquare\, \frac{4}{5}$

6 Gib jeweils einen Bruch an, der zu der markierten Stelle gehört.

a)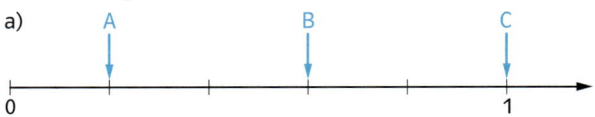

b)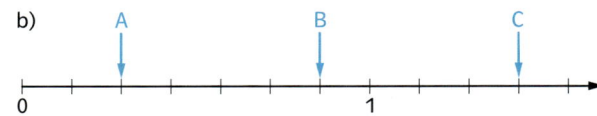

7 Zeichne einen Zahlenstrahl von 0 bis 1 (12 cm) und trage die folgenden Brüche ein.

$\frac{3}{4}$ $\frac{1}{2}$ $\frac{1}{4}$ $\frac{2}{3}$ $\frac{5}{12}$ $\frac{1}{8}$ $\frac{7}{8}$

Ich kann	Aufgabe	Hilfen und Aufgaben
Bruchteile mit Brüchen beschreiben.	1	Seite 64, 65
Brüche zeichnerisch darstellen.	2	Seite 65
Brüche so weit wie möglich kürzen.	3	Seite 66
Brüche auf einen angegebenen Nenner erweitern.	4	Seite 66
Brüche vergleichen.	5	Seite 67
Brüche am Zahlenstrahl zuordnen.	6	Seite 69
Brüche am Zahlenstrahl darstellen.	7	Seite 69

Ausgangstest 2

1 Welcher Bruchteil der Fläche ist gefärbt? Wie groß ist die gefärbte Fläche?

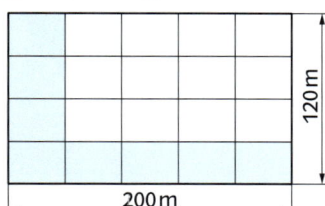

2 Schreibe jeweils als Dezimalzahl.

a) $\frac{3}{10}$ b) $\frac{1}{3}$ c) $2 + \frac{3}{10} + \frac{1}{100}$

$\frac{67}{100}$ $\frac{3}{8}$ $5 + \frac{7}{100}$

$\frac{3}{4}$ $\frac{4}{9}$ $3 + \frac{47}{100}$

$\frac{3}{20}$ $\frac{3}{11}$ $1 + \frac{12}{1000}$

3 Schreibe als Bruch oder als gemischte Zahl.

a) 0,25   b) 0,4   c) 1,5   d) 0,04
e) 0,005   f) 3,75   g) 2,8   h) $0,\overline{3}$

4 Verwandle in einen Bruch.

a) $3\frac{1}{3}$ b) $7\frac{2}{7}$

$2\frac{2}{5}$ $3\frac{9}{11}$

$5\frac{1}{4}$ $2\frac{7}{10}$

5 Ersetze die Platzhalter.

a) $\frac{2}{3} = \frac{\blacksquare}{12}$ b) $\frac{\blacksquare}{9} = \frac{18}{81}$

$\frac{5}{7} = \frac{15}{\blacksquare}$ $\frac{4}{\blacksquare} = \frac{16}{28}$

$\frac{2}{11} = \frac{\blacksquare}{110}$ $\frac{2}{\blacksquare} = \frac{10}{65}$

6 Der Körper eines Neugeborenen besteht etwa zu $\frac{2}{3}$ aus Wasser. Wie viel Gramm wog das Kind unmittelbar nach seiner Geburt?

Mein Körper enthält 2400 g Wasser.

7 Paul macht eine Ausbildung zum Zimmermann. Er verdient 960 € im Monat. Er gibt ein Drittel davon für seine Wohnung, ein Zwölftel für sein Handy, ein Viertel für Essen und Trinken und ein Sechstel für Kleidung aus.
a) Berechne seine Ausgaben für Wohnung, Essen und Trinken, Handy und Kleidung.
b) Welcher Geldbetrag bleibt nach seiner Planung übrig?

8 Gib die folgenden Anteile in Prozent an.

a) $\frac{17}{100}$ b) $\frac{7}{50}$ c) $\frac{3}{4}$ d) $\frac{3}{5}$

Ich kann	Aufgabe	Hilfen und Aufgaben
Bruchteile mit Brüchen beschreiben und eine einfache Fläche berechnen.	1	Seite 64, 65
Brüche als Dezimalzahlen schreiben.	2	Seite 72, 73
Dezimalzahlen als Bruch oder gemischte Zahl schreiben.	3	Seite 72, 73
gemischte Zahlen in einen Bruch umwandeln.	4	Seite 68
Brüche erweitern und kürzen.	5	Seite 66
das Ganze berechnen.	6	Seite 71
Bruchteile berechnen.	7	Seite 70
Anteile in Prozent angeben.	8	Seite 74

4 Daten und Zufall

Die auf den Zeichnungen und Fotos dargestellten Tätigkeiten bezeichnen wir als Versuche.

Bei welchem Versuch erhältst du auch bei Wiederholungen immer dasselbe Ergebnis?

Bei welchem Versuch kannst du das Ergebnis nicht vorhersagen?

Nenne dann mögliche Ergebnisse.

Wir untersuchen unser Glück

3 Paula und Simon haben dieselbe Münze unterschiedlich oft geworfen. Die Ergebnisse ihres Zufallsexperiments haben sie in zwei Strichlisten festgehalten.

	Paula	Simon
Zahl	卌 卌 卌 卌 III	卌 卌 卌 III
Bild	卌 卌 卌 卌 卌 II	卌 卌 卌 卌 II

In dem Beispiel wird für Paula der Anteil (Bruchteil) berechnet, den das Ergebnis „Zahl" an allen Würfen hat.
Dieser Anteil wird als **relative Häufigkeit** bezeichnet.

Ergebnis: Zahl
absolute Häufigkeit: 23
Gesamtzahl der Würfe: 50
relative Häufigkeit: $\frac{23}{50}$

1 Vor einem Fußballspiel wird durch einen Münzwurf entschieden, welche Mannschaft die Seitenwahl hat.
Die Mannschaft, die beim Münzwurf verloren hat, hat dann Anstoß.
Auch Sarah und Niklas werfen eine Münze. Sie wollen untersuchen, wer von ihnen mehr Glück hat. Bei Bild gewinnt Sarah, bei Zahl Niklas. Sie werfen beide abwechselnd die Münze insgesamt sechzehnmal. Die Münzoberseite zeigt siebenmal Zahl. Hat Sarah mehr Glück als Niklas?

2 Auch Marie und Jakob haben beide mehrmals eine Münze geworfen und die Ergebnisse jeweils in einer **Strichliste** festgehalten.

Jakob:

Zahl	卌 卌 卌 I
Bild	卌 卌 卌 卌 IIII

Marie:

Zahl	卌 卌 卌
Bild	卌 卌 卌

Das Ergebnis „Zahl" zählt als Gewinn, bei „Bild" hat man verloren.
Wer hat mehr Glück gehabt, Marie oder Jakob? Begründe.

a) Übertrage die Häufigkeitstabelle für Paulas Ergebnisse in dein Heft. Bestimme die relative Häufigkeit für das Ergebnis „Bild".

Ergebnis	absolute Häufigkeit	relative Häufigkeit
Zahl	23	$\frac{23}{50}$
Bild	27	▦
Summe	▦	▦

b) Lege auch für die Würfe von Simon eine Häufigkeitstabelle an. Gib die relativen Häufigkeiten als Bruch an.

4 Wirf in Partnerarbeit eine Münze zehnmal (zwanzigmal, fünfzigmal, hundertmal).
a) Bestimme mithilfe einer Strichliste die absoluten Häufigkeiten der einzelnen Ergebnisse.
b) Lege eine Häufigkeitstabelle an. Gib die relativen Häufigkeiten als Bruch an und trage sie in die Tabelle ein.
c) Vergleiche die relativen Häufigkeiten für „Zahl" und „Bild" miteinander. Was stellst du fest?

Wir untersuchen unser Glück

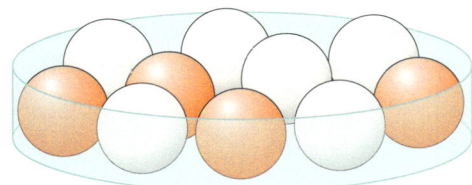

5 Lilli und Robin haben das folgende Glücksspiel durchgeführt: Sie haben abwechselnd mit geschlossenen Augen eine Kugel aus dem Becher (der Urne) gezogen, die Farbe notiert und sie wieder zurückgelegt. Die absoluten Häufigkeiten haben sie in der Häufigkeitstabelle notiert.

Ergebnis	absolute Häufigkeit			
rot	3	7	18	38
weiß	7	13	32	62
Summe	▨	▨	▨	▨

a) Berechne die relativen Häufigkeiten als Bruch und als Dezimalzahl und trage sie in die abgebildete Tabelle ein.

Anzahl der Ziehungen	relative Häufigkeit	
	rot	weiß
10	$\frac{3}{10} = 0,3$	$\frac{7}{10} = 0,7$
20	▨	▨

b) Vergleiche die relativen Häufigkeiten. Was stellst du fest?

6 Aus einer Urne mit zwei weißen und acht blauen, sonst gleichartigen Kugeln wurde mehrmals eine Kugel mit Zurücklegen gezogen.

Ergebnis	absolute Häufigkeit			
weiß	3	6	12	42
blau	7	19	38	158

a) Berechne die relativen Häufigkeiten als Bruch und als Dezimalzahl und notiere sie in einer Tabelle.
b) Vergleiche die relativen Häufigkeiten. Was stellst du fest?

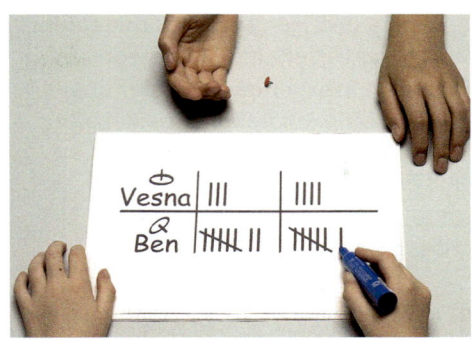

7 Vesna und Ben haben das folgende Glücksspiel vereinbart: Sie werfen eine Heftzwecke. Liegt die Heftzwecke auf dem Kopf, hat Vesna gewonnen, liegt sie auf der Seite, gewinnt Ben.
Sie haben dieses Zufallsexperiment oft durchgeführt und dabei nach zehn (zwanzig, fünfundzwanzig, …) Würfen die absoluten Häufigkeiten bestimmt und in die Häufigkeitstabelle eingetragen.

absolute Häufigkeit		Anzahl der Würfe
Kopf ⊕	Seite ⚲	
3	7	10
7	13	20
9	16	25
19	21	▨
26	24	▨
43	57	▨
82	118	▨
168	232	▨

a) Berechne zu jeder Anzahl von Würfen die relativen Häufigkeiten beider Ergebnisse als Bruch und als Dezimalzahl und trage sie in die unten abgebildete Tabelle ein.

Anzahl der Würfe	relative Häufigkeit	
	Kopf	Seite
10	$\frac{3}{10} = 0,3$	$\frac{7}{10} = 0,7$
20	▨	▨

b) Vergleiche die relativen Häufigkeiten. Was stellst du fest?
c) Haben Vesna und Ben die gleichen Gewinnchancen? Begründe.

Wir untersuchen unser Glück

8 Emily und Florian haben mit einem Würfel gewürfelt und die Ergebnisse ihres Zufallsexperiments in der abgebildeten Häufigkeitstabelle festgehalten.

Ergebnis	1	2	3	4	5	6
absolute Häufigkeit	16	15	20	17	14	18

a) Berechne die relativen Häufigkeiten und notiere sie in einer Tabelle.
b) Emily und Florian wollen die Ergebnisse ihres Zufallsexperiments in einem Säulendiagramm darstellen. Übertrage das Säulendiagramm in dein Heft und vervollständige es.

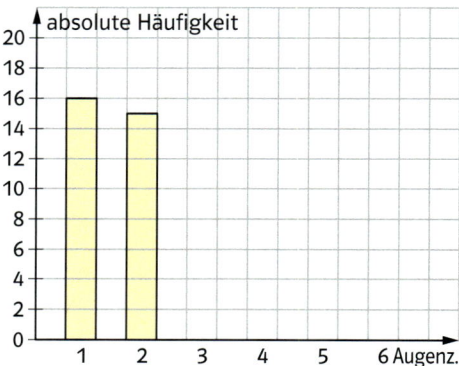

> Beachte die Hinweise zur Partnerarbeit auf Seite 123.

9 a) Werft in Partnerarbeit fünfzigmal (hundertmal, zweihundertmal, …) einen Würfel. Haltet die Ergebnisse in einer Strichliste fest.
b) Legt eine Häufigkeitstabelle an und berechnet die absoluten und relativen Häufigkeiten.
c) Stellt die absoluten Häufigkeiten in einem Säulendiagramm dar.

10 Würfelt in Partnerarbeit mit Spielsteinen, die nicht die Form eines Würfels haben. Haltet die Ergebnisse in Strichlisten fest. Bestimmt die absoluten und relativen Häufigkeiten. Stellt die absoluten Häufigkeiten in einem Säulendiagramm dar.

11 In dem Säulendiagramm sind die Ergebnisse des Zufallsexperiments „Werfen eines Würfels" grafisch dargestellt.

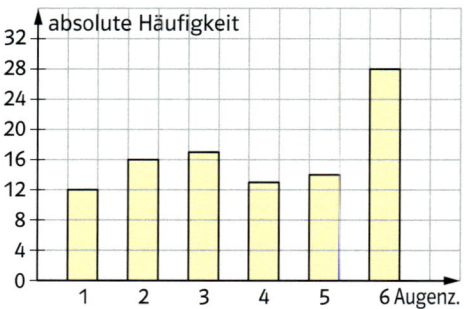

a) Bestimme die absoluten Häufigkeiten und berechne die relativen Häufigkeiten.
b) Handelt es sich um einen „normalen" Würfel? Begründe.

12 Die abgebildeten Spielsteine wurden unterschiedlich oft geworfen.

Spielstein A   Spielstein B

Die absoluten Häufigkeiten der einzelnen Ergebnisse wurden für jeden Spielstein in einem **Balkendiagramm** dargestellt.

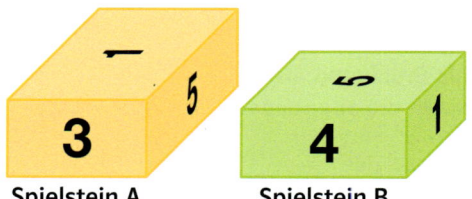

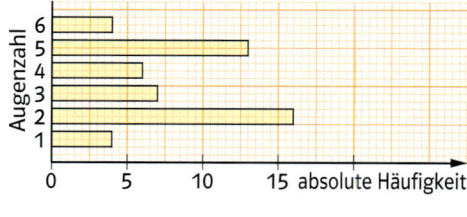

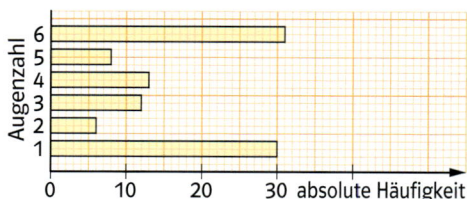

a) Berechne jeweils die relativen Häufigkeiten als Bruch und als Dezimalzahl und vergleiche sie miteinander.
b) Welches Diagramm gehört zu welchem Spielstein? Begründe.

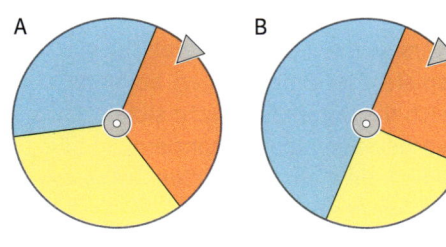

Glücksrad A

Ergebnis	blau	rot	gelb
absolute Häufigkeit	29	33	38

Glücksrad B

Ergebnis	blau	rot	gelb
absolute Häufigkeit	23	12	15

13 Die abgebildeten Glücksräder wurden unterschiedlich oft gedreht.
a) Berechne für beide Glücksräder die relativen Häufigkeiten und trage sie jeweils in eine Tabelle ein.
b) Stelle die Häufigkeiten jeweils in einem Streifendiagramm dar (Gesamtlänge 100 mm). Berechne dazu die Länge der einzelnen Abschnitte wie im Beispiel.

> Ergebnis: blau
> absolute Häufigkeit: 29
>
> relative Häufigkeit: $\frac{29}{100}$
>
> Länge des zum Ergebnis „blau"
> gehörigen Abschnitts:
>
> $\frac{29}{100}$ von 100 mm sind 29 mm

Streifendiagramm

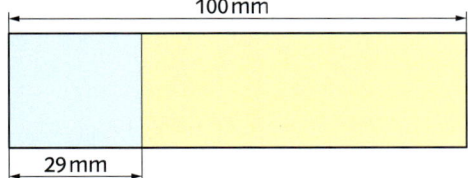

c) Vergleiche die Diagramme miteinander.

Ergebnis	Farbe 1	Farbe 2	Farbe 3
absolute Häufigkeit	46	40	14

14 Das abgebildete Glücksrad wurde mehrere Male gedreht, die absoluten Häufigkeiten der Ergebnisse in der Tabelle festgehalten.
a) Berechne die relativen Häufigkeiten.
b) Zeichne ein Streifendiagramm (Gesamtlänge 100 mm).
c) Ordne die Farben den Zahlen zu.
d) Welche relativen Häufigkeiten erwartest du bei 200 Drehungen?

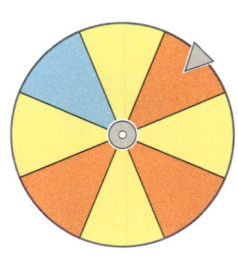

15 Ein Glücksrad ist in zwölf gleich große Felder eingeteilt, auf jedem Feld steht eine Ziffer von 1 bis 5.
Das Glücksrad wurde mehrmals gedreht, die absoluten Häufigkeiten der einzelnen Ergebnisse in dem Säulendiagramm grafisch dargestellt.

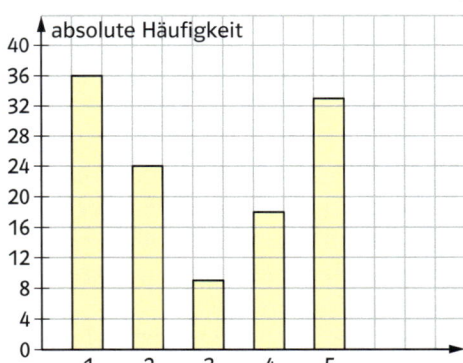

a) Berechne zu jeder Ziffer die relative Häufigkeit.
b) Wie viele Felder tragen die Zahl 1, wie viele die Zahl 2 (3, 4, 5)? Begründe deine Antwort.

16 Führt in Partnerarbeit Zufallsexperimente mit einer Urne (mit Glücksrädern, mit Spielwürfeln, …) durch. Notiert die absoluten und relativen Häufigkeiten in einer Tabelle. Stellt die Häufigkeiten grafisch dar.
Überlegt, ob ihr schon vor der Durchführung der Zufallsexperimente Aussagen über die erwartete relative Häufigkeit der Ergebnisse machen könnt.

Zufallsexperimente und ihre Ergebnisse

Versuche wie zum Beispiel Glücks-
spiele oder Befragungen, bei denen
sich die **Ergebnisse** nicht sicher
vorhersagen lassen, sondern zufällig
zustande kommen, heißen **Zufallsexperimente.**

4 Finja will feststellen, wie viele Ergebnisse folgendes Zufallsexperiment hat:
Sie nimmt mit geschlossenen Augen
aus der Urne zwei Kugeln gleichzeitig
heraus und zeichnet dieses Ergebnis mit
entsprechenden Farbstiften auf.
Dann legt sie beide Kugeln wieder
zurück, mischt gut durch und nimmt
erneut zwei Kugeln.
Welche anderen Ergebnisse kann Finja
bei weiteren Ziehungen erwarten?

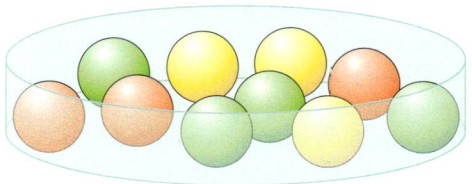

1. Ziehung: 2. Ziehung:

1 Jule und Lukas befragen einen zufällig ausgewählten Schüler ihrer Klasse
nach seiner Lieblingssportart (seinem
Lieblingsfach, seinem Lieblingstier, seiner Lieblingssängerin). Nenne mögliche
Ergebnisse der Befragung.

2 Eine Schülerin (ein Schüler) deiner
Klasse wird ausgelost und befragt. Welche Ergebnisse sind möglich?
a) Welche Farbe haben deine Augen?
b) Welche Schuhgröße hast du?
c) Wie viele Geschwister hast du?
d) Wie alt bist du?
e) Wie viel Taschengeld bekommst du
im Monat?
f) Welche Körpergröße hast du?
g) Welche Konfession hast du?

3 Welche Ergebnisse sind bei folgenden Zufallsexperimenten möglich?
a) Eine Münze wird einmal geworfen.
b) Ein Würfel wird einmal geworfen.
c) Die erste Lottozahl wird gezogen.
d) Ein Glücksrad, dessen Felder jeweils
eine der 10 Ziffern tragen, wird gedreht.
e) Aus einem Kartenspiel mit 32 Karten
wird eine Karte gezogen.
f) Aus einer Urne mit schwarzen und
roten Kugeln wird eine Kugel gezogen.

5 Der abgebildete Tetraeder trägt
auf jeweils einer Seite einen der Buchstaben A, B, C oder D. Er wird zweimal
nacheinander geworfen.
Der Buchstabe, der unten liegt, zählt als
Ergebnis.
Schreibe alle möglichen Ergebnisse auf.

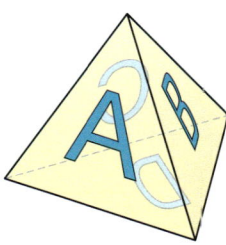

Der Eismann im Park bietet vier
Eissorten: Schoko, Vanille, Nuss,
Zitrone. Jana kauft drei Kugeln Eis, jede
von einer anderen Sorte. Wie viele Möglichkeiten hat sie?

Zufallsexperimente durchführen und auswerten

1 Aus der abgebildeten Urne wurde hundertmal eine Kugel mit Zurücklegen gezogen.

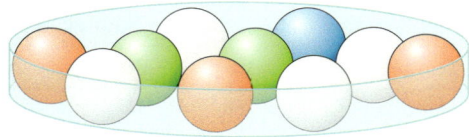

Die absoluten Häufigkeiten der einzelnen Ergebnisse wurden in einer Strichliste festgehalten.

Strichliste

weiß	ЖЖ ЖЖ ЖЖ ЖЖ ЖЖ ЖЖ ЖЖ ЖЖ |||
rot	ЖЖ ЖЖ ЖЖ ЖЖ ЖЖ ЖЖ	
grün	ЖЖ ЖЖ ЖЖ ЖЖ	
blau	ЖЖ ЖЖ

a) Die **absoluten** und die **relativen Häufigkeiten** sollen dann in eine Häufigkeitstabelle eingetragen werden. Übertrage die Tabelle in dein Heft und vervollständige sie.

Häufigkeitstabelle

Ergebnis	absolute Häufigkeit	relative Häufigkeit
weiß	38	$\frac{38}{100} = 0{,}38$
rot	31	▪
grün	▪	▪
blau	▪	▪

b) Die absoluten Häufigkeiten der einzelnen Ergebnisse sollen in einem Streifendiagramm mit der Gesamtlänge 100 mm veranschaulicht werden. Zeichne das vollständige **Streifendiagramm** in dein Heft.

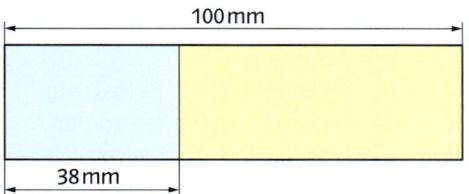

Relative Häufigkeit =	$\dfrac{\text{absolute Häufigkeit}}{\text{Gesamtzahl der Versuche}}$

2 Nina und Wanja haben beide mit einem Würfel gewürfelt und die Ergebnisse ihrer Zufallsexperimente in einer Strichliste festgehalten. Bei jeder Sechs gab es einen Gewinnpunkt.

	Nina		Wanja
1	ЖЖ ||||	1	ЖЖ ЖЖ ||||
2	ЖЖ |||	2	ЖЖ ЖЖ ЖЖ	
3	ЖЖ ЖЖ	3	ЖЖ ЖЖ ЖЖ ЖЖ
4	ЖЖ |||	4	ЖЖ ЖЖ ЖЖ	
5	ЖЖ ||	5	ЖЖ ЖЖ ЖЖ ||||
6	ЖЖ |||	6	ЖЖ ЖЖ ЖЖ

a) Berechne jeweils die relativen Häufigkeiten und trage sie in eine Tabelle ein.
b) Stelle die absoluten Häufigkeiten der Ergebnisse jeweils in einem Streifendiagramm (Gesamtlänge 100 mm) dar. Wer hatte mehr Glück? Begründe.

3 Eine 2-Cent-Münze und eine 5-Cent-Münze sind zusammen zweihundertmal geworfen worden. Die absoluten Häufigkeiten der Ergebnisse wurden in einer Tabelle notiert. Dabei wurde immer als Erstes notiert, was die 5-Cent-Münze zeigt.

Ergebnis	absolute Häufigkeit
Bild, Bild	44
Bild, Zahl	38
Zahl, Bild	68
Zahl, Zahl	50

a) Berechne die relativen Häufigkeiten als Bruch und als Dezimalzahl.
b) Stelle die absoluten Häufigkeiten grafisch dar.
c) Welche relativen Häufigkeiten erwartest du bei tausend Durchführungen des Zufallsexperiments? Begründe.

4 Die Schülerinnen und Schüler der 6b haben 200 zufällig ausgewählte Schüler nach ihrer Lieblingssportart gefragt. Das Ergebnis ihrer Befragung haben sie in einer Häufigkeitstabelle festgehalten.

Lieblingssportart	absolute Häufigkeit
Fußball	76
Handball	34
Schwimmen	16
Basketball	18
Tennis	10
Kampfsport	8
Turnen	8
Volleyball	6
Sonstiges	24

a) Berechne die relativen Häufigkeiten und trage sie in eine Tabelle ein.
b) Stelle die Häufigkeiten in einem Kreisdiagramm (Radius 5 cm) dar. Berechne dazu die Winkel der zugehörigen Kreisausschnitte wie im Beispiel.

Ergebnis: Fußball
absolute Häufigkeit: 76

relative Häufigkeit: $\frac{76}{200} = 0{,}38 = 38\%$

Winkel des zugehörigen Kreisausschnitts:

1. Möglichkeit:

$\frac{76}{200}$ von 360° sind ▓

$\frac{1}{200}$ von 360° sind 360° : 200 = 1,8°

$\frac{76}{200}$ von 360° sind 1,8° · 76 = 136,8°

2. Möglichkeit:

38 % von 360° sind ▓

$\frac{1}{100}$ von 360° sind 3,6°

$\frac{38}{100}$ von 360° sind 3,6° · 38 = 136,8°

38 % von 360° sind 136,8°

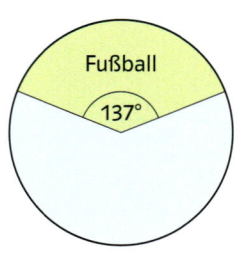

Fußball
137°

5 Die Schülerinnen und Schüler der 6c haben 200 Schülerinnen ebenfalls nach ihrer Lieblingssportart gefragt.

Lieblingssportart	absolute Häufigkeit
Fußball	38
Handball	14
Schwimmen	28
Tanzen	34
Reiten	32
Volleyball	20
Turnen	10
Tennis	8
Sonstiges	16

a) Berechne die relativen Häufigkeiten und trage sie in eine Tabelle ein.
b) Stelle die Häufigkeiten in einem Kreisdiagramm (Radius 5 cm) dar.

6 Die Schülerinnen und Schüler der Klasse 6a wollten wissen, wie wichtig Fernsehen, Computer, Internet, Bücher, Radio, Zeitungen und Zeitschriften für Jugendliche sind.
Deshalb haben sie 50 zufällig ausgewählte Jungen und 50 zufällig ausgewählte Mädchen gefragt, worauf sie am wenigsten verzichten könnten.

	absolute Häufigkeit	
	Mädchen	Jungen
Fernsehen	15	14
Computer	8	15
Internet	7	9
Bücher	8	3
Radio	7	4
Zeitschriften	3	2
Zeitungen	2	3

a) Berechne jeweils die relativen Häufigkeiten und trage sie in eine Tabelle ein. Gib dabei die relativen Häufigkeiten auch in Prozent an.
b) Stelle das Ergebnis der Befragung jeweils in einem Kreisdiagramm dar (Radius 5 cm). Vergleiche die Befragungsergebnisse miteinander.

Arithmetisches Mittel

Die Mädchen sehen länger fern als die Jungen.

Körpergewicht (kg)
56 47 53 61 44 72

Arithmetisches Mittel:

$$\overline{x} = \frac{56 + 47 + 53 + 61 + 44 + 72}{6}$$

$$\overline{x} = 55{,}5$$

Handelt es sich bei Daten um Zahlen, kannst du das arithmetische Mittel $\overline{x}$ *(lies:* x quer) berechnen.

$$\overline{x} = \frac{\text{Summe aller Daten}}{\text{Anzahl der Daten}}$$

1 Eine statistische Untersuchung zum Freizeitverhalten in der Klasse 6b ergab das unten abgebildete Ergebnis. Ist die Behauptung von Lennart richtig? Begründe.

Fernsehzeiten an einem Wochentag:
16 Mädchen insgesamt 40 h
12 Jungen insgesamt 33 h

2 „Die Jungen in unserer Klasse sind im Durchschnitt genau so groß wie die Mädchen," behauptet Johanna.

Körpergröße der Jungen (cm)
150 151 153 162 154 177 159 158
164 167 162 151 159

Körpergröße der Mädchen (cm)
163 149 144 172 149 157 143 149
172 171 145 170 154 174 158

Hat Johanna Recht?

3 Luis hat an zehn Tagen die Zeitdauer aufgeschrieben, die er für seine Hausaufgaben benötigt.
Berechne das arithmetische Mittel.

Dauer der Hausaufgaben (min)
32 46 50 67 36 40 39 35 60 65

4 Die 14 Mädchen der Klasse 6a lassen sich gemeinsam auf einer Pkw-Waage wiegen. Ihr Gesamtgewicht beträgt 679 kg. Berechne das Durchschnittsgewicht.

5 Das Gesamtgewicht der 15 Jungen der Klasse 6a beträgt 683 kg. Berechne das arithmetische Mittel. Runde auf eine Nachkommastelle.

6 Robin, Moritz und Daniel wollen gemeinsam ihren Geburtstag feiern. Sie haben dafür getrennt eingekauft. Robin hat 25 €, Moritz 19 € und Daniel 28 € ausgegeben.
Mache einen Vorschlag, wie sie die Kosten gerecht verteilen können.

7 Die Schülerinnen und Schüler haben eine Umfrage zur Anzahl der Fernseher im Haushalt gemacht. Nun wollen sie berechnen, wie viele Fernseher durchschnittlich pro Haushalt vorhanden sind. Es gibt unterschiedliche Rechenwege.

Anzahl der Fernseher	absolute Häufigkeit
1	18
2	20
3	7
4	5

So kannst du das arithmetische Mittel mithilfe der absoluten Häufigkeiten berechnen:

1. Multipliziere jede Anzahl mit der zugehörigen absoluten Häufigkeit.

2. Addiere die berechneten Produkte.

3. Dividiere die Summe durch die Anzahl der Daten.

Umfrage zur Anzahl der Kinder

Anzahl der Kinder	absolute Häufigkeit	Produkt
1	25	$1 \cdot 25 = 25$
2	19	$2 \cdot 19 = 38$
3	4	$3 \cdot 4 = 12$
4	2	$4 \cdot 2 = 8$
Summe	50	83

$$\overline{x} = \frac{1 \cdot 25 + 2 \cdot 19 + 3 \cdot 4 + 4 \cdot 2}{50}$$

$$\overline{x} = \frac{83}{50} = 1{,}66$$

8 Bei einer anderen Umfrage zur Anzahl der Kinder wurden 40 Familien befragt. In der Statistik wird auch gesagt: Es wurde eine **Stichprobe** vom **Umfang** 40 genommen. Berechne das arithmetische Mittel.

Anzahl der Kinder	absolute Häufigkeit
1	18
2	10
3	7
4	4
5	1

9 Bei einer Verkehrszählung wurde die Anzahl der Personen pro Pkw in einer Urliste erfasst.
Berechne das arithmetische Mittel mithilfe der absoluten Häufigkeiten.

Anzahl der Personen pro Pkw

```
1 1 2 1 2 2 3 2 1 1 2 2 1 1 1
3 4 1 3 5 3 1 2 1 2 3 2 1 1 1
3 2 4 2 1 1 2 1 1 2 2 2 2 3 1
4 1 3 4 1
```

10 Die grafische Darstellung zeigt dir Informationen zum Taschengeld. In der Urliste findest du die Daten einer Umfrage im 6. Jahrgang.

6 - 7 Jahre	8 - 9 Jahre	10 - 12 Jahre	13 - 15 Jahre	16 - 17 Jahre

Taschengeld pro Monat (€)

```
20 24 16 12 16 20 24 25 16 12
10 10 12 16 24 20 12 10 10 12
10 16 10 10 12 16 12 16 20 12
16 12 16 12 12 20 16 10 12 16
```

Werte aus und vergleiche.

Median

1 Steffi nimmt an einem Weitsprung-wettbewerb teil. Von fünf Versuchen ist einer ungültig.

Sprungweite (cm)				
485	479	0	495	486

a) Berechne das arithmetische Mittel.
b) Ordne die Sprungweiten der Größe nach. Beginne mit der kleinsten Weite. Bestimme die Sprungweite, die genau in der Mitte steht.
c) Vergleiche diese Weite mit dem arithmetischen Mittel. Welcher Wert beschreibt Steffis Sprungleistungen besser?

Insbesondere bei **Stichproben mit stark abweichenden Werten (Aus-reißern)** ist es sinnvoll, als Mittel-wert den **Median (Zentralwert)** zu bestimmen.

Ungerader Stichprobenumfang

Sprungweite (cm)				
466	473	442	0	449

Geordnete Urliste:

0   442 | 449 | 466   473

Bei ungeradem Stichprobenumfang ist der Median $\tilde{x}$ *(lies: x Schlange)* der mittlere Wert in der geordneten Urliste.

Median: $\tilde{x} = 449$

---

2 Berechne das arithmetische Mittel und bestimme den Median.

a)

Sprungweite (cm)						
432	0	0	453	422	455	438

b)

Sprungweite (cm)						
464	466	0	472	453	444	482

---

3 Auch von Julians Weitsprungver-suchen war einer ungültig.

Sprungweite (cm)					
472	483	0	474	488	456

a) Berechne das arithmetische Mittel.
b) Ordne die Sprungweiten der Größe nach. Beginne mit der kleinsten Weite.
c) Kannst du einen Wert angeben, der die Sprungleistungen von Julian besser beschreibt als das arithmetische Mittel?

Gerader Stichprobenumfang

Sprungweite (cm)					
495	434	0	467	459	443

Geordnete Urliste:

0   434 | 443   459 | 467   495

Bei geradem Stichprobenumfang liegt der Median zwischen den bei-den mittleren Werten in der geord-neten Urliste.

Median: $\tilde{x} = \frac{443 + 459}{2} = 451$

---

4 Bestimme den Median.

a)

Sprungweite (cm)					
465	468	477	472	459	449

b)

Sprungweite (cm)					
464	466	0	472	453	482

---

5 Geschwindigkeitsmessungen auf der Autobahn ergaben die in der Urliste auf-geschriebenen Messwerte.
a) Bestimme den Median.
b) Berechne das arithmetische Mittel.

Geschwindigkeit $\left(\frac{km}{h}\right)$							
89	95	61	43	106	112	189	102
73	98	89	99	123	116	105	178
90	77	87	56	132	109	198	117

Fertige ein Lernplakat zum arithmeti-schen Mittel und Median an.

Hinweise zum Erstellen eines Lernplakats findest du auf Seite 232.

Wahrscheinlichkeiten bestimmen

1 Die Schülerinnen und Schüler der Klasse 6a bauen für ein Schulfest das abgebildete Glücksrad.

Sind die Gewinnchancen für jedes Feld gleich groß?

a) Was müssen sie beim Einteilen des Glücksrades in die verschiedenfarbigen Felder besonders beachten?
b) Die Schülerinnen und Schüler haben das Glücksrad 100-mal gedreht und die Ergebnisse in einer Häufigkeitstabelle festgehalten.

Ergebnis	absolute Häufigkeit	relative Häufigkeit
1	20	▨
2	18	▨
3	22	▨
4	21	▨
5	19	▨
Summe	100	▨

Übertrage die Tabelle in dein Heft und bestimme die relativen Häufigkeiten. Was stellst du fest?
c) Welche relativen Häufigkeiten erwartest du bei 1000 Versuchen?

2 Bei welchem der folgenden Zufallsexperimente ist die Gewinnchance am größten, wenn nur das Ergebnis 1 einen Gewinn erzielt? Begründe deine Antwort.
a) Du wirfst einen Spielwürfel.
b) Du wirfst eine Centmünze.
c) Du ziehst eine Kugel aus einer Urne mit acht Kugeln, die die Ziffern von 1 bis 8 tragen.

3 Ein Glücksrad ist in vier gleichgroße Felder mit den Zahlen 1, 2, 3 und 4 eingeteilt.
a) Wie oft wird wahrscheinlich jedes Feld bei 100 Versuchen an der Reihe sein?
b) Ist diese Zahl genau vorhersagbar?
c) Welche relative Häufigkeit erwartest du für die Zahl 4 (1, 2, 3) bei 1000 Versuchen?

4 Aus der abgebildeten Urne soll 100-mal eine Kugel gezogen werden. Nach jeder Ziehung wird die gezogene Kugel wieder zurückgelegt und es wird neu gemischt.

a) Wie oft wird wahrscheinlich jede Farbe bei 100 Versuchen an der Reihe sein?
b) Welche relative Häufigkeiten erwartest du für die einzelnen Farben bei 1000 Versuchen?

Bei einem Zufallsexperiment wird die **erwartete relative Häufigkeit** eines Ergebnisses die **Wahrscheinlichkeit** des Ergebnisses genannt.
Die Wahrscheinlichkeit lässt sich oft mithilfe eines Anteils bestimmen.

Zufallsexperiment:

Ein Würfel wird einmal geworfen.

Mögliche Ergebnisse: 1, 2, 3, 4, 5, 6

Anzahl der Ergebnisse: 6

Wahrscheinlichkeit für jedes Ergebnis: $\frac{1}{6}$

5 Bestimme die Wahrscheinlichkeit für folgende Ergebnisse:
a) Beim Würfeln mit einem Spielwürfel liegt die 3 oben.
b) Nach dem Werfen einer Münze liegt die Zahl oben.
c) Nach dem Drehen eines Glücksrades mit den gleich großen Feldern von 1 bis 8 steht der Zeiger auf der 7.

6 Aus der abgebildeten Urne wird mit geschlossenen Augen eine Kugel herausgenommen, die Farbe festgestellt und die Kugel wieder zurückgelegt.

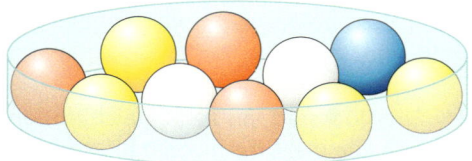

In dem Beispiel wird die Wahrscheinlichkeit für das Ziehen einer gelben Kugel bestimmt.

Anteil der gelben Kugeln:

4 von 10 sind $\frac{4}{10} = \frac{2}{5}$

Wahrscheinlichkeit für das Ziehen einer gelben Kugel: $\frac{2}{5}$

Gib die Wahrscheinlichkeit für das Ziehen einer roten (weißen, blauen) Kugel an.

7 a) Bestimme für jedes Glücksrad den Anteil der blauen Farbe an der Gesamtfläche.
b) Gib jeweils die Wahrscheinlichkeit für das Ergebnis „blaues Feld" an.

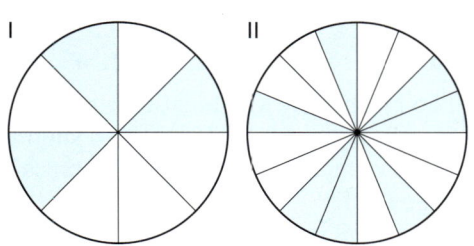

8 Zeichne ein Glücksrad (Radius 4 cm) und teile es in farbige Felder ein. Die farbigen Anteile sollen dabei den angegebenen Wahrscheinlichkeiten entsprechen.

a) orange: $\frac{1}{2}$; blau: $\frac{1}{3}$; weiß: $\frac{1}{6}$

b) grün: $\frac{1}{8}$; rot: $\frac{1}{2}$; gelb: $\frac{1}{8}$; blau: $\frac{1}{4}$

9 In einer Lostrommel befinden sich 90 Nieten, 9 Gewinnlose und 1 Hauptgewinn.
Wie groß ist die Wahrscheinlichkeit, dass eine Niete (ein Gewinnlos, der Hauptgewinn) gezogen wird?

10 Von den 14 Jungen der Klasse 6c kommen acht regelmäßig mit dem Fahrrad zur Schule, während nur fünf von 15 Mädchen das Fahrrad benutzen.
a) Wie groß ist die Wahrscheinlichkeit, dass ein zufällig ausgewähltes Mädchen (ein zufällig ausgewählter Junge) der 6c mit dem Fahrrad zur Schule kommen? Gib die Wahrscheinlichkeit als Bruch und als Dezimalzahl an. Runde auf zwei Nachkommastellen.
b) Wie groß ist die Wahrscheinlichkeit, dass ein zufällig ausgewähltes Mitglied der Klasse für seinen Schulweg ein Fahrrad benutzt?

Wahrscheinlichkeiten bestimmen

11 Kristin und Marcel wollen dreimal hintereinander eine Münze werfen. Sie überlegen, wie groß die Wahrscheinlichkeit dafür ist, dass dreimal hintereinander „Zahl" fällt.
Mithilfe eines **Baumdiagramms** wollen sie alle möglichen Ergebnisse des Zufallsexperiments bestimmen.

Sind alle Ergebnisse gleichwahrscheinlich, musst du nur die Anzahl aller Ergebnisse bestimmen.

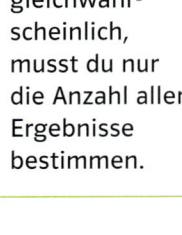

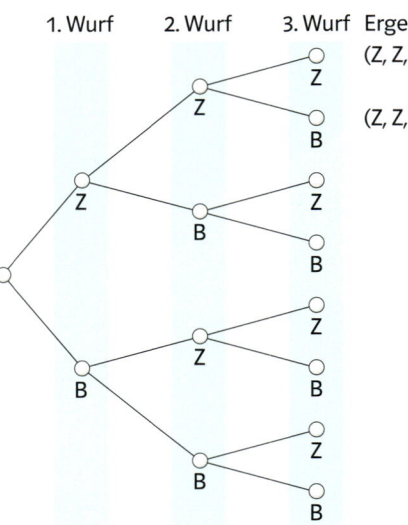

a) Übertrage das Baumdiagramm in dein Heft und bestimme alle möglichen Ergebnisse.
b) Kannst du Kristin und Marcel helfen?

12 Das abgebildete Glücksrad soll zweimal nacheinander gedreht werden.

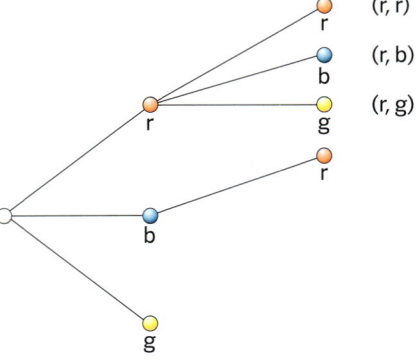
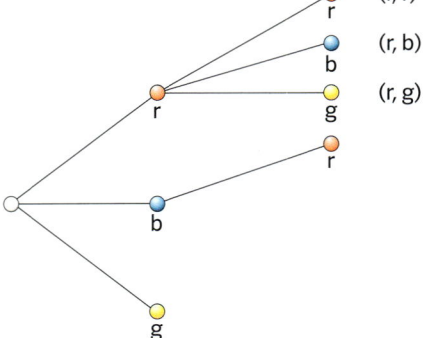

a) Übertrage das Baumdiagramm in dein Heft und vervollständige es.
b) Gib alle möglichen Ergebnisse des Zufallsexperiments an.
c) Wie groß ist die Wahrscheinlichkeit dafür, dass zweimal nacheinander „rot" gedreht wird?

13 Aus der abgebildeten Urne soll eine Kugel gezogen, ihre Farbe notiert und dann wieder zurückgelegt werden. Nach einem Mischen der Kugeln soll dann eine weitere Kugel gezogen werden.
a) Zeichne das zugehörige Baumdiagramm und gib alle möglichen Ergebnisse an.
b) Wie groß ist die Wahrscheinlichkeit dafür, dass beide gezogenen Kugeln gelb sind?

14 Ein Glücksrad mit zehn gleichgroßen Feldern, die die Ziffern von 0 bis 9 tragen, wird zweimal gedreht.
a) Überlege, wie ein zugehöriges Baumdiagramm aussehen müsste. Wie viele unterschiedliche Ergebnisse gibt es?
b) Wie groß ist die Wahrscheinlichkeit dafür, dass die Zahl „67" gedreht wird?

15 Bei dem abgebildeten Zahlenschloss kann man auf jedem einzelnen Ring die Ziffern von 0 bis 9 einstellen.

Thilo möchte die Kombination einstellen, mit der er das Schloss öffnen kann.
a) Wie viele unterschiedliche Ergebnisse gibt es?
b) Wie groß ist die Wahrscheinlichkeit dafür, dass Thilo zufällig sofort die richtige Kombination einstellt?

1 Tobias und Marco haben an einer verkehrsreichen Kreuzung bei 1000 Pkws gezählt, wie viele Personen jeweils im Auto sitzen.
Das Ergebnis ihrer Untersuchung haben sie in einer Häufigkeitstabelle zusammengefasst.

Ergebnis	absolute Häufigkeit
eine Person	498
zwei Personen	231
drei Personen	164
vier Personen	62
fünf oder mehr Personen	45

Wie groß ist die Wahrscheinlickeit dafür, dass ein mit zwei Personen (mit einer Person) besetzter Pkw die Kreuzung befährt? Begründe.

2 Juliane möchte wissen , wie groß beim Werfen einer Heftzwecke die Wahrscheinlichkeit für das Ergebnis „Kopf" ist.

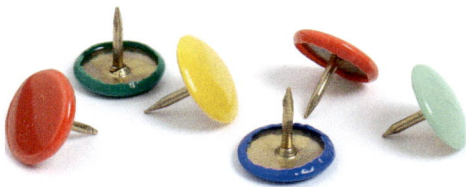

Sie hat dazu mehrmals hintereinander eine Heftzwecke geworfen und die absolute Häufigkeit für das Ergebnis „Kopf" in der Häufigkeitstabelle festgehalten.

Gesamtzahl der Versuche	absolute Häufigkeit für „Kopf"
10	3
50	23
100	41
500	225
1000	435

a) Berechne zu jeder Gesamtzahl die zugehörige relative Häufigkeit.
b) Welche Wahrscheinlichkeit ordnest du dem Ergebnis „Kopf" zu? Begründe.

3 Im Technikunterricht wurden Fahrräder auf ihre Verkehrssicherheit hinüberprüft.

Wie groß ist die Wahrscheinlichkeit, dass ein zufällig ausgewähltes Fahrrad leichte Mängel (schwere Mängel, keine Mängel) aufweist?

Ergebnis	absolute Häufigkeit
keine Mängel	75
leichte Mängel	115
schwere Mängel	60

Zufallsexperiment: Befragung einer zufällig ausgewählten Person nach ihrer Blutgruppe

Untersuchungsergebnis bei 10 000 zufällig ausgewählten Personen

Ergebnis	absolute Häufigkeit
A	4209
B	1280
AB	705
0	3806

Ergebnis:
Die Person hat Blutgruppe A.

Wahrscheinlichkeit für das Ergebnis:

$$\frac{4209}{10\,000} = 0{,}4209$$

Können bei einem Zufallsexperiment die Wahrscheinlichkeiten nicht mithilfe geeigneter Anteile bestimmt werden, betrachtet man bereits erfolgte Durchführungen des Zufallsexperiments.
Als Schätzwert für die Wahrscheinlichkeit eines Ergebnisses wird dann die vorher ermittelte relative Häufigkeit genommen.

Daten und Zufall

Versuche, bei denen sich die **Ergebnisse** nicht sicher vorhersagen lassen, sondern zufällig zustande kommen, heißen **Zufallsexperimente.**

Ergebnisse von Zufallsexperimenten können in **Urlisten** gesammelt, mit **Strichlisten** geordnet und in einer **Häufigkeitstabelle** dargestellt werden. Dabei werden die **relativen Häufigkeiten** der einzelnen Ergebnisse berechnet, indem du die **absoluten Häufigkeiten** durch die Gesamtzahl der Versuche dividierst.

Zufallsexperiment: Werfen einer Münze

Urliste	Strichliste	Häufigkeitstabelle

Urliste

B Z B B Z Z Z B B
B B Z Z B Z B Z Z
Z B Z B Z Z Z B

Strichliste

Bild: |||| |||| ||
Zahl: |||| |||| |||

Häufigkeitstabelle

Ergebnis	absolute Häufigkeit	relative Häufigkeit
Bild	12	$\frac{12}{25}$ = 0,48 = 48 %
Zahl	13	$\frac{13}{25}$ = 0,52 = 52 %

Die Häufigkeiten der Ergebnisse können in unterschiedlichen Diagrammformen dargestellt werden.

Säulendiagramm

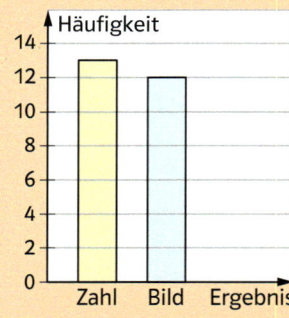

Streifendiagramm

Kreisdiagramm

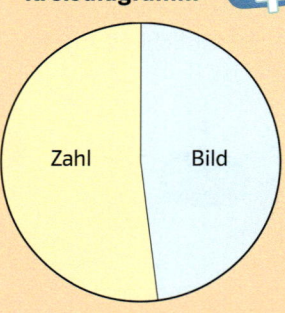

Handelt es sich bei den Daten um Zahlen, kannst du das **arithmetische Mittel** $\bar{x}$ berechnen und den **Median (Zentralwert)** $\tilde{x}$ bestimmen.

Zufallsexperiment: Ermitteln der Körpergröße einer zufällig ausgewählten Person.

Körpergröße (cm)
148   165   164   158   160

Arithmetisches Mittel $\bar{x}$:

$$\bar{x} = \frac{\text{Summe aller Daten}}{\text{Anzahl der Daten}}$$

$$\bar{x} = \frac{148 + 165 + 164 + 158 + 160}{5}$$

$$\bar{x} = 159$$

Median $\tilde{x}$:

geordnete Urliste

148   158   160   164   165

$\tilde{x} = 160$

Wahrscheinlichkeit

Bei einem Zufallsexperiment wird die **erwartete relative Häufigkeit** eines Ergebnisses die **Wahrscheinlichkeit** des Ergebnisses genannt.

Die Wahrscheinlichkeit lässt sich oft mithilfe eines **Anteils** bestimmen.
Zufallsexperiment: Ziehen einer Kugel aus der Urne.

Mögliche Ergebnisse: weiß, rot, grün

Anteil der weißen Kugeln: $\frac{2}{10} = 0{,}2$

Die Wahrscheinlichkeit für das Ziehen einer weißen Kugel beträgt $\frac{2}{10} = 0{,}2$.

Zufallsexperiment: Das Glücksrad wird einmal gedreht.

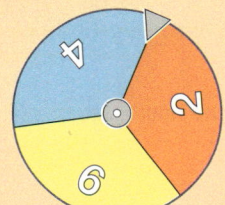

Mögliche Ergebnisse: 2, 4, 6

Anzahl der Ergebnisse: 3

Wahrscheinlichkeit für jedes Ergebnis: $\frac{1}{3}$

Zufallsexperiment: Das Glücksrad wird zweimal gedreht.

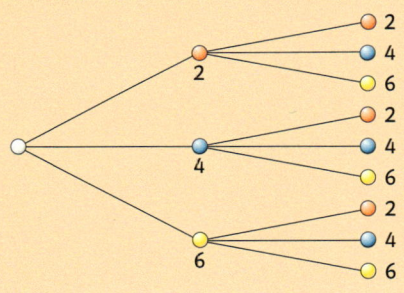

Mögliche Ergebnisse:
(2, 2), (2, 4), (2, 6), (4, 2), (4, 4), (4, 6), (6, 2), (6, 4), (6, 6)

Anzahl der Ergebnisse: 9

Wahrscheinlichkeit für jedes Ergebnis: $\frac{1}{9}$

Können die Wahrscheinlichkeiten nicht mithilfe geeigneter Anteile bestimmt werden, betrachtet man bereits erfolgte Durchführungen des Zufallsexperiments. Als Schätzwert für die Wahrscheinlichkeit eines Ergebnisses wird dann die vorher ermittelte relative Häufigkeit des Ergebnisses genommen.

Zufallsexperiment: Ein zufällig ausgewählter Pkw wird auf seine Verkehrssicherheit hin überprüft.

Ergebnis bei 1000 überprüften Pkw:

Ergebnis	absolute Häufigkeit
keine Mängel	815
leichte Mängel	154
schwere Mängel	31

Ergebnis: Der Pkw hat leichte Mängel.

Wahrscheinlichkeit für das Ergebnis:

$$\frac{154}{1000} = 0{,}154$$

Üben und Vertiefen: Daten und Zufall

Die Aufgaben auf diesen beiden Seiten kannst du auch in Partner- oder Gruppenarbeit bearbeiten. Beachte dazu die Hinweise auf den Seiten 79 und 123.

1 Tilman hat einen Würfel fünfzigmal geworfen und die Ergebnisse seines Zufallsexperiments in einer Urliste aufgeschrieben.

Ergebnisse beim Werfen eines Würfels
5 6 1 2 1 2 1 4 4 5 3 2 1 2 3
4 1 6 5 3 4 3 5 6 6 4 6 2 5 3
4 6 6 3 2 2 3 1 1 3 4 5 4 4 5
5 3 1 2 3

a) Bestimme die absoluten Häufigkeiten mithilfe einer Strichliste.
b) Stelle die absoluten Häufigkeiten in einem Säulendiagramm dar.
c) Berechne die relativen Häufigkeiten. Trage sie in eine Häufigkeitstabelle ein.
d) Berechne das arithmetische Mittel der Augenzahlen.

2 Bei einer Verkehrszählung wurde die Anzahl der Personen pro Pkw in einer Urliste erfasst.

Anzahl der Personen pro Pkw
1 1 2 1 2 3 3 4 3 2 1 2 3 2 1
1 1 1 2 3 5 4 2 3 1 1 2 1 3 2
1 1 2 1 1 2 1 3 1 2 3 4 5 1 4
3 2 1 1 2

a) Bestimme die absoluten Häufigkeiten mithilfe einer Strichliste.
b) Stelle die absoluten Häufigkeiten in einem Balkendiagramm dar.
c) Berechne die relativen Häufigkeiten und trage sie in eine Häufigkeitstabelle ein.
d) Berechne das arithmetische Mittel.

3 Das abgebildete Glücksrad wurde 200-mal gedreht. Die absoluten Häufigkeiten der Ergebnisse werden in dem Säulendiagramm dargestellt.

a) Berechne die relativen Häufigkeiten und stelle sie in einer Tabelle dar.
b) Welche Ziffer tragen die Felder mit Fragezeichen? Begründe deine Meinung.

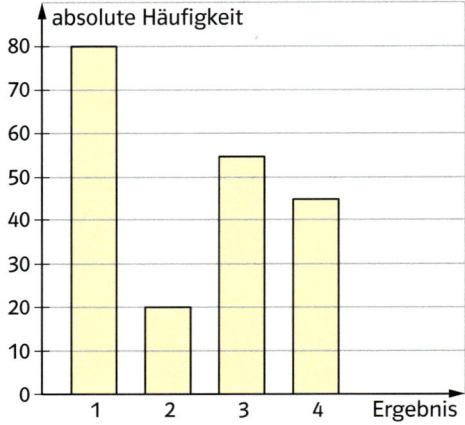

4 In der Urliste findest du die Daten einer Umfrage zum Thema „Taschengeld pro Monat".
a) Lege eine Häufigkeitstabelle an.
b) Berechne das arithmetische Mittel mithilfe der absoluten Häufigkeiten.

Taschengeld pro Monat (€)
20 24 16 12 16 20 24 12 16 12
10 10 12 16 24 20 12 10 10 12
10 16 10 10 12 16 12 16 20 12
16 12 16 12 12 20 16 10 12 16
10 16 12 16 24 12 16 10 16 12

 Wie alt muss man werden, um eine Milliarde Sekunden zu erleben?

5 Lisa hat aufgeschrieben, wie lange sie mit dem Fahrrad für ihren Schulweg braucht. Dabei musste sie auch die Panne am 13. Tag berücksichtigen.

Dauer des Schulwegs (min)
17 19 20 18 22 23 21 22 20 19
18 22 46 19 18

a) Bestimme den Median.
b) Berechne das arithmetische Mittel.
c) Welcher Mittelwert kennzeichnet die Dauer des Schulwegs besser? Begründe.

6 Zehn Schüler haben jeweils fünfzigmal mit einem Würfel gewürfelt und dabei die Anzahl der Sechsen gezählt.

Würfe mit Augenzahl „Sechs"
8   10   7   6   6   7   8   8   25   9

a) Bestimme den Median und berechne das arithmetische Mittel.
b) Welchen Mittelwert hältst du für sinnvoll? Begründe.

7 Mit einem Echolot wird auf Schiffen die Wassertiefe gemessen. Dazu werden Schallwellen ausgesendet, vom Meeresboden reflektiert und wieder empfangen.
Die folgenden Messwerte wurden am gleichen Ort aufgenommen:
1 225,4 m; 1 225,0 m; 1 226,3 m ; 866,4 m und 1226,8 m
a) Bestimme den Median und berechne das arithmetische Mittel.
b) Wie wirkt sich der fehlerhafte Messwert auf den Median, wie auf das arithmetische Mittel aus?

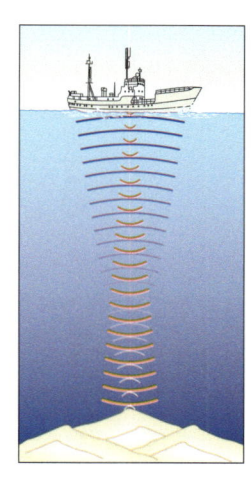

8 In einer Umfrage wurden 1 000 Mädchen und 1000 Jungen gefragt, welche Art von Computerspiel sie am liebsten spielen. Es durften jeweils drei Antworten gegeben werden. Das Ergebnis der Umfrage wird in dem Balkendiagramm dargestellt.

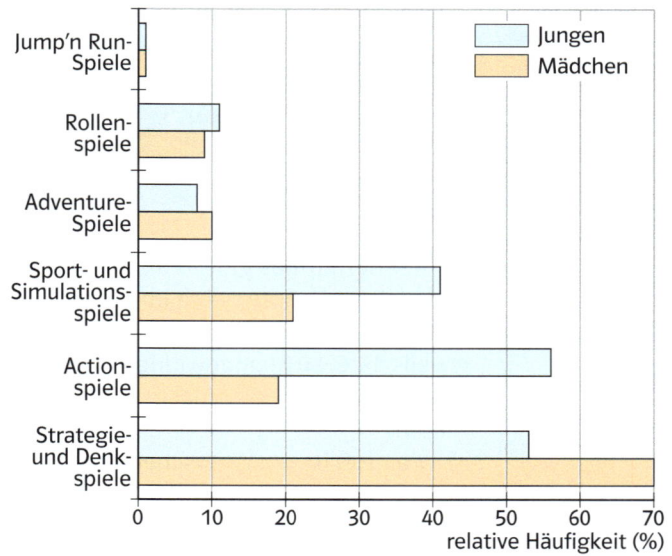

a) Vergleiche die Ergebnisse der Befragung bei Mädchen und Jungen.
b) Gib die zugehörigen absoluten Häufigkeiten an.

9 a) Sebastian springt bei fünf Weitsprüngen im Durchschnitt 3,70 m weit. Gib fünf Sprungweiten an, für die das arithmetische Mittel 3,70 m ist.
b) Gib sechs Sprungweiten an, bei denen der Median 3,75 m beträgt.

1 In der Klasse 6b sind 14 Mädchen und 15 Jungen. Für eine Veranstaltung soll aus jeder Klasse ein Vertreter ausgewählt werden. Die Schülerinnen und Schüler der 6b wollen das Los entscheiden lassen.
a) Wie groß ist die Wahrscheinlichkeit, dass das Los auf Stefanie aus der 6b fällt?
b) Wie groß ist die Wahrscheinlichkeit, dass ein Mädchen (Junge) ausgelost wird?

2 Auf der Kirmes gibt es an der Losbude einen Hauptgewinn im Wert von 100 €, zehn Gewinne im Wert von jeweils 15 €, 50 Kleingewinne im Wert von jeweils 3 €, 100 Freilose und 839 Nieten.
a) Wie groß ist die Wahrscheinlichkeit für den Hauptgewinn (einen Gewinn, einen Kleingewinn, ein Freilos, eine Niete)?
b) Alle Lose werden verkauft. Kann der Besitzer der Losbude noch Gewinn machen, wenn jedes Los 1 € kostet?

3 In einer Urne befinden sich zwanzig gleichartige Kugeln. Davon sind sechs rot, sieben weiß, drei schwarz und vier Kugeln blau gefärbt. Eine Kugel wird aus der Urne gezogen.
Berechne die Wahrscheinlichkeiten aller möglichen Ergebnisse.

4 Von 100 000 zufällig ausgewählten Einwohnern der Bundesrepublik wurde das Lebensalter ermittelt. Das Ergebnis wird in der Häufigkeitstabelle dargestellt.

Der Bevölkerungsaufbau in der Bundesrepublik Deutschland (100 000 zufällig ausgewählte Einwohner)	
Lebensalter	absolute Häufigkeit
unter 20 Jahre	21 309
20 bis unter 60 Jahre	55 688
60 bis unter 80 Jahre	18 959
80 Jahre und älter	4 044

a) Wie groß ist die Wahrscheinlichkeit dafür, dass ein zufällig ausgewählter Einwohner der Bundesrepublik unter 20 Jahre (20 bis unter 60 Jahre, 60 bis unter 80 Jahre) alt ist?
b) Informiere dich über den aktuellen Bevölkerungsaufbau.

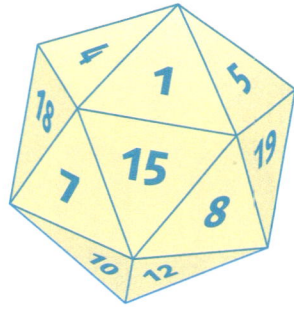

5 Ein Ikosaeder ist ein regelmäßiger Körper, dessen Oberfläche aus zwanzig gleich großen Dreiecksflächen besteht. Diese Dreiecksflächen tragen hier die Zahlen von 1 bis 20. Mit dem Ikosaeder wird einmal gewürfelt. Wie groß ist die Wahrscheinlichkeit, dass die gewürfelte Zahl größer als 15 (kleiner als 7, ungerade, ein Vielfaches von 3) ist?

6 Ein Glücksrad soll in gleichgroße Felder eingeteilt werden, die entweder rot oder weiß oder grün sind. Welche Einteilung wählst du, wenn die Wahrscheinlichkeit für ein rotes Feld $\frac{1}{4}$, für ein grünes Feld $\frac{3}{8}$ und ein weißes Feld $\frac{3}{8}$ betragen soll?

7 Die Tabelle zeigt dir, wie sich 20 000 zufällig ausgewählte Fahrzeuge in der Bundesrepublik Deutschland auf die unterschiedlichen Fahrzeugarten verteilen.

Fahrzeugart	absolute Häufigkeit
Mofas, Mokicks, Mopeds	625
Krafträder	1 311
Pkw	16 444
Omnibusse	32
Zugmaschinen	359
Lkw	980
übrige Kraftfahrzeuge	249

Kristin und Stefan stehen an einer Straße und beobachten den Verkehr.
a) Wie groß ist die Wahrscheinlichkeit dafür, dass das nächste Fahrzeug ein Pkw (Lkw, Omnibus) ist?
b) Wie groß ist die Wahrscheinlichkeit, dass das nächste Fahrzeug ein motorgetriebenes Zweirad ist?

8 Eine Umfrage unter Haustierbesitzern führte zu dem in dem Balkendiagramm dargestellten Ergebnis.

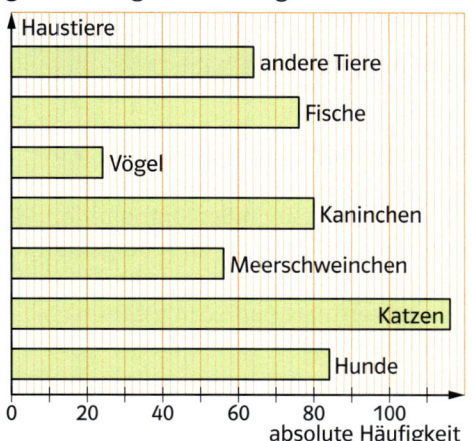

a) Ein zufällig ausgewählter Haustierbesitzer wird gefragt, was für ein Haustier er hat.
Bestimme die Wahrscheinlichkeiten aller möglichen Ergebnisse.
b) Informiere dich über die aktuellen Anteile.

9 Für ein Zufallsexperiment stehen dir eine Urne und gleichartige rote, blaue, grüne und weiße Kugeln zur Verfügung. Es soll eine Kugel aus der Urne gezogen werden. Die Wahrscheinlichkeit dafür, dass eine rote Kugel gezogen wird, soll 0,1 betragen, die Wahrscheinlichkeit für eine blaue Kugel 0,3, für eine weiße Kugel 0,2 und für eine grüne Kugel 0,4. Wie viele Kugeln von jeder Farbe musst du in die Urne legen, wenn die Urne insgesamt 10 (50, 70) Kugeln enthalten soll?

10 Das abgebildete Kartenspiel besteht aus 32 Karten: Sieben, Acht, Neun, Zehn, Bube, Dame, König, Ass in den Farben Karo, Herz, Pik und Kreuz. Aus dem vollständigen Kartenspiel soll eine Karte gezogen werden.

a) Wie groß ist die Wahrscheinlichkeit, dass die gezogene Karte eine Herz-Karte (ein Bube, eine rote Karte) ist?
b) Wie groß ist die Wahrscheinlichkeit, dass die gezogene Karte die Karo-Sieben (ein schwarzer König, ein Bild) ist?

11 Eine Münze wird dreimal nacheinander geworfen.
a) Wie groß ist die Wahrscheinlichkeit dafür, dass dreimal „Zahl" geworfen wird?
b) Wie groß ist die Wahrscheinlichkeit dafür, dass zweimal „Zahl" geworfen wird? Beachte, dass es mehrere Ergebnisse gibt, bei denen die Zahl zweimal fällt.
c) Wie groß ist die Wahrscheinlichkeit dafür, dass keine Münze „Zahl" zeigt?

1 In dem Säulendiagramm wird gezeigt, wie private Haushalte in Deutschland mit PC, Internetzugang und Breitbandanschluss 2004 und 2014 ausgestattet waren.

Private Nutzung von PC und Internet

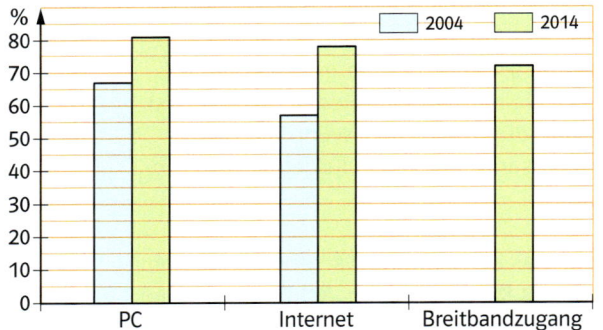

a) Beschreibe die Entwicklung und erkläre die Veränderungen.
b) Stelle die Ausstattung mit Telefon, Navigationsgerät und Faxgerät ebenfalls in einem Säulendiagramm dar (Angaben in Prozent).

	2004	2014
Telefon stationär	95,1	92,7
Telefon mobil	72,1	90,0
Navigationsgerät	0,0	38,9
Fax	17,2	19,0

2 Das Balkendiagramm zeigt die Ausstattung privater Haushalte mit Unterhaltungselektronik in den Jahren 2004 und 2014.

Ausstattung privater Haushalte mit Unterhaltungselektronik

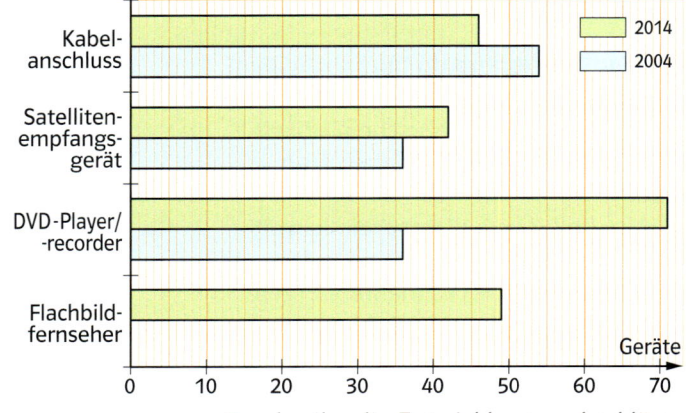

Beschreibe die Entwicklung und erkläre die Veränderungen.

3 Die Tabelle zeigt die Anteile der Haushalte mit einer Person, mit zwei Personen, mit drei, mit vier und mit fünf und mehr Personen in den Jahren 2004 und 2014 in Deutschland.

Privathaushalte nach Haushaltsgröße in Deutschland (%)		
Haushaltsgröße	2004	2014
eine Person	37	40
zwei Personen	34	34
drei Personen	14	13
vier Personen	11	10
fünf und mehr Personen	4	3

a) Stelle die Anteile in einem Säulendiagramm dar.
b) Beschreibe die Entwicklung und erkläre die Veränderungen.

4 Im Jahr 2014 lebte in rund 30 % der Privathaushalte in Deutschland mindestens eine Person im Seniorenalter ab 65 Jahre. Stelle die relativen Häufigkeiten der Haushalte mit und ohne Senioren in den Jahren 1991 und 2014 grafisch dar und vergleiche.

Privathaushalte mit und ohne Senioren (%)		
	1991	2014
ohne Senioren	73,6	69,9
ausschließlich mit Senioren	19,9	24,3
mit Senioren und Jüngeren	6,5	5,8

Durchschnittliche Kosten bei
Krankheiten des Kreislaufsystems

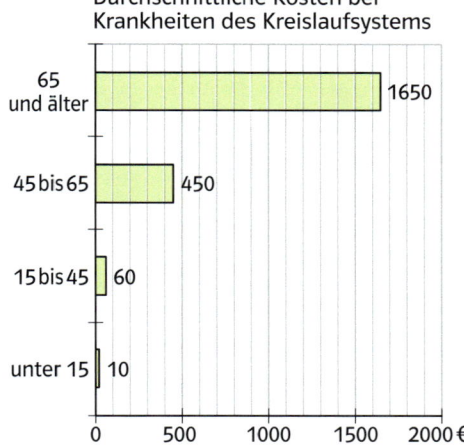

5 a) Welche Informationen werden in dem abgebildeten Balkendiagramm dargestellt?
b) In der Tabelle findest du Informationen zu den durchschnittlichen Kosten je Einwohner der jeweiligen Altersgruppe bei Krankheiten des Atmungssystems (Stand: 2014). Stelle diese in einem Balkendiagramm dar.

Altersgruppe	Kosten (€)
unter 15 Jahren	190
15 bis 45 Jahre	100
45 bis 65 Jahre	130
65 Jahre und mehr	260

c) Vergleiche beide Darstellungen. Was stellst du fest?

6 In der Tabelle siehst du das Ergebnis einer Umfrage zum Thema „Rauchen" aus dem Jahre 2014. Befragt wurden rund 830 000 Personen. Stelle das Ergebnis in einem Kreisdiagramm dar.

Raucher und Nichtraucher 2014	
Nieraucher	54%
regelmäßige Raucher	23%
gelegentliche Raucher	4%
frühere Raucher	19%

7 In der Tabelle wird angegeben, wie hoch der Anteil der Raucherinnen und Raucher in den einzelnen Altersgruppen ist. Die Befragung fand im Jahr 2013 statt. Stelle die Anteile jeweils in einem Säulendiagramm dar und vergleiche.

Alters-gruppe	Anteil der Raucher/innen (%)	
	männlich	weiblich
15 – 20	27,3	23,2
20 – 25	45,6	35,4
25 – 30	43,5	31,0
30 – 35	43,0	31,6
35 – 40	42,1	32,6
40 – 45	42,5	33,4
45 – 50	40,4	30,9
50 – 55	35,4	25,0
55 – 60	30,5	19,3
60 – 65	23,4	12,9
65 – 70	17,5	8,5
70 – 75	15,7	6,5
75 u. mehr	11,1	4,0

Rauchen fügt Ihnen und den Menschen in Ihrer Umgebung erheblichen Schaden zu.

8 Mithilfe des Internets kannst du beim Statistischen Bundesamt Deutschland statistische Informationen zu Geografie, Bevölkerung, Erwerbstätigkeit, Wahlen, Umwelt, Verkehr, Handel usw. abrufen.
a) Suche in Gruppen aktuelle Informationen zu den in den Aufgaben 1 bis 4 behandelten Themen. Stelle die Informationen auf einem Plakat in Tabellenform und als Diagramm dar.
b) Suche in Gruppen beim Statistischen Bundesamt Deutschland ein anderes Thema aus Politik, Wirtschaft, Medizin oder Naturwissenschaft. Stelle die Informationen auf einem Plakat in Tabellenform und als Diagramm dar.

Ausgangstest 1

1 Jana hat das abgebildete Glücksrad mehrmals gedreht und die Ergebnisse des Zufallsexperiments in einer Urliste aufgeschrieben.

Ergebnisse beim Drehen des Glücksrades

```
5 4 1 2 1 2 1 4 4 5 3
2 1 2 3 4 1 1 5 3 4 3
5 2 2 4 3 2 5 3 4 3
5 3 2 2 3 1 1 3 4 5
4 4 5 5 3 1 2 3
```

a) Bestimme die absoluten Häufigkeiten mithilfe einer Strichliste.
b) Stelle die absoluten Häufigkeiten in einem Säulendiagramm dar.
c) Berechne die relativen Häufigkeiten und trage sie in eine Häufigkeitstabelle ein.
d) Berechne das arithmetische Mittel der erhaltenen Ergebnisse.

2 Vergleiche die Weitsprungergebnisse von Johanna und Larissa. Berechne dazu jeweils das arithmetische Mittel und den Median.

Sprungweiten von Johanna (cm)

365 345 368 352 330 250 352 342 366 388

Sprungweiten von Larissa (cm)

378 329 333 381 344 372 306 388 322 318 352

3 Mehrere zufällig ausgewählte Schülerinnen und Schüler wurden gefragt, wie viele Fernsehgeräte sich bei ihnen zu Hause befinden.

Anzahl der Fernseher	1	2	3	4
absolute Häufigkeit	11	30	6	3

a) Berechne die relativen Häufigkeiten und trage sie in eine Häufigkeitstabelle ein.
b) Stelle die absoluten Häufigkeiten in einem Balkendiagramm dar.
c) Berechne das arithmetische Mittel.

4 Das Diagramm zeigt das Ergebnis einer Umfrage im 6. Jahrgang zum Thema „monatliches Taschengeld".

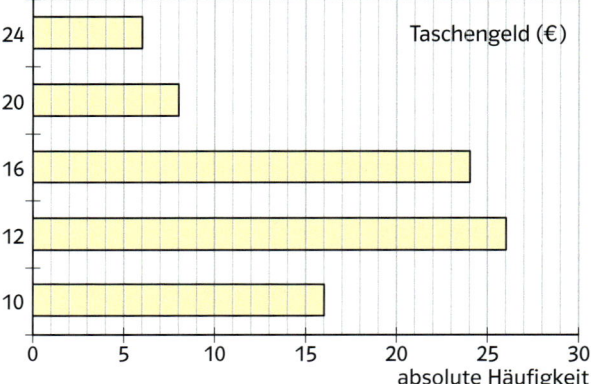

a) Stelle die absoluten und die relativen Häufigkeiten in einer Tabelle dar.
b) Berechne das arithmetische Mittel und den Median mithilfe der absoluten Häufigkeiten.

Ich kann	Aufgabe	Hilfen und Aufgaben
absolute Häufigkeiten mithilfe einer Strichliste bestimmen.	1	Seite 86
absolute Häufigkeiten in Säulen- und Balkendiagrammen darstellen.	1, 3	Seite 88
relative Häufigkeiten berechnen und in einer Häufigkeitstabelle darstellen.	1, 3, 4	Seite 91
das arithmetische Mittel berechnen.	1, 2, 3	Seite 93
den Median berechnen.	2, 4	Seite 95
das arithmetische Mittel und den Median mithilfe der absoluten Häufigkeiten berechnen.	4	Seite 94, 95

1 In einer Urne befinden sich zehn gleich große Kugeln unterschiedlicher Farben. Aus der Urne wurde mehrmals mit Zurücklegen gezogen, die absoluten Häufigkeiten der einzelnen Ergebnisse werden in dem Balkendiagramm grafisch dargestellt.

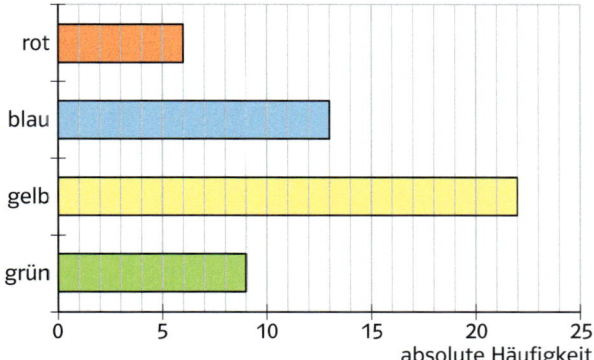

a) Berechne zu jeder Farbe die relative Häufigkeit.
b) Wie viele Kugeln in der Urne sind deiner Meinung nach rot (blau , gelb, grün)? Begründe.

2 In einer Urne befinden sich zwanzig gleichartige Kugeln. Davon sind acht Kugeln rot, fünf Kugeln weiß, drei Kugeln blau und vier Kugeln schwarz gefärbt. Eine Kugel wird aus der Urne gezogen. Berechne die Wahrscheinlichkeiten aller möglichen Ergebnisse.

3 Der Technische Überwachungsverein (TÜV) überprüft Gebrauchtwagen auf ihre Verkehrssicherheit. Die Häufigkeitstabelle zeigt das Resultat der Überprüfung.

Ergebnis	absolute Häufigkeit
keine Mängel	1275
leichte Mängel	875
erhebliche Mängel	350

Wie groß ist die Wahrscheinlichkeit dafür, dass ein zufällig ausgewählter Gebrauchtwagen leichte Mängel (keine Mängel, erhebliche Mängel) aufweist?

4 Das abgebildete Glücksrad soll zweimal nacheinander gedreht werden.

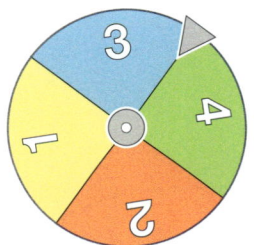

a) Zeichne das zugehörige Baumdiagramm und gib alle möglichen Ergebnisse des Zufallsexperiments an.
b) Wie groß ist die Wahrscheinlichkeit, dass die Ziffer 3 zweimal gedreht wird?
c) Wie groß ist die Wahrscheinlichkeit dafür, dass bei beiden Drehungen genau einmal die Ziffer 1 erscheint?

Ich kann	Aufgabe	Hilfen und Aufgaben
relative Häufigkeiten berechnen.	1	Seite 91
von relativen Häufigkeiten auf die Verteilung der Kugeln in einer Urne schließen.	1	Seite 89
Wahrscheinlichkeiten von Ergebnissen berechnen.	2, 4	Seite 96
relative Häufigkeiten als Näherungswerte für Wahrscheinlichkeiten bestimmen.	3	Seite 99
Baumdiagramme zu zweistufigen Zufallsexperimenten zeichnen.	4	Seite 98

Brüche addieren und subtrahieren

Nach Charlottes Geburtstag sind drei Krüge mit selbst gemachter Limonade übrig geblieben. Die Reste sollen nun in eine 1-Liter-Flasche umgefüllt werden.

Geburtstagsfeier

1 Nach Charlottes Geburtstagsparty sind noch einige Pizzareste übrig geblieben.
Von der Spinatpizza ist die Hälfte, von der Hawaiipizza ein Viertel und von der Salamipizza ein Drittel übrig. Diese Reste sollen in eine Schachtel gelegt werden.

Die Pizzastücke werden auf jeden Fall in die Schachtel passen.

Die Pizzastücke sind insgesamt zu groß. Sie passen nicht in eine Pappschachtel.

Charlotte rechnet:

$$\frac{1}{2} + \frac{1}{4} + \frac{1}{3} = \frac{3}{9} = \frac{1}{3}$$

a) Erläutere, warum das Ergebnis nicht stimmen kann.
b) Vor der Party ist jede Pizza in zwölf gleich große Stücke geschnitten worden. Paul stellt deshalb folgende Rechnung auf:

$$\frac{6}{12} + \frac{3}{12} + \frac{4}{12}$$

Begründe Pauls Rechnung und bestimme das Ergebnis.
c) Passen die Pizzastücke in eine Schachtel?

2 Einen Tag nach der Party isst Paul zwei Stücke der Hawaiipizza und ein Stück der Spinatpizza.
a)

Jetzt hast du eine viertel Pizza gegessen.

Hat Charlotte recht?
b) Welcher Bruchteil der Spinatpizza bleibt übrig?
c) Wie viele Pizzastücke sind nun insgesamt noch im Kühlschrank? Gib das Ergebnis als Bruchteil einer ganzen Pizza an. Kürze, wenn möglich.

3 Aus einer halbvollen 1-Liter-Flasche gießt Charlotte für sich ein Glas Saft ein. In ihr Glas passt $\frac{1}{8}$ l.

a) Wie viel Liter Saft sind nun noch in der Flasche?
b) Auch ihre beiden Freundinnen möchten jeweils ein Glas Saft trinken. Reicht der Saft aus?

Gleichnamige Brüche addieren und subtrahieren

1 Zu Daniels Geburtstag hat seine Mutter eine Torte gebacken und sie in 12 Stücke aufgeteilt. Florian und seine Freunde Kai, Felix, Klaus und Jan haben die Torte restlos verzehrt.
Daniel aß $\frac{2}{12}$ der Torte, Kai $\frac{2}{12}$, Klaus $\frac{3}{12}$ und Felix $\frac{2}{12}$.
Welchen Bruchteil der Torte aß Jan?

2

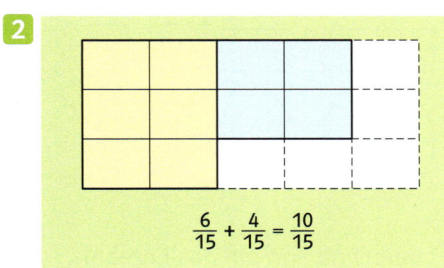

$$\frac{6}{15} + \frac{4}{15} = \frac{10}{15}$$

Formuliere eine Additionsaufgabe wie im Beispiel.

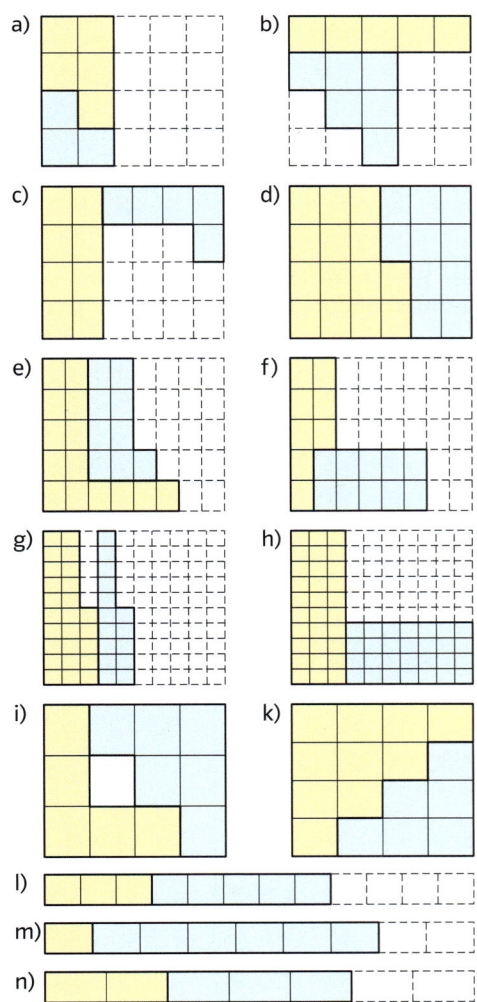

a)
b)
c)
d)
e)
f)
g)
h)
i)
k)
l)
m)
n)

3 Welche Subtraktionsaufgabe ist hier dargestellt?

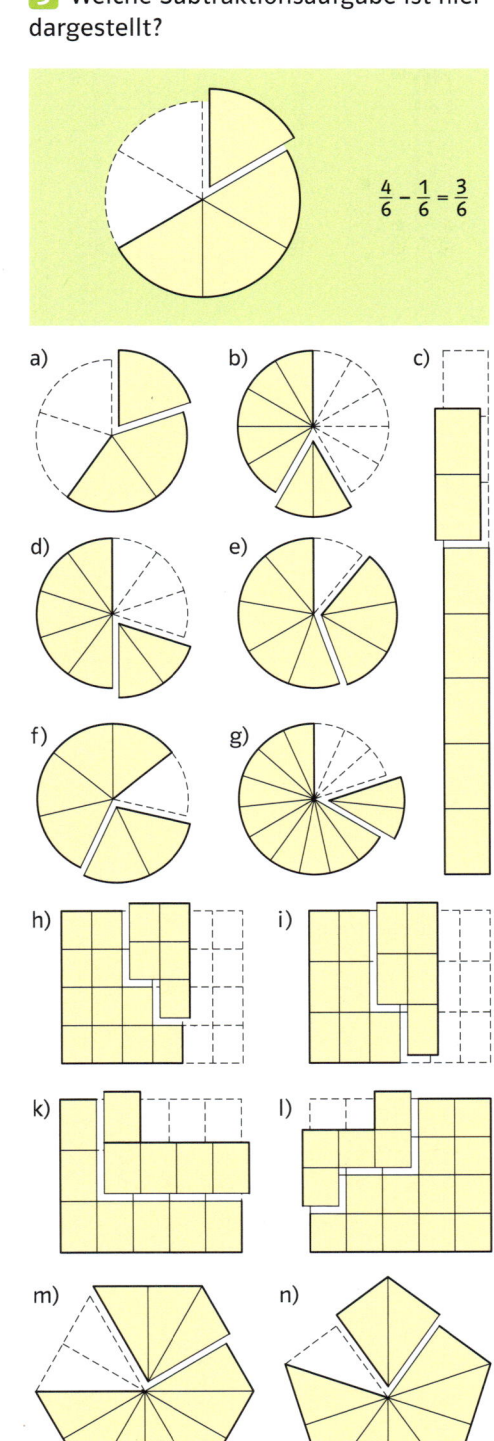

$$\frac{4}{6} - \frac{1}{6} = \frac{3}{6}$$

a)
b)
c)
d)
e)
f)
g)
h)
i)
k)
l)
m)
n)

4 Beschreibe, wie du gleichnamige Brüche addieren (subtrahieren) kannst. Erläutere dies an einem Beispiel.

5 Berechne.

a) $\frac{2}{5} + \frac{1}{5}$ b) $\frac{5}{7} - \frac{3}{7}$ c) $\frac{3}{11} + \frac{5}{11}$

   $\frac{3}{7} + \frac{2}{7}$ $\frac{8}{9} - \frac{4}{9}$ $\frac{19}{23} - \frac{7}{23}$

   $\frac{2}{9} + \frac{5}{9}$ $\frac{7}{10} - \frac{6}{10}$ $\frac{3}{17} + \frac{8}{17}$

   $\frac{6}{13} + \frac{4}{13}$ $\frac{6}{15} - \frac{5}{15}$ $\frac{19}{20} - \frac{12}{20}$

Wenn möglich, kürze jedes Ergebnis.

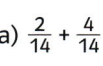

6 Berechne.

$$\frac{9}{16} + \frac{5}{16} = \frac{14}{16} = \frac{7}{8}$$

a) $\frac{2}{14} + \frac{4}{14}$ b) $\frac{11}{21} + \frac{4}{21}$

   $\frac{11}{14} - \frac{7}{14}$ $\frac{11}{35} - \frac{6}{35}$

c) $\frac{7}{18} + \frac{3}{18}$ d) $\frac{29}{36} - \frac{8}{36}$

   $\frac{47}{90} + \frac{33}{90}$ $\frac{9}{48} - \frac{5}{48}$

Lösungen zu Aufgabe 6:

$\frac{1}{7}$ $\frac{2}{7}$ $\frac{3}{7}$ $\frac{5}{7}$ $\frac{5}{9}$ $\frac{8}{9}$ $\frac{1}{12}$ $\frac{7}{12}$

7 Berechne und kürze das Ergebnis soweit wie möglich.

a) $\frac{8}{21} + \frac{5}{21} + \frac{1}{21}$ b) $\frac{7}{13} - \frac{4}{13} + \frac{10}{13}$

   $\frac{26}{45} - \frac{17}{45} - \frac{3}{45}$ $\frac{6}{11} + \frac{4}{11} - \frac{1}{11}$

   $\frac{10}{11} + \frac{5}{11} + \frac{7}{11}$ $\frac{17}{18} - \frac{6}{18} + \frac{4}{18}$

   $\frac{73}{81} - \frac{14}{81} - \frac{23}{81}$ $\frac{29}{30} + \frac{9}{30} - \frac{14}{30}$

   $\frac{23}{25} - \frac{7}{25} - \frac{6}{25}$ $\frac{11}{35} + \frac{16}{35} - \frac{6}{35}$

Lösungen zu Aufgabe 7:

$\frac{2}{15}$ $\frac{2}{3}$ $\frac{9}{11}$ 1 $\frac{4}{9}$ $\frac{5}{6}$ $\frac{4}{5}$ 2 $\frac{3}{5}$ $\frac{2}{5}$

8 Stelle die Aufgaben jeweils zeichnerisch dar und bestimme das Ergebnis.

a) $\frac{2}{10} + \frac{3}{10}$ b) $\frac{5}{12} + \frac{3}{12}$

   $\frac{5}{8} + \frac{1}{8}$ $\frac{1}{6} + \frac{2}{6}$

9 Welche Aufgabe ist hier dargestellt?

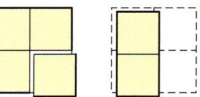

$$1\frac{2}{4} - \frac{3}{4} = \frac{6}{4} - \frac{3}{4} = \frac{3}{4}$$

a)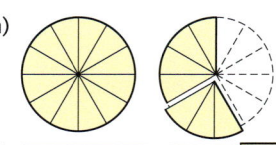

b)

c)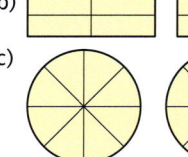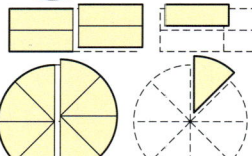

10 Berechne und gib das Ergebnis, wenn möglich, als gemischte Zahl an.

$$\frac{4}{5} + \frac{3}{5} = \frac{7}{5} = 1\frac{2}{5}$$

a) $\frac{5}{7} + \frac{6}{7}$ b) $\frac{7}{8} + \frac{5}{8}$ c) $\frac{9}{10} + \frac{3}{10}$

   $\frac{10}{11} + \frac{5}{11}$ $\frac{8}{9} + \frac{8}{9}$ $\frac{9}{20} + \frac{13}{20}$

   $\frac{4}{5} + \frac{2}{5}$ $\frac{7}{12} + \frac{11}{12}$ $\frac{13}{15} + \frac{4}{15}$

11 Berechne. Gib das Ergebnis als gemischte Zahl an.

$$6 - \frac{5}{9} = 5\frac{9}{9} - \frac{5}{9} = 5\frac{4}{9}$$

a) $10 - \frac{2}{3}$ b) $3 - \frac{5}{7}$ c) $4 - 2\frac{1}{3}$

   $3 - \frac{5}{8}$ $4 - \frac{7}{10}$ $4 - 1\frac{2}{5}$

   $2 - \frac{1}{3}$ $2 - \frac{1}{9}$ $5 - 3\frac{7}{9}$

12 Berechne. Gib das Ergebnis als gemischte Zahl an.

$$3\frac{3}{4} + \frac{3}{4} = 3\frac{6}{4} = 4\frac{2}{4} = 4\frac{1}{2}$$

a) $2\frac{5}{6} + \frac{3}{6}$ b) $3\frac{1}{3} - \frac{2}{3}$ c) $2\frac{4}{8} + 3\frac{5}{8}$

   $3\frac{7}{12} + \frac{11}{12}$ $5\frac{1}{4} - \frac{3}{4}$ $7\frac{7}{10} + 1\frac{8}{10}$

   $2\frac{3}{7} + \frac{6}{7}$ $4\frac{2}{7} - \frac{6}{7}$ $2\frac{6}{11} + 3\frac{7}{11}$

Ungleichnamige Brüche addieren und subtrahieren

1 Kannst du die Aufgabe mithilfe der Abbildung lösen?

a) $\frac{1}{2} + \frac{1}{4} = \blacksquare$

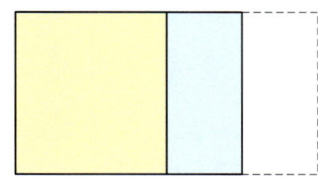

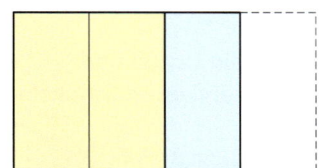

b) $\frac{3}{4} - \frac{3}{8} = \blacksquare$

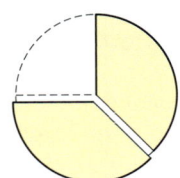

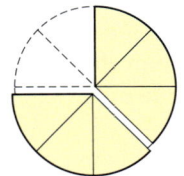

2 Bestimme die Platzhalter mithilfe der Zeichnungen.

a)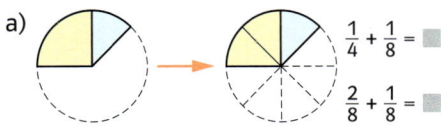

$\frac{1}{4} + \frac{1}{8} = \blacksquare$

$\frac{2}{8} + \frac{1}{8} = \blacksquare$

b)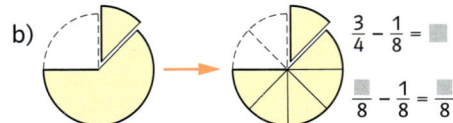

$\frac{3}{4} - \frac{1}{8} = \blacksquare$

$\frac{\blacksquare}{8} - \frac{1}{8} = \frac{\blacksquare}{8}$

c)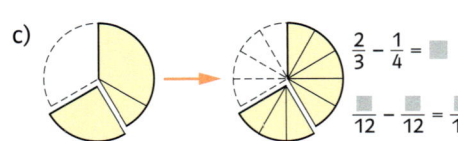

$\frac{2}{3} - \frac{1}{4} = \blacksquare$

$\frac{\blacksquare}{12} - \frac{\blacksquare}{12} = \frac{\blacksquare}{12}$

d)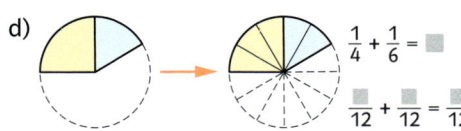

$\frac{1}{4} + \frac{1}{6} = \blacksquare$

$\frac{\blacksquare}{12} + \frac{\blacksquare}{12} = \frac{\blacksquare}{12}$

3 Bestimme die Platzhalter.

a)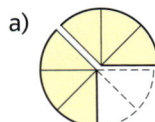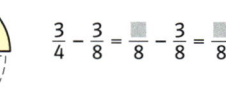

$\frac{3}{4} - \frac{3}{8} = \frac{\blacksquare}{8} - \frac{3}{8} = \frac{\blacksquare}{8}$

b)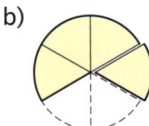

$\frac{2}{3} - \frac{1}{6} = \frac{\blacksquare}{6} - \frac{1}{6} = \frac{\blacksquare}{6}$

c)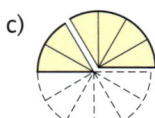

$\frac{1}{2} - \frac{1}{3} = \frac{\blacksquare}{12} - \frac{\blacksquare}{12} = \frac{\blacksquare}{12}$

d)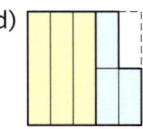

$\frac{3}{5} + \frac{3}{10} = \frac{\blacksquare}{10} + \frac{\blacksquare}{10} = \frac{\blacksquare}{10}$

e)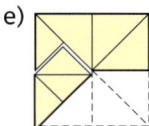

$\frac{5}{8} - \frac{3}{16} = \frac{\blacksquare}{16} - \frac{\blacksquare}{16} = \frac{\blacksquare}{16}$

4 Welche Aufgabe ist hier dargestellt? Ermittle das Ergebnis.

a)  b) 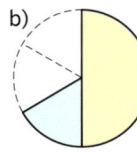 c)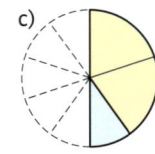

d) e) f)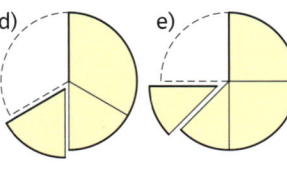

g) h) i)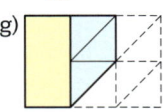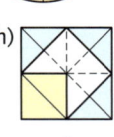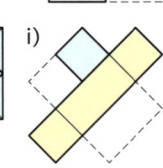

k) l)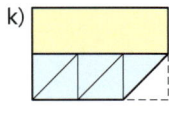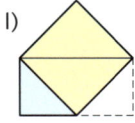

5 Erstellt ein Lernplakat zur Addition und Subtraktion ungleichnamiger Brüche.
Veranschaulicht dazu die Aufgaben $\frac{1}{4} + \frac{3}{8}$ und $\frac{3}{4} - \frac{1}{2}$ mithilfe geeigneter Abbildungen und stellt den Lösungsweg dar.

Hinweise zum erstellen eines Lernplakats findet ihr auf Seite 232.

So kannst du ungleichnamige Brüche addieren und subtrahieren:

1. Erweitere (kürze) die Brüche so, dass sie den gleichen Nenner haben.

2. Addiere oder subtrahiere die Zähler. Der Nenner ändert sich nicht.

$$\frac{2}{3} + \frac{1}{4}$$

$$= \frac{8}{12} + \frac{3}{12}$$

$$= \frac{11}{12}$$

$$\frac{3}{4} - \frac{2}{5}$$

$$= \frac{15}{20} - \frac{8}{20}$$

$$= \frac{7}{20}$$

6 Bestimme die Platzhalter.

a) $\frac{1}{2} + \frac{1}{3} = \frac{\blacksquare}{6} + \frac{\blacksquare}{6} = \frac{\blacksquare}{6}$

b) $\frac{3}{4} + \frac{1}{5} = \frac{\blacksquare}{20} + \frac{\blacksquare}{20} = \frac{\blacksquare}{20}$

c) $\frac{2}{7} + \frac{1}{3} = \frac{\blacksquare}{21} + \frac{\blacksquare}{21} = \frac{\blacksquare}{21}$

d) $\frac{2}{9} + \frac{1}{6} = \frac{\blacksquare}{18} + \frac{\blacksquare}{18} = \frac{\blacksquare}{18}$

e) $\frac{7}{8} - \frac{1}{2} = \frac{7}{8} - \frac{\blacksquare}{8} = \frac{\blacksquare}{8}$

f) $\frac{3}{10} - \frac{1}{8} = = \frac{\blacksquare}{40} - \frac{\blacksquare}{40} = \frac{\blacksquare}{40}$

g) $\frac{3}{8} - \frac{1}{6} = \frac{\blacksquare}{24} - \frac{\blacksquare}{24} = \frac{\blacksquare}{24}$

h) $\frac{5}{8} + \frac{1}{7} = \frac{\blacksquare}{56} + \frac{\blacksquare}{56} = \frac{\blacksquare}{56}$

7 Berechne.

a) $\frac{7}{10} + \frac{1}{2}$ b) $\frac{2}{3} - \frac{4}{7}$ c) $\frac{11}{18} - \frac{5}{12}$

$\frac{5}{7} + \frac{1}{3}$ $\frac{5}{8} - \frac{1}{3}$ $\frac{3}{4} + \frac{1}{10}$

$\frac{3}{4} - \frac{1}{5}$ $\frac{3}{4} + \frac{1}{7}$ $\frac{1}{4} - \frac{1}{14}$

$\frac{2}{3} - \frac{1}{4}$ $\frac{7}{12} + \frac{1}{6}$ $\frac{3}{10} + \frac{1}{6}$

$\frac{1}{2} - \frac{2}{9}$ $\frac{1}{10} + \frac{3}{4}$ $\frac{9}{10} - \frac{5}{8}$

Lösungen zu Aufgabe 7:

$\frac{11}{20}$ $\frac{7}{24}$ $\frac{9}{12} = \frac{3}{4}$ $\frac{7}{15}$ $\frac{12}{10} = 1\frac{1}{5}$ $\frac{2}{21}$ $\frac{5}{12}$

$\frac{22}{21} = 1\frac{1}{21}$ $\frac{25}{28}$ $\frac{17}{20}$ $\frac{7}{36}$ $\frac{5}{28}$ $\frac{11}{40}$ $\frac{5}{18}$ $\frac{17}{20}$

8 Berechne.

a) $\frac{2}{9} + \frac{1}{4}$ b) $\frac{6}{7} - \frac{3}{8}$ c) $\frac{5}{8} - \frac{7}{12}$

$\frac{9}{11} - \frac{1}{2}$ $\frac{4}{9} + \frac{3}{8}$ $\frac{7}{9} - \frac{3}{4}$

$\frac{7}{20} + \frac{3}{8}$ $\frac{5}{6} - \frac{5}{8}$ $\frac{5}{12} + \frac{7}{15}$

Lösungen zu Aufgabe 8:

$\frac{7}{22}$ $\frac{59}{72}$ $\frac{17}{36}$ $\frac{27}{56}$ $\frac{1}{24}$ $\frac{29}{40}$ $\frac{1}{36}$ $\frac{53}{60}$ $\frac{5}{24}$

9 Anna isst ein Drittel und Julia die Hälfte der abgebildeten Schokolade.

a) Welcher Bruchteil bleibt übrig?
b) Von einer weiteren Tafel Schokolade erhält Elias ein Viertel, Maria ein Drittel, Özlem ein Sechstel und Liam ein Achtel. Welcher Bruchteil bleibt übrig?
c) Erkläre, warum viele Schokoladentafeln in 24 Stücke aufgeteilt sind.

10 Suche zuerst einen gemeinsamen Nenner für die drei Brüche und berechne dann.

a) $\frac{1}{2} + \frac{1}{4} + \frac{7}{8}$ b) $\frac{2}{5} + \frac{3}{10} + \frac{3}{4}$

$\frac{1}{3} + \frac{4}{9} + \frac{5}{6}$ $\frac{7}{10} + \frac{7}{20} + \frac{3}{5}$

$\frac{7}{8} + \frac{3}{4} + \frac{5}{12}$ $\frac{2}{5} + \frac{9}{10} + \frac{21}{25}$

c) $\frac{3}{4} + \frac{1}{12} + \frac{3}{8}$ d) $\frac{9}{10} + \frac{13}{15} - \frac{2}{5}$

$\frac{1}{6} + \frac{11}{15} + \frac{2}{3}$ $\frac{5}{6} - \frac{3}{8} + \frac{7}{12}$

$\frac{3}{5} + \frac{7}{10} + \frac{3}{4}$ $\frac{24}{25} - \frac{2}{5} + \frac{9}{10}$

Lösungen zu Aufgabe 10:

$2\frac{1}{20}$ $2\frac{7}{50}$ $1\frac{9}{20}$ $1\frac{5}{8}$ $1\frac{5}{24}$ $1\frac{13}{20}$ $1\frac{11}{18}$

$1\frac{11}{30}$ $1\frac{1}{24}$ $1\frac{23}{50}$ $1\frac{17}{30}$ $2\frac{1}{24}$

Brüche addieren und subtrahieren

Brüche beschreiben Teile eines Ganzen

Bruch

Zähler $\longrightarrow \dfrac{5}{6} \longleftarrow$ Nenner

gemischte Zahl

ganze Zahl $\longrightarrow 2\dfrac{2}{3} \longleftarrow$ Bruch

Erweitern

$\dfrac{2}{3}$ wird erweitert mit **3**

$\dfrac{2 \cdot 3}{3 \cdot 3} = \dfrac{6}{9}$

Zähler und Nenner werden mit derselben Zahl multipliziert.

Kürzen

$\dfrac{12}{15}$ wird gekürzt durch **3**

$\dfrac{12 : 3}{15 : 3} = \dfrac{4}{5}$

Zähler und Nenner werden durch dieselbe Zahl dividiert.

Addition und Subtraktion gleichnamiger Brüche

Beim Addieren (Subtrahieren) gleichnamiger Brüche werden die Zähler addiert (subtrahiert). Der Nenner ändert sich nicht.

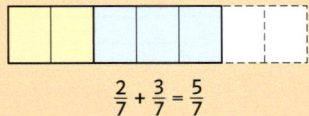

$$\dfrac{2}{7} + \dfrac{3}{7} = \dfrac{5}{7}$$

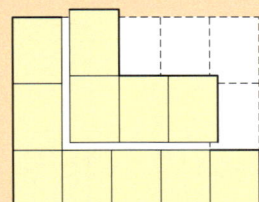

$$\dfrac{11}{15} - \dfrac{4}{15} = \dfrac{7}{15}$$

Addition und Subtraktion ungleichnamiger Brüche

Ungleichnamige Brüche werden vor dem Addieren (Subtrahieren) so erweitert oder gekürzt, dass sie den gleichen Nenner haben. Danach werden die gleichnamigen Brüche addiert (subtrahiert).

$\dfrac{1}{3}$ $\dfrac{1}{4}$

$$\dfrac{1}{3} + \dfrac{1}{4} = \blacksquare$$

$$\dfrac{3}{4} - \dfrac{5}{12} = \blacksquare$$

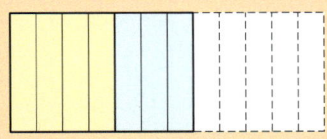

$$\dfrac{1}{3} + \dfrac{1}{4} = \dfrac{4}{12} + \dfrac{3}{12} = \dfrac{7}{12}$$

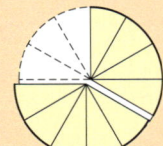

$$\dfrac{3}{4} - \dfrac{5}{12} = \dfrac{9}{12} - \dfrac{5}{12} = \dfrac{4}{12} = \dfrac{1}{3}$$

Üben und Vertiefen

1 Notiere zu jeder Zeichnung eine Aufgabe und ermittle das Ergebnis.

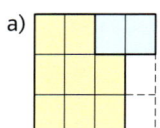
a)

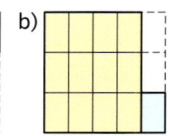
b)

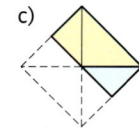
c)

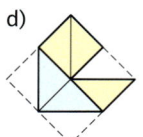
d)

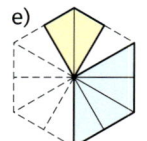
e)

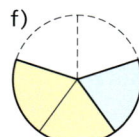
f)

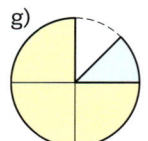
g)

h)
i)

2 Notiere zu jeder Zeichnung eine Aufgabe und bestimme das Ergebnis.

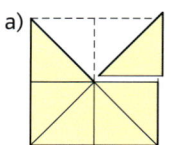
a)

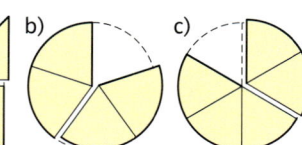
b)   c)

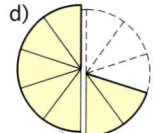
d)

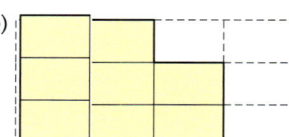
e)

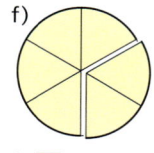
f)   g)   h)

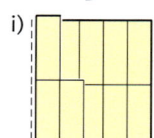
i)

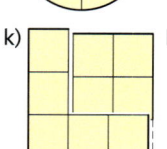
k)

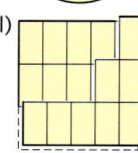
l)

3 Berechne.

a) $\frac{2}{5} + \frac{1}{5}$

$\frac{3}{8} + \frac{4}{8}$

$\frac{3}{7} + \frac{2}{7}$

$\frac{5}{9} + \frac{2}{9}$

$\frac{4}{11} + \frac{8}{11}$

b) $\frac{7}{10} - \frac{5}{10}$

$\frac{4}{12} + \frac{7}{12}$

$\frac{3}{8} + \frac{1}{8}$

$\frac{6}{15} - \frac{2}{15}$

$\frac{14}{17} - \frac{7}{17}$

c) $\frac{4}{11} + \frac{5}{11}$

$\frac{3}{20} + \frac{14}{20}$

$\frac{7}{10} - \frac{2}{10}$

$\frac{7}{18} + \frac{9}{18}$

$\frac{11}{21} + \frac{17}{21}$

4 Bestimme die Platzhalter.

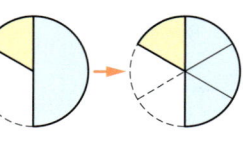
a)

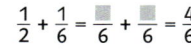
$\frac{1}{2} + \frac{1}{6} = \frac{\blacksquare}{6} + \frac{\blacksquare}{6} = \frac{4}{6}$

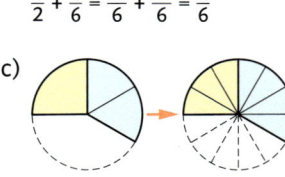
c)

b)
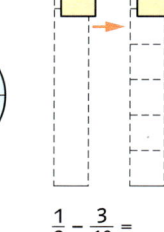

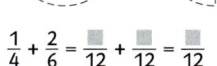
$\frac{1}{4} + \frac{2}{6} = \frac{\blacksquare}{12} + \frac{\blacksquare}{12} = \frac{\blacksquare}{12}$

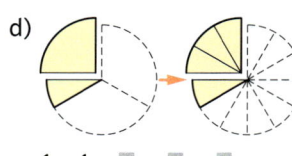
d)

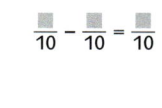
$\frac{1}{2} - \frac{3}{10} =$

$\frac{\blacksquare}{10} - \frac{\blacksquare}{10} = \frac{\blacksquare}{10}$

$\frac{1}{3} - \frac{1}{4} = \frac{\blacksquare}{12} - \frac{\blacksquare}{12} = \frac{\blacksquare}{12}$

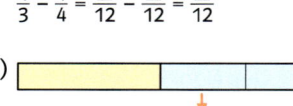
e)

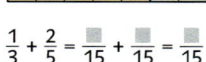
$\frac{1}{3} + \frac{2}{5} = \frac{\blacksquare}{15} + \frac{\blacksquare}{15} = \frac{\blacksquare}{15}$

5 Berechne. Kürze, wenn möglich.

a) $\frac{1}{6} + \frac{3}{4}$

$\frac{3}{5} + \frac{3}{10}$

$\frac{3}{10} + \frac{5}{8}$

b) $\frac{5}{6} + \frac{1}{15}$

$\frac{1}{10} + \frac{5}{6}$

$\frac{7}{20} + \frac{3}{8}$

c) $\frac{1}{8} + \frac{1}{10}$

$\frac{1}{9} + \frac{5}{12}$

$\frac{2}{6} + \frac{2}{7}$

Lösungen zu Aufgabe 5:

$\frac{14}{15}$ $\frac{9}{10}$ $\frac{19}{36}$ $\frac{13}{21}$ $\frac{11}{12}$ $\frac{9}{40}$ $\frac{9}{10}$ $\frac{29}{40}$ $\frac{37}{40}$

6 Berechne.

a) $\frac{9}{10} - \frac{4}{15}$

$\frac{5}{6} - \frac{5}{8}$

$\frac{7}{8} - \frac{5}{12}$

b) $\frac{11}{12} - \frac{5}{9}$

$\frac{8}{9} - \frac{13}{20}$

$\frac{7}{15} - \frac{3}{10}$

c) $\frac{5}{7} - \frac{3}{14}$

$\frac{2}{9} - \frac{1}{8}$

$\frac{11}{18} - \frac{1}{6}$

Lösungen zu Aufgabe 6:

$\frac{5}{24}$ $\frac{1}{2}$ $\frac{13}{36}$ $\frac{1}{6}$ $\frac{19}{30}$ $\frac{43}{180}$ $\frac{11}{24}$ $\frac{7}{72}$ $\frac{4}{9}$

7 Berechne.

a) $\frac{2}{5} + \frac{7}{10} - \frac{1}{2} + \frac{1}{4}$

b) $\frac{7}{12} - \frac{3}{8} + \frac{5}{6} - \frac{2}{3}$

Üben und Vertiefen

8 Notiere zu jeder Zeichnung eine Aufgabe und ermittle das Ergebnis.

a)

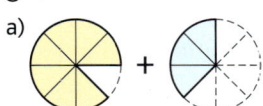

b)

c)

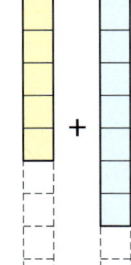

d)

e)

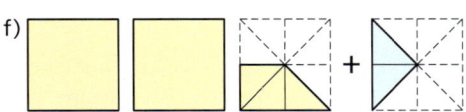

f)

9 Berechne.

a) $1\frac{6}{8} + \frac{5}{8}$ b) $2\frac{4}{6} + \frac{2}{6}$ c) $3\frac{6}{10} + \frac{5}{10}$

$2\frac{2}{3} + \frac{2}{3}$ $6\frac{5}{7} + \frac{3}{7}$ $4\frac{7}{12} + \frac{5}{12}$

$3\frac{6}{7} + \frac{5}{7}$ $5\frac{4}{9} + \frac{7}{9}$ $6\frac{4}{5} + \frac{1}{5}$

10 Berechne.

a) $3 - \frac{2}{3}$ b) $2 - \frac{5}{8}$ c) $2 - \frac{7}{10}$

$4 - \frac{2}{7}$ $1 - \frac{3}{5}$ $5 - \frac{1}{6}$

$3 - \frac{2}{9}$ $2 - \frac{5}{12}$ $4 - \frac{5}{11}$

Lösungen zu Aufgabe 10:

$4\frac{5}{6}$ $1\frac{3}{8}$ $3\frac{6}{11}$ $1\frac{3}{10}$ $1\frac{7}{12}$ $2\frac{1}{3}$ $\frac{2}{5}$

$3\frac{5}{7}$ $2\frac{7}{9}$

11 Berechne.

a) $5 - 1\frac{3}{4}$ b) $6 - 4\frac{1}{5}$ c) $10 - 3\frac{4}{5}$

$4 - 2\frac{2}{3}$ $5 - 3\frac{1}{8}$ $8 - 6\frac{2}{7}$

d) $7 - 3\frac{1}{4}$ e) $5 - 3\frac{4}{5}$ f) $10 - 7\frac{5}{8}$

$9 - 7\frac{1}{3}$ $6 - 4\frac{7}{8}$ $6 - 2\frac{7}{10}$

12 Das Ergebnis jeder Aufgabe führt dich zur nächsten Aufgabe. Zum Schluss erhältst du als Ergebnis $3\frac{1}{12}$.

Start: $2\frac{5}{6} + \frac{3}{4}$ $3\frac{7}{8} - \frac{1}{3}$

$3\frac{13}{24} + \frac{1}{12}$ $3\frac{5}{8} - \frac{1}{6}$ $3\frac{11}{24} - \frac{3}{8}$

$3\frac{5}{24} + \frac{2}{3}$

$3\frac{7}{12} - \frac{1}{4}$ $3\frac{1}{3} - \frac{1}{8}$

13 Überprüfe die Ergebnisse. Die Kennbuchstaben ergeben ein Lösungswort, wenn du sie richtig zusammensetzt.

	richtig	falsch
$\frac{1}{2} + \frac{2}{3} + \frac{3}{4} = 1\frac{11}{12}$	S	V
$\frac{5}{6} + \frac{2}{5} + \frac{1}{2} = 1\frac{11}{15}$	E	O
$\frac{3}{4} + \frac{5}{6} - \frac{11}{12} = \frac{3}{4}$	T	A
$\frac{2}{5} + \frac{3}{4} - \frac{9}{10} = \frac{1}{4}$	N	H

14 Bestimme die Platzhalter.

a) ▨ $+ \frac{2}{3} = \frac{11}{12}$ b) ▨ $- \frac{1}{3} = \frac{1}{12}$

▨ $+ \frac{1}{3} = \frac{8}{9}$ ▨ $- \frac{3}{7} = \frac{5}{14}$

▨ $+ \frac{1}{6} = \frac{17}{30}$ ▨ $- \frac{5}{6} = \frac{1}{24}$

c) $\frac{29}{30} -$ ▨ $= \frac{7}{10}$ d) $\frac{1}{2} +$ ▨ $= \frac{2}{3}$

$\frac{17}{32} -$ ▨ $= \frac{1}{8}$ $\frac{7}{9} +$ ▨ $= \frac{31}{36}$

$\frac{7}{12} -$ ▨ $= \frac{25}{48}$ $\frac{5}{18} +$ ▨ $= \frac{17}{54}$

Lösungen zu Aufgabe 14:

$\frac{1}{27}$ $\frac{1}{12}$ $\frac{1}{4}$ $\frac{11}{14}$ $\frac{1}{6}$ $\frac{4}{15}$ $\frac{13}{32}$ $\frac{5}{12}$ $\frac{1}{16}$ $\frac{5}{9}$
$\frac{2}{5}$ $\frac{7}{8}$

15 Berechne.

a) $\frac{1}{4} + 0,5$ b) $\frac{3}{4} - 0,4$ c) $0,5 + \frac{1}{8}$

d) $0,2 + \frac{3}{10}$ e) $0,75 + \frac{1}{2}$ f) $1,8 - \frac{3}{5}$

Lösungen zu Aufgabe 15:

$\frac{1}{2}$ $\frac{3}{4}$ $1\frac{1}{5}$ $1\frac{1}{4}$ $\frac{7}{20}$ $\frac{5}{8}$

$\frac{2}{5} + 0,3 = \frac{2}{5} + \frac{3}{10}$

$= \frac{4}{10} + \frac{3}{10} = \frac{7}{10}$

119

Sachaufgaben

1 Etwa $\frac{2}{3}$ des menschlichen Körpers besteht aus Wasser, ungefähr $\frac{1}{10}$ des Körpers ist Fett.
Welcher Bruchteil des Menschen besteht aus anderen Stoffen?

2 Die Schüler der Klasse 6e der Porta-Coeli-Schule Himmelpforten wohnen in Hammah, Düdenbüttel und Oldendorf. In Himmelpforten wohnt die Hälfte der Kinder, die Schüler aus Hammah und Düdenbüttel bilden jeweils ein Achtel der Klasse und fahren mit dem Bus zur Schule. Die restlichen Kinder kommen aus Oldendorf.

a) Welcher Anteil der Kinder wohnt in Oldendorf?
b) Wie viele Kinder kommen aus den einzelnen Dörfern, wenn in der Klasse 24 Schülerinnen und Schüler sind?

3 Leonie, Hoa und Paula laufen 75 m um die Wette. Hoa kommt $\frac{6}{10}$ Sekunden nach Leonie ins Ziel und Paula $\frac{2}{5}$ Sekunden nach Hoa.

Zeit für die Siegerin: 10,7 Sekunden

4 Säugling Frederik trinkt am Vormittag $\frac{1}{5}$ l Säuglingsmilchnahrung und in der zweiten Tageshälfte $\frac{3}{5}$ l. Wie viel Liter trinkt Frederik am Tag?

Morgens trinke ich $\frac{1}{4}$ l Milch.

5 Max kauft für seine Mutter auf dem Markt ein. Er kauft $2\frac{1}{2}$ kg Kartoffeln, $\frac{1}{4}$ kg Mett, $\frac{3}{4}$ kg Schellfisch, 1,2 kg Möhren und $1\frac{1}{4}$ kg Lauch. Wie schwer ist der Einkauf?

Auf das Essen freue ich mich!

6 Die Landwirtin Göppert besitzt Wiesen, Acker und Wald. $\frac{1}{12}$ ihres Besitzes sind Wiesen, $\frac{3}{5}$ sind Ackerfläche.

Sachaufgaben

7

Ich denke mir eine Zahl, addiere $\frac{1}{5}$ und erhalte $\frac{7}{10}$.

Paul rechnet:

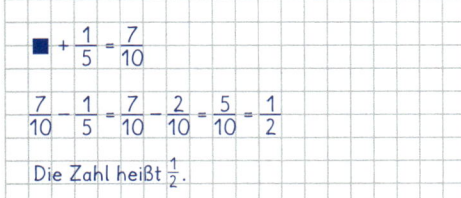

$$\blacksquare + \frac{1}{5} = \frac{7}{10}$$

$$\frac{7}{10} - \frac{1}{5} = \frac{7}{10} - \frac{2}{10} = \frac{5}{10} = \frac{1}{2}$$

Die Zahl heißt $\frac{1}{2}$.

Erläutere Pauls Lösungsweg.

8 Bestimme die gesuchte Zahl.
a) Addiere zu der gesuchten Zahl $\frac{1}{12}$. Du erhältst $\frac{3}{4}$.
b) Subtrahiere von der gesuchten Zahl $\frac{2}{5}$. Das Ergebnis ist $\frac{1}{2}$.
c) Die Summe von zwei Zahlen beträgt $\frac{8}{15}$. Die erste Zahl ist $\frac{1}{2}$.
d) Die Differenz von zwei Zahlen beträgt $\frac{9}{20}$. Die größere Zahl ist $\frac{7}{10}$.

9 Bei den Bundesjugendspielen kommt Mia $\frac{2}{10}$ Sekunden nach Emma ins Ziel, die den Lauf gewinnt. Anna ist noch $\frac{9}{10}$ Sekunden langsamer als Mia.
Johanna trifft genau zwei Sekunden nach Mia im Ziel ein.
a) Wie viel Sekunden Vorsprung hat Emma vor dem dritten Platz?
b) Wie groß ist der zeitliche Abstand zwischen dem dritten und dem vierten Platz?

10 a) Wie viel Liter Flüssigkeit erhalten Sara und Maren, wenn sie aus den angegebenen Zutaten eine Bowle zubereiten?
b) Sara und Maren erwarten zu einem kleinen Gartenfest vier Gäste. Wie viel Liter Eistee und wie viel Liter Orangenlimonade benötigen sie für die Pfirsichbowle? Sie rechnen damit, dass jede Person einen dreiviertel Liter Bowle trinkt.

11 Maren möchte zur Begrüßung den Drink „Sommerduft" anbieten.
a) Wie viel Liter dieses Drinks kann sie aus den angegebenen Zutaten mixen?
b) Sie gießt das fertige Getränk in Gläser, die 125 ml fassen. Wie viele Gläser kann sie füllen?

12 Berechnet für die übrigen Getränke, wie viel Liter ihr jeweils aus den angegebenen Zutaten erhaltet.

Pfirsichbowle
- 2 reife Pfirsiche
- $\frac{1}{2}\ell$ Eistee (Pfirsichgeschmack)
- $\frac{1}{4}\ell$ Orangenlimonade
- einige Zitronenmelissenblätter

Sommerduft
- $\frac{1}{4}\ell$ Sauerkirschsaft
- $\frac{1}{8}\ell$ Pfirsichsaft
- 3 EL Zucker
- $\frac{1}{4}\ell$ Tonic Water

White Cloud
- 50 g Marzipanrohmasse
- $\frac{3}{8}\ell$ Vanillemilch
- $\frac{1}{8}\ell$ Cola
- $\frac{1}{8}\ell$ Limonade

Summertime
- 1 Netzmelone 300 g
- 1 Kiwi
- $\frac{1}{8}\ell$ Apfelsaft
- $\frac{1}{8}\ell$ Orangensaft
- $\frac{1}{4}\ell$ Zitronenlimonade

Dark Shadow
- $\frac{1}{2}\ell$ Milch
- $\frac{1}{4}\ell$ Johannisbeernektar
- $\frac{1}{4}\ell$ Sanddornsaft
- 3 EL Zucker

Das Testament des Ali Baba

Ali Baba lag im Sterben. Also rief er seine Tochter Leila zu sich, um ihr seinen letzten Willen mitzuteilen.
„Omar, mein Ältester, soll von meinen 39 Kamelen die Hälfte erhalten, Ahmet ein Viertel, Osman ein Achtel und dir, Leila, soll ein Zehntel gehören."

Wenige Tage später starb Ali Baba. Nachdem eine angemessene Zeit der Trauer verstrichen war, teilte Leila ihren Brüdern den letzten Willen des Vaters mit.

Lasst uns am nächsten Tag das Erbe aufteilen.

Am nächsten Morgen und auch in den folgenden Tagen fanden die Geschwister, so sehr sie sich auch bemühten, keine Lösung, das Erbe nach dem Willen des Vaters aufzuteilen.

Schließlich baten sie den Weisen Mustafa um Hilfe.
Mustafa nahm sein weißes Kamel und stellte es auf dem Dorfplatz zu den übrigen 39 Kamelen. Er forderte die Geschwister nun auf, alle Kamele im Sinne des Vaters zu teilen. Das taten sie. Mustafa stieg auf sein weißes Kamel und verließ mit ihm das Dorf.

Beschreibe das Problem in einem kurzen Text. Bearbeite die Aufgabe als Ich-du-wir-Aufgabe.
Die Hinweise auf der nächsten Seite helfen dir.

Ich: Höre dir die Aufgabenstellung genau an und lies die Aufgabenstellung sorgfältig durch. Überlege, in welchen Schritten du die Aufgabe lösen kannst. Notiere, was du dir überlegt hast.

Du: Sprich mit deinem Partner über die Aufgabe. Stelle ihm deinen Lösungsweg vor. Höre dir seinen Lösungsweg an. Erarbeitet eine gemeinsame Lösung.

Wir: Informiert eure Klasse in einem kurzen Vortrag über die Aufgabe und euren Lösungsweg. Aus allen Beiträgen kann dann ein gemeinsames Ergebnis erarbeitet werden.

Ausgangstest 1

1 Notiere zu jeder Zeichnung die passende Aufgabe und bestimme die Lösung.

a)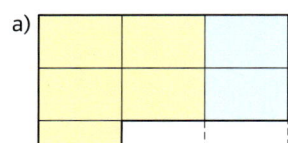

b)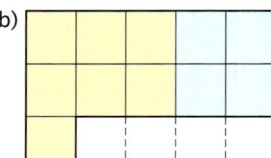

c)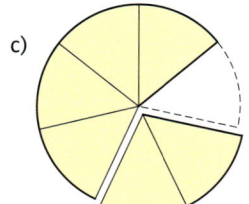

d)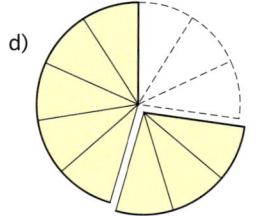

2 Berechne.

a) $\frac{2}{5} + \frac{1}{5}$ b) $\frac{4}{5} - \frac{3}{5}$ c) $\frac{5}{13} + \frac{4}{13}$

$\frac{3}{11} + \frac{7}{11}$ $\frac{8}{17} + \frac{3}{17}$ $\frac{11}{15} - \frac{4}{15}$

3 Berechne und kürze das Ergebnis soweit wie möglich.

a) $\frac{1}{8} + \frac{3}{8}$ b) $\frac{7}{15} + \frac{2}{15}$ c) $\frac{7}{20} + \frac{3}{20}$

$\frac{9}{10} - \frac{3}{10}$ $\frac{11}{12} - \frac{7}{12}$ $\frac{11}{18} - \frac{5}{18}$

$\frac{7}{9} - \frac{4}{9}$ $\frac{9}{16} + \frac{3}{16}$ $\frac{11}{25} + \frac{4}{25}$

$\frac{5}{12} + \frac{1}{12}$ $\frac{16}{21} - \frac{2}{21}$ $\frac{20}{27} - \frac{11}{27}$

4 Berechne.

a) $\frac{1}{4} + \frac{3}{8}$ b) $\frac{2}{5} + \frac{3}{10}$ c) $\frac{19}{20} - \frac{4}{5}$

$\frac{5}{6} - \frac{2}{3}$ $\frac{11}{15} - \frac{2}{3}$ $\frac{3}{16} + \frac{3}{4}$

d) $\frac{3}{14} + \frac{4}{7}$ e) $\frac{3}{4} - \frac{2}{3}$ f) $\frac{1}{3} + \frac{3}{7}$

$\frac{2}{5} - \frac{7}{25}$ $\frac{1}{2} + \frac{2}{5}$ $\frac{3}{4} - \frac{2}{5}$

5 Gib das Ergebnis als gemischte Zahl an.

a) $\frac{7}{8} + \frac{3}{4}$ b) $\frac{5}{6} + \frac{7}{12}$ c) $\frac{7}{9} + \frac{2}{3}$

$\frac{9}{10} + \frac{2}{5}$ $\frac{1}{3} + \frac{5}{6}$ $\frac{2}{5} + \frac{3}{4}$

$\frac{2}{3} + \frac{3}{4}$ $\frac{1}{5} + \frac{7}{8}$ $\frac{5}{7} + \frac{1}{3}$

6 Am ersten Tag einer Reise wurden $\frac{5}{16}$ der gesamten Strecke zurückgelegt, am zweiten Tag $\frac{7}{16}$. Welcher Bruchteil der Gesamtstrecke ist noch zurückzulegen?

7 Lara behauptet, dass ihr Pullover zu $\frac{2}{3}$ aus Wolle und zur Hälfte aus anderen Fasern besteht. Begründe, dass das nicht stimmen kann.

Ich kann	Aufgabe	Hilfen und Aufgaben
in einer Zeichnung dargestellte Additions- und Subtraktionsaufgaben formulieren.	1	Seite 113
gleichnamige Brüche addieren und subtrahieren.	2, 3	Seite 113, 114
ungleichnamige Brüche addieren und subtrahieren.	4	Seite 115, 116
das Ergebnis einer Additionsaufgabe als gemischte Zahl angeben.	5	Seite 119
Sachaufgaben mit Brüchen lösen.	6, 7	Seite 120, 121

Ausgangstest 2

1 Notiere zu jeder Zeichnung die passende Aufgabe und bestimme die Lösung.

a)

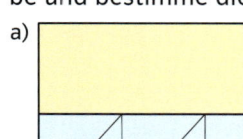

b)

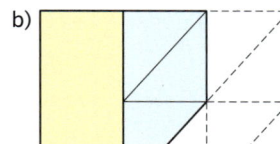

c)

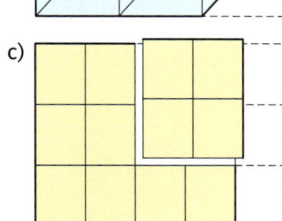

d)

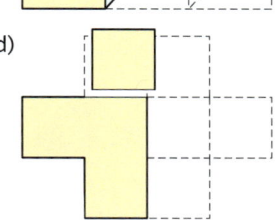

2 Berechne.

a) $\frac{1}{2} + \frac{2}{7}$

b) $\frac{3}{4} - \frac{4}{7}$

c) $\frac{2}{15} + \frac{3}{10}$

$\frac{3}{4} - \frac{2}{5}$

$\frac{1}{6} + \frac{2}{9}$

$\frac{7}{8} - \frac{7}{20}$

d) $\frac{2}{3} + \frac{3}{10}$

e) $\frac{7}{8} - \frac{5}{6}$

f) $\frac{7}{12} - \frac{3}{16}$

$\frac{9}{10} - \frac{3}{25}$

$\frac{2}{9} + \frac{4}{15}$

$\frac{3}{20} + \frac{7}{15}$

3 Berechne und kürze das Ergebnis soweit wie möglich.

a) $\frac{17}{20} - \frac{1}{2} - \frac{1}{4}$

b) $\frac{3}{10} + \frac{3}{25} + \frac{9}{50}$

$\frac{5}{18} + \frac{4}{9} + \frac{1}{6}$

$\frac{13}{15} - \frac{1}{3} - \frac{1}{5}$

$\frac{1}{24} + \frac{1}{6} + \frac{5}{12}$

$\frac{4}{5} - \frac{1}{15} - \frac{7}{30}$

4 Gib das Ergebnis als gemischte Zahl an.

a) $2\frac{2}{5} + \frac{4}{5}$

b) $4 - \frac{1}{7}$

c) $2\frac{3}{4} + \frac{7}{8}$

$5\frac{4}{9} + \frac{7}{9}$

$7 - \frac{3}{10}$

$7\frac{1}{2} - \frac{5}{6}$

$2\frac{2}{3} + \frac{2}{3}$

$4\frac{2}{11} - \frac{7}{11}$

$\frac{3}{5} + 4\frac{1}{2}$

5 Landwirt Walter hat Äcker, Weiden und Wald. $\frac{7}{12}$ seines Grundbesitzes bestehen aus Äckern, $\frac{2}{9}$ aus Weiden. Welcher Bruchteil seines Grundbesitzes entfällt auf den Wald?

6 Ein Lastwagen darf höchstens $8\frac{1}{2}$ t transportieren. $3\frac{1}{4}$ t hat er bereits geladen, $2\frac{1}{5}$ t werden noch zugeladen. Mit wie viel Tonnen darf er höchstens noch beladen werden?

7 Bestimme jeweils den Platzhalter.

a) ▨ $+ \frac{1}{4} = \frac{11}{12}$

b) $\frac{3}{10} +$ ▨ $= \frac{37}{40}$

c) ▨ $- \frac{5}{8} = \frac{5}{24}$

▨ $+ \frac{1}{10} = \frac{17}{20}$

$\frac{9}{10} -$ ▨ $= \frac{19}{30}$

▨ $- \frac{5}{12} = \frac{11}{24}$

8 Die erste von drei Zahlen ist $4\frac{1}{5}$, die zweite Zahl ist um $2\frac{1}{2}$ kleiner als die erste, die dritte ist um $\frac{2}{3}$ größer als die erste. Berechne die Summe der drei Zahlen.

9 Berechne.

a) $\frac{1}{2} - 0,25$

b) $0,5 + \frac{3}{8}$

c) $1,4 - \frac{1}{4}$

d) $\frac{4}{5} - 0,75$

e) $2,5 - \frac{3}{4}$

f) $\frac{7}{10} + 1,3$

Ich kann	Aufgabe	Hilfen und Aufgaben
in einer Zeichnung dargestellte Additions- und Subtraktionsaufgaben formulieren.	1	Seite 115, 116
ungleichnamige Brüche addieren und subtrahieren.	2, 3, 7	Seite 115, 116, 119
einen Bruch zu einer gemischten Zahl addieren und von einer gemischten Zahl subtrahieren.	4	Seite 119
Sachaufgaben mit Brüchen lösen.	5, 6, 8	Seite 120, 121
einen Bruch und eine Dezimalzahl addieren und subtrahieren.	9	Seite 119

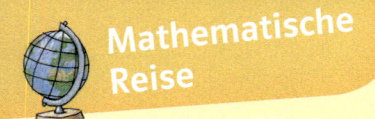
Bruchrechnen in Ägypten

Vor 5000 Jahren schrieben die Menschen in Ägypten Zahlen mithilfe von Bildzeichen, die Hieroglyphen genannt werden.

$|$ = 1 $\cap$ = 10 $\mathcal{C}$ = 100

Um Bruchzahlen darzustellen, benutzten die Ägypter das Zeichen ⬯, das eigentlich „Mund" bedeutet.

⬯ = $\frac{1}{5}$ ⬯ = $\frac{1}{10}$

⬯ = $\frac{1}{12}$ ⬯ = $\frac{1}{100}$

Wenn der Nenner des Bruches aus vielen Bildzeichen bestand, wurde die Hieroglyphe ⬯ nur über einen Teil des Nenners geschrieben, die übrigen Zeichen standen daneben.

⬯ = $\frac{1}{249}$

Für manche Brüche gab es besondere Zeichen.

⬯ = $\frac{1}{2}$ ⬯ = $\frac{2}{3}$

1 Welche Brüche sind hier dargestellt?

a)    b)

c)   d)

e) 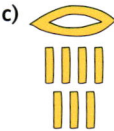   f)

g) 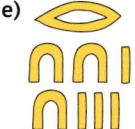   h)

i) 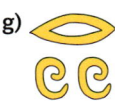   k)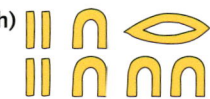

2 Schreibe den Bruch wie die Ägypter.

a) $\frac{1}{5}$ b) $\frac{1}{15}$ c) $\frac{1}{30}$

d) $\frac{1}{24}$ e) $\frac{1}{110}$ f) $\frac{1}{236}$

3 Mithilfe des Zeichens 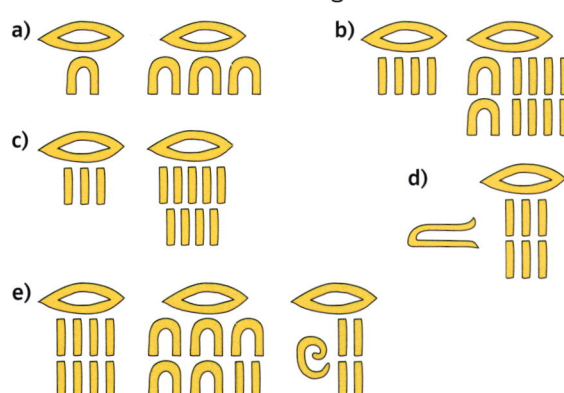 konnten die Ägypter nur Brüche mit dem Zähler 1 schreiben. Brüche mit anderen Zählern drückten sie als Summe aus.

Dabei benutzten sie niemals Zerlegungen wie $\frac{2}{5} = \frac{1}{5} + \frac{1}{5}$, sondern wählten bei den einzelnen Summanden immer verschiedene Nenner.

$\frac{2}{5}$ schrieben sie so:

Das bedeutet:

$$\frac{1}{3} + \frac{1}{15}$$

$$= \frac{5}{15} + \frac{1}{15}$$

$$= \frac{6}{15}$$

$$= \frac{2}{5}$$

Welche Brüche sind hier dargestellt?

a)

b)

c)

d)

e)

4 Wie die Ägypter vor Jahrtausenden mit Brüchen rechneten, wissen wir vor allem durch den Papyrus Rhind. Dieser Papyrus ist 5,50 m lang und 32 cm breit. Er wurde um das Jahr 1650 vor Christus von dem Schreiber Ahmes verfasst, der eine 200 Jahre ältere Vorlage kopierte. Benannt ist der Papyrus nach dem Schotten Henry Alexander Rhind, der ihn 1858 kaufte.

Der Papyrus Rhind enthält eine Tabelle, in der Brüche mit dem Zähler 2 als Summe von Brüchen mit dem Zähler 1 dargestellt sind.

$$\frac{2}{3} = \frac{1}{2} + \frac{1}{6} \qquad \frac{2}{13} = \frac{1}{8} + \frac{1}{52} + \frac{1}{104}$$

$$\frac{2}{5} = \frac{1}{3} + \frac{1}{15} \qquad \frac{2}{15} = \frac{1}{10} + \frac{1}{30}$$

$$\frac{2}{7} = \frac{1}{4} + \frac{1}{28} \qquad \frac{2}{17} = \frac{1}{12} + \frac{1}{51} + \frac{1}{68}$$

$$\frac{2}{9} = \frac{1}{6} + \frac{1}{18} \qquad \frac{2}{19} = \frac{1}{12} + \frac{1}{76} + \frac{1}{114}$$

$$\frac{2}{11} = \frac{1}{6} + \frac{1}{66} \qquad \frac{2}{21} = \frac{1}{14} + \frac{1}{42}$$

Im Beispiel siehst du, wie die Ägypter mithilfe der Tabelle des Papyrus Rhind den Bruch $\frac{5}{9}$ in eine Summe aus verschiedenen Stammbrüchen umwandelten.

$$\frac{5}{9} = \frac{2}{9} + \frac{2}{9} + \frac{1}{9}$$

$$= \frac{1}{6} + \frac{1}{18} + \frac{1}{6} + \frac{1}{18} + \frac{1}{9}$$

$$= \frac{2}{6} + \frac{2}{18} + \frac{1}{9}$$

$$= \frac{1}{3} + \frac{1}{9} + \frac{1}{9}$$

$$= \frac{1}{3} + \frac{2}{9}$$

$$= \frac{1}{3} + \frac{1}{6} + \frac{1}{18}$$

Stelle den Bruch als Summe aus verschiedenen Stammbrüchen dar. Schreibe ihn dann in Hieroglyphen.

a) $\frac{3}{7}$ b) $\frac{3}{11}$ c) $\frac{5}{21}$

d) $\frac{7}{15}$ e) $\frac{8}{9}$ f) $\frac{5}{13}$

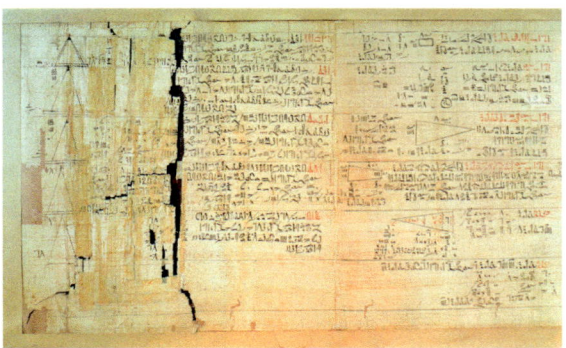

6 Oberflächeninhalt und Volumen

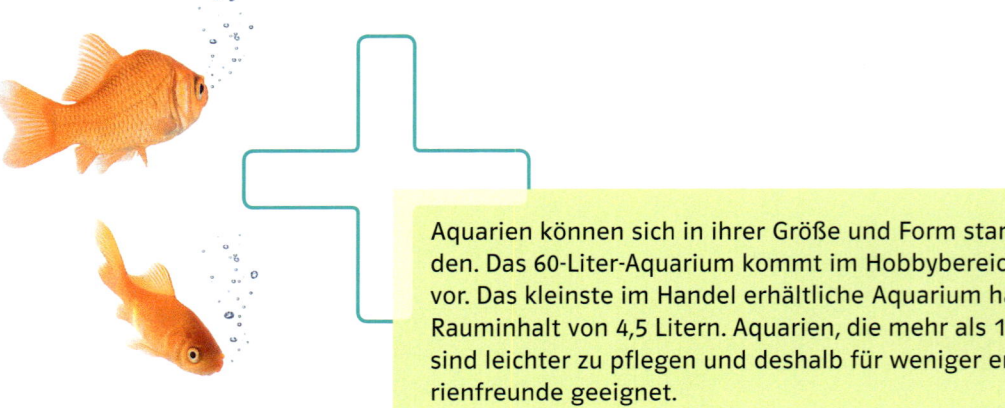

Aquarien können sich in ihrer Größe und Form stark unterscheiden. Das 60-Liter-Aquarium kommt im Hobbybereich sehr häufig vor. Das kleinste im Handel erhältliche Aquarium hat nur einen Rauminhalt von 4,5 Litern. Aquarien, die mehr als 100 Liter fassen, sind leichter zu pflegen und deshalb für weniger erfahrene Aquarienfreunde geeignet.

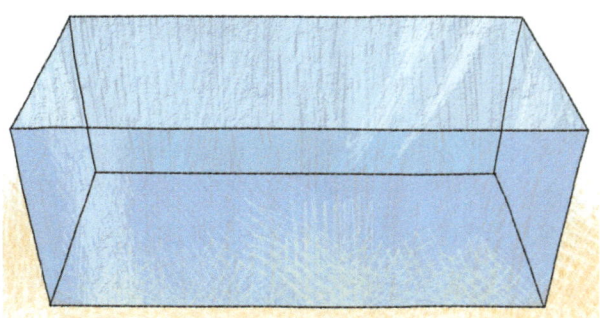

Quaderbecken

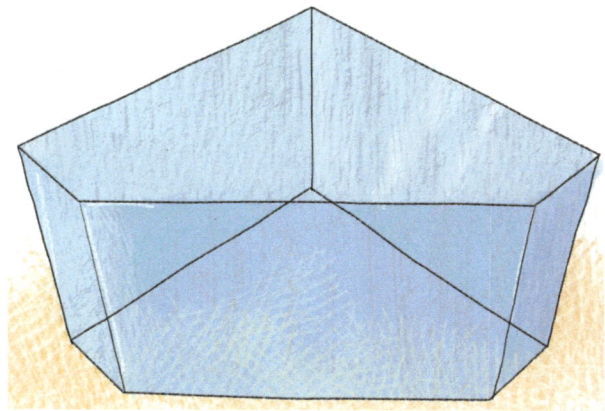

Deltabecken

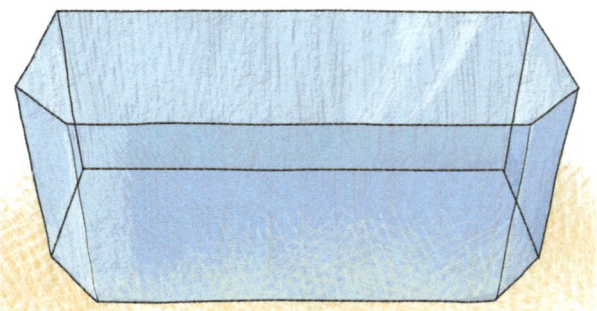

Panoramabecken

Panoramabecken mit gewölbter Frontscheibe

Wenn du ein Aquarium selbst bauen willst, musst du vorher die Anzahl und Größe der einzelnen Scheiben bestimmen. Beim Bau werden die Glasscheiben mit Silikon zusammengefügt. Gehe davon aus, dass die Becken oben keine Glasscheibe haben.

• Aus wie vielen Scheiben sind die einzelnen Modelle zusammengesetzt?

• Bei welchen Modellen sind fünf Scheiben rechteckig?

• Bei welchem Becken ist eine Scheibe fünfeckig?

• Wie viele Kanten müssen jeweils mit Silikon verklebt werden?

Das neue Aquarium

2 Für die Berechnung der Kosten muss Robin auch den Flächeninhalt jeder Glasscheibe bestimmen.
a) Vervollständige die Materialliste in deinem Heft.
b) Berechne anschließend den gesamten Glasbedarf in Quadratzentimetern.

Materialliste		
Bezeichnung	Länge × Breite	Fläche
Frontwand	70 cm × 50 cm	3500 cm²

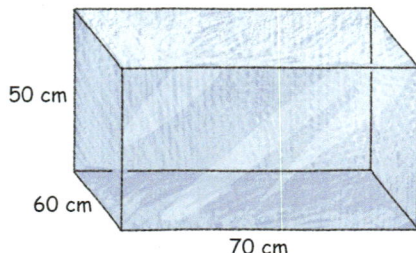

1 Robin möchte ein neues Aquarium bauen. Um den Glasbedarf zu bestimmen, hat er eine Skizze der einzelnen Glasplatten auf kariertes Papier gezeichnet.
Die Plattenstärke wird vorerst nicht berücksichtigt.
Übertrage die Skizze in dein Heft und ergänze die fehlenden Maße und Bezeichnungen.
(1 Kästchen entspricht 10 cm)

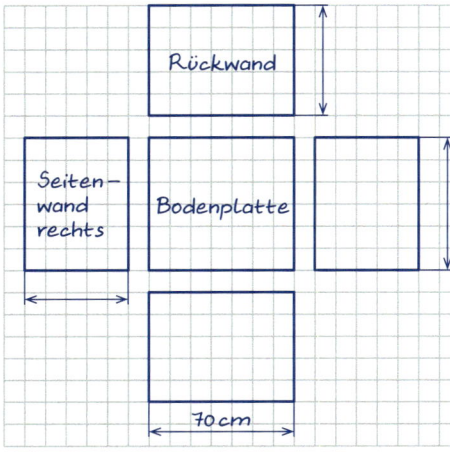

3 Robin hat das Aquarium gemeinsam mit seinen Freunden gebaut. Nun soll es mit Wasser gefüllt werden. Nachdem er vier Liter eingefüllt hat, stellt er fest, dass die Höhe des Wasserspiegels im Aquarium ungefähr einen Zentimeter beträgt.
a) Wie viel Liter Wasser kann er in das Aquarium einfüllen?
b) Am oberen Rand des Aquariums sollen fünf Zentimeter frei bleiben, um einen Deckel mit Beleuchtung einbauen zu können.
Wie oft muss Robin Wasser holen, wenn er einen 10-Liter-Eimer benutzt?

Robins Zimmer

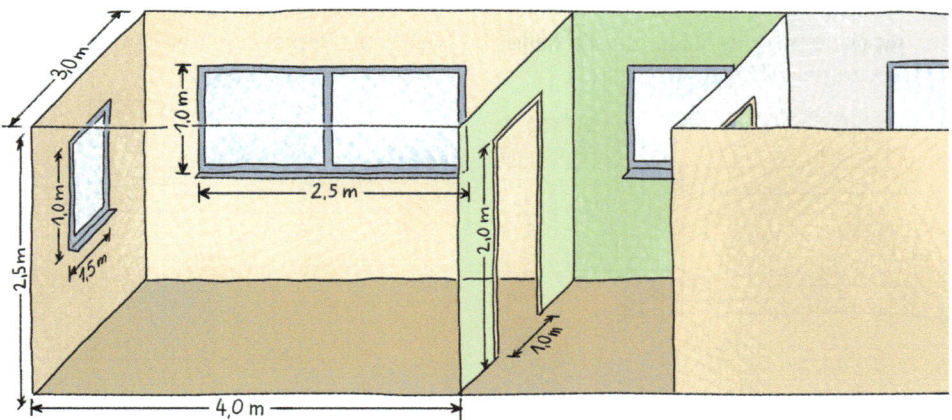

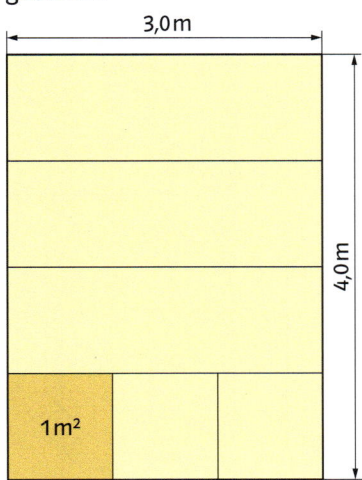

1 Robins Zimmer soll renoviert werden. Für den Fußboden ist Laminat vorgesehen.

a) Für wie viel Quadratmeter Bodenfläche wird Laminat benötigt?
Erkläre deinen Lösungsweg mithilfe der abgebildeten Skizze.
b) Welche Kosten müssen sie einplanen, wenn ein Quadratmeter Laminat 20 Euro kostet?

2 a) Die Wände und die Zimmerdecke sollen gestrichen werden.
Um auszurechnen, wie viel Farbe benötigt wird, hat Robin eine Tabelle zur Flächenberechnung angefertigt. Dabei lässt er die Fenster und die Tür vorerst unberücksichtigt.
Vervollständige die Tabelle in deinem Heft.

	Maße	Flächen-inhalt
Decke	4 m × 3 m	
Wand mit kleinem Fenster		
Wand mit großem Fenster		
Wand mit Tür		
Wand		
Gesamtfläche		

b) Robins Vater schlägt vor, die Flächeninhalte für Fenster und Türen mit in die Rechnung einzubeziehen.
Wie viel Quadratmeter Wand und Deckenfläche muss Robin für die Berechnung der Farbmenge jetzt insgesamt einplanen?
c) Die beiden gehen davon aus, dass sie Wände und Decke zweimal streichen müssen.
Reicht ein Eimer Farbe für zwei Anstriche?
d) Berechne die Gesamtkosten für die Malerarbeiten, wenn für Pinsel und sonstiges Material noch 50 Euro hinzukommen.

Wandfarbe
0,2 l Farbe pro m²
15 l
30,- €

Oberflächeninhalt von Quader und Würfel

1 Pia will eine quaderförmige Schachtel mit Folie bekleben. Sie hat die Folie bereits zugeschnitten.

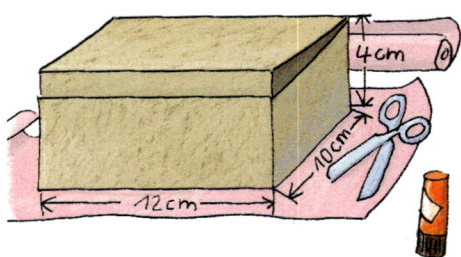

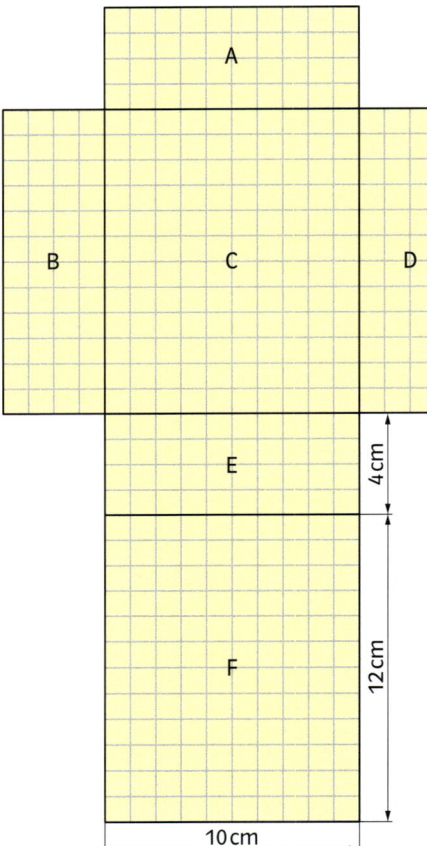

a) Beschreibe die einzelnen Teilflächen, aus denen sich die Gesamtfläche zusammensetzt.
b) Wie viele Quadratzentimeter Folie benötigt sie?

> Alle Begrenzungsflächen eines Quaders bilden zusammen dessen **Oberfläche.** Der Inhalt der Oberfläche heißt **Oberflächeninhalt.**

2 Übertrage das Quadernetz auf kariertes Papier und berechne den Flächeninhalt.

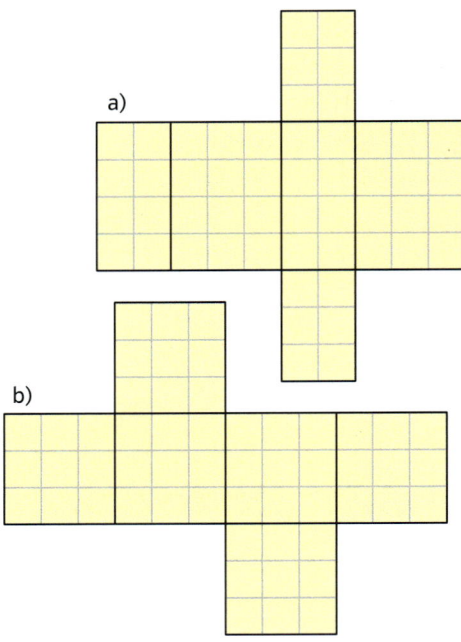

3 Berechne den Oberflächeninhalt des abgebildeten Quaders. Zeichne dazu zunächst ein Netz des Quaders.

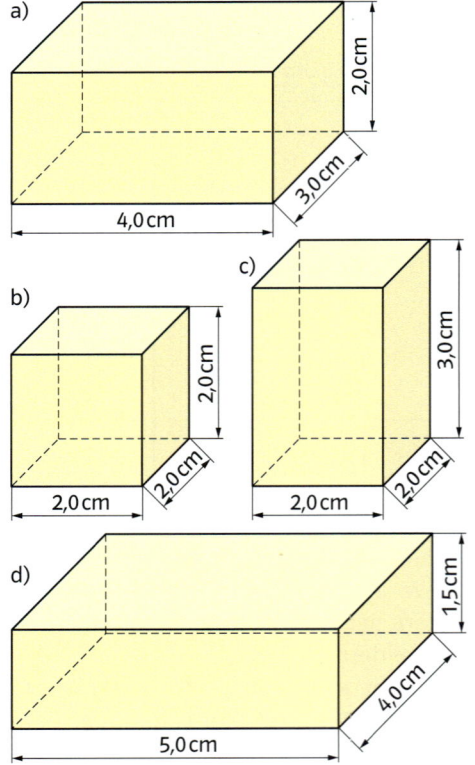

Oberflächeninhalt von Quader und Würfel

4 Pia und Lena wollen den Oberflächeninhalt des abgebildeten Quaders berechnen.

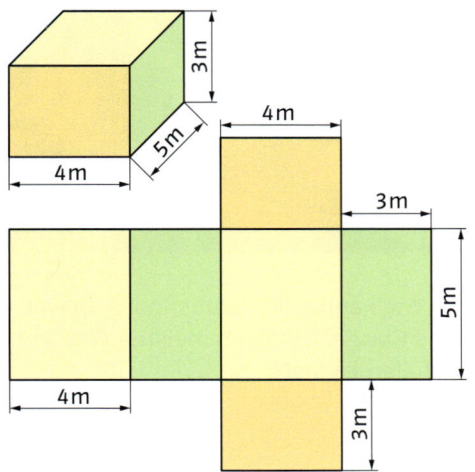

Vergleiche ihre Lösungswege.

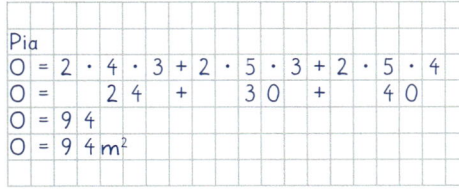

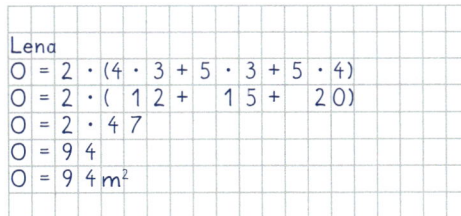

5 Max berechnet den Oberflächeninhalt des abgebildeten Würfels.

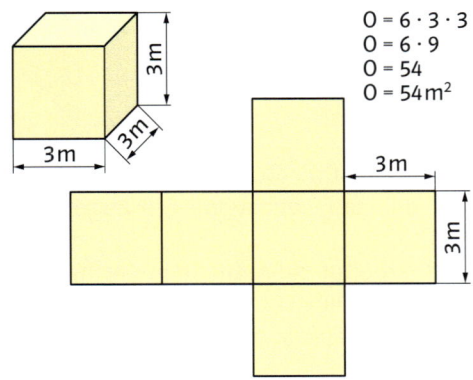

$O = 6 \cdot 3 \cdot 3$
$O = 6 \cdot 9$
$O = 54$
$O = 54\,m^2$

a) Beschreibe seine Rechnung.
b) Berechne den Oberflächeninhalt eines Würfels mit 7 cm Kantenlänge.

Oberflächeninhalt eines Quaders
mit den Kantenlängen a, b und c

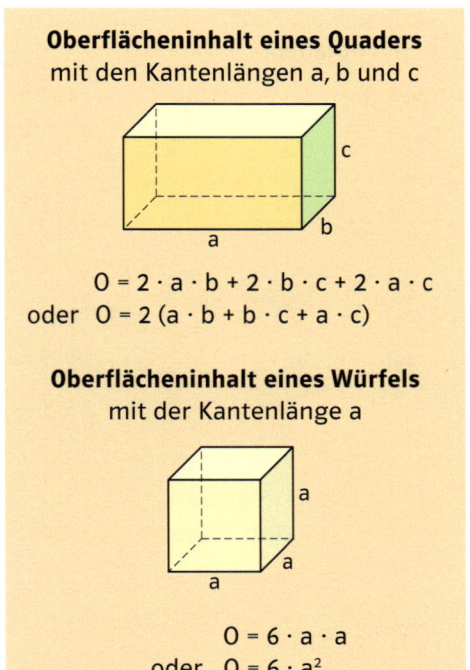

$O = 2 \cdot a \cdot b + 2 \cdot b \cdot c + 2 \cdot a \cdot c$
oder $O = 2\,(a \cdot b + b \cdot c + a \cdot c)$

Oberflächeninhalt eines Würfels
mit der Kantenlänge a

$O = 6 \cdot a \cdot a$
oder $O = 6 \cdot a^2$

6 Berechne den Oberflächeninhalt des Körpers.

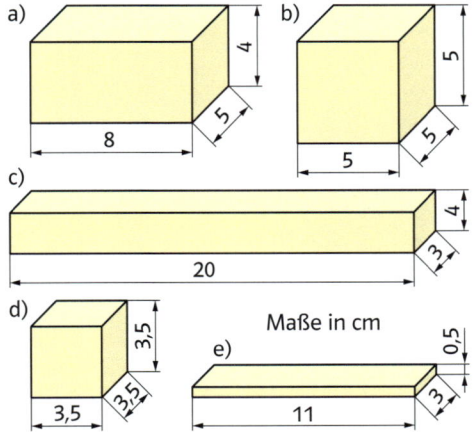

Maße in cm

7 Die Pappschachtel ist an einer Seite geöffnet. Berechne, wie viel Quadratzentimeter Pappe für die Herstellung der Schachtel benötigt werden.

a) Maße in cm   b)

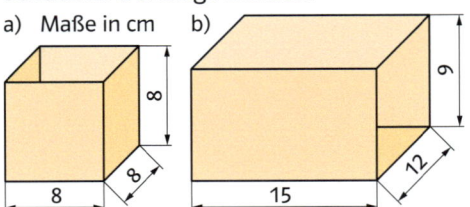

Rauminhalte vergleichen

1 Körper können unterschiedliche Füllungen enthalten.

2 Beschreibe, wie die Größe des Kofferraums bestimmt wird.

3 Wie kannst du herausfinden, in welches Glasgefäß du am meisten Wasser einfüllen kannst?

Beschreibe die abgebildeten Körper. In welchen Körper kann am meisten hinein gefüllt werden, in welchen am wenigsten?

4 Die Rauminhalte von drei unterschiedlichen Pappschachteln sollen miteinander verglichen werden.

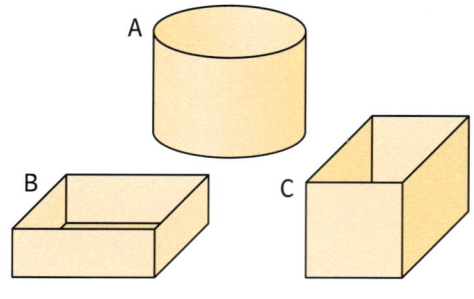

Dazu kannst du die folgenden Hilfsmittel benutzen: Legosteine, Glaskugeln, Sand.
a) Bearbeitet die Aufgabe in Partnerarbeit, einigt euch auf eine Möglichkeit und beschreibt sie stichpunktartig im Heft.
b) Überlegt weitere Möglichkeiten, den Rauminhalt der Schachteln zu vergleichen.

Rauminhalte vergleichen

5 Rauminhalte bestimmter Körper lassen sich gut mithilfe von Würfeln bestimmen. Für welche der abgebildeten Körper ist die Methode geeignet? Wie müssen die Würfel beschaffen sein?

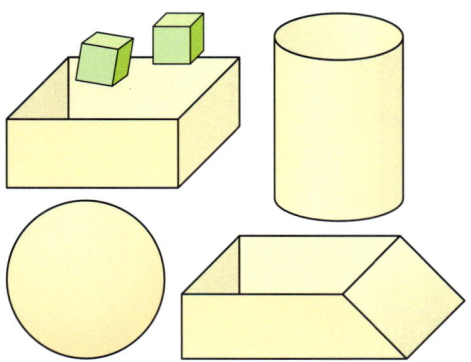

6 a) Wie viele Würfel passen in jede Schachtel?
b) Welche Schachtel besitzt den größten, welche den kleinsten Rauminhalt?

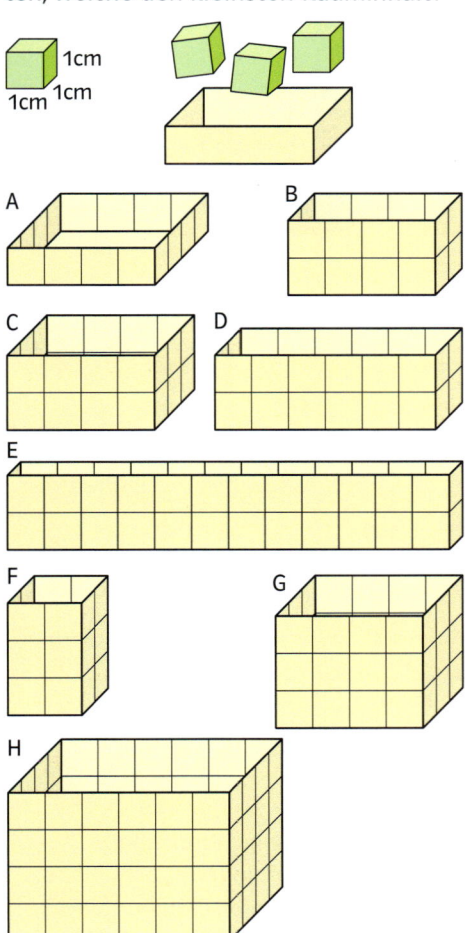

7 a) Aus wie vielen Würfeln bestehen die einzelnen Körper? Welcher Körper hat den größten Rauminhalt?
b) Es sollen Quader entstehen. Wie viele Würfel müssen mindestens noch ergänzt werden?

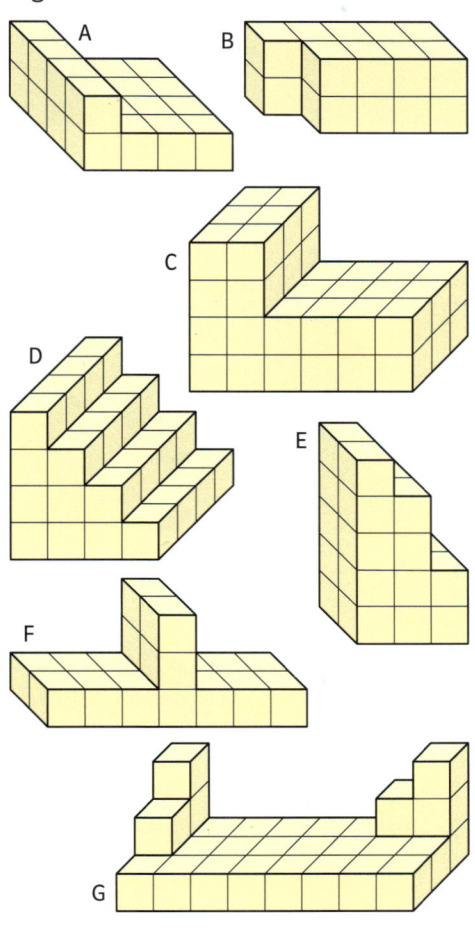

Der Rauminhalt mancher Körper kann mit Würfeln bestimmt werden. Der Rauminhalt wird auch als **Volumen** bezeichnet.

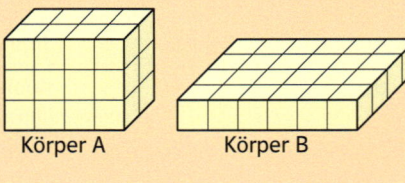

Körper A   Körper B

Der Rauminhalt von Körper A ist genau so groß wie der Rauminhalt von Körper B.

Volumeneinheiten

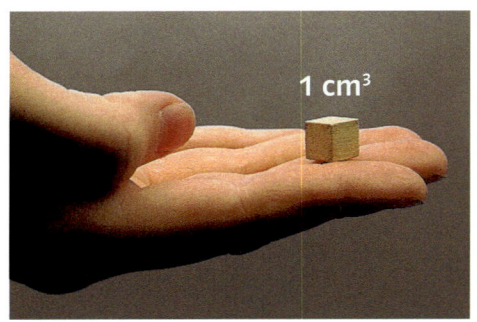

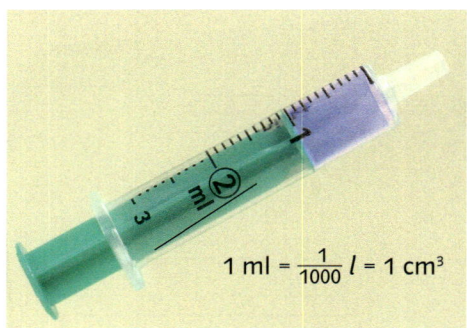

1 ml = $\frac{1}{1000}$ l = 1 cm³

Esslöffel

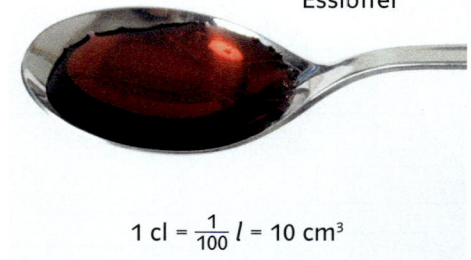

1 cl = $\frac{1}{100}$ l = 10 cm³

Ein Würfel mit der Kantenlänge 1 cm hat den Rauminhalt 1 cm³.
Lies: ein Kubikzentimeter

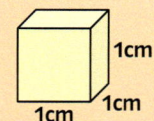

1cm

$1 \, cm^3$

Maßzahl ——— Einheit

Größe

Würfel mit der Kantenlänge	1 mm	1 cm	1 dm	1 m
Rauminhalt (Volumen)	1 mm³	1 cm³	1 dm³	1 m³
Name	Kubik-millimeter	Kubik-zentimeter	Kubik-dezimeter	Kubik-meter

1 In welchen Einheiten wird das Volumen der angegebenen Räume und Körper sinnvoll angegeben?

Eimer, Klassenraum, Streichholzschachtel, Swimmingpool, Schublade, Tintenpatrone, Kugelschreibermine

Volumeneinheiten

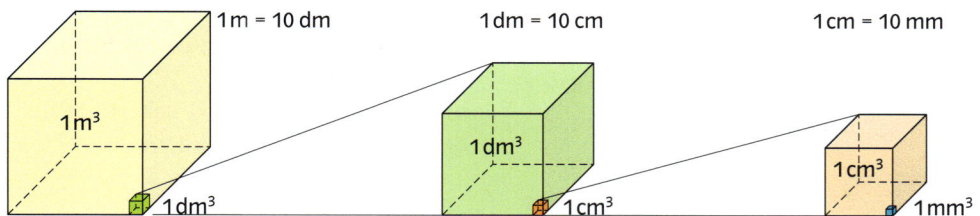

1m = 10 dm   1dm = 10 cm   1cm = 10 mm

1m³   1dm³
1dm³   1cm³   1cm³   1mm³

2 a) Wie viel Kubikdezimeter passen in einen Kubikmeter?
b) Wie viel Kubikzentimeter passen in einen Kubikdezimeter?
c) Wie viel Kubikmillimeter passen in einen Kubikzentimeter?

Volumeneinheiten

$1 \, m^3 = 1000 \, dm^3$

$1 \, dm^3 = 1000 \, cm^3$

$1 \, cm^3 = 1000 \, mm^3$

Die Umrechnungszahl ist 1000.

---

3 a) Gib in Kubikzentimeter an.
$4 \, dm^3$; $34 \, dm^3$; $10 \, dm^3$; $627 \, dm^3$; $806 \, dm^3$
b) Gib in Kubikdezimeter an.
$4000 \, cm^3$; $7000 \, cm^3$; $15\,000 \, cm^3$
c) Gib in Kubikdezimeter an.
$56 \, m^3$; $67 \, m^3$; $780 \, m^3$; $25 \, m^3$; $18 \, m^3$

Beim Umrechnen in die nächstkleinere Einheit wird die Maßzahl mit 1000 multipliziert. Dabei verschiebt sich das Komma um drei Stellen nach rechts.

$2,6 \, cm^3 = 2600,0 \, mm^3 = 2600 \, mm^3$

Beim Umrechnen in die nächstgrößere Einheit wird die Maßzahl durch 1000 dividiert. Dabei verschiebt sich das Komma um drei Stellen nach links.

$500,2 \, dm^3 = 0,5002 \, m^3$

---

4 Wandle in die Einheit, die in Klammern steht, um.
a) $3,9 \, m^3$ (dm^3); $4,1 \, cm^3$ (mm^3)
   $3,3 \, m^3$ (dm^3); $20,5 \, cm^3$ (mm^3)
   $30,5 \, m^3$ (dm^3); $10,3 \, dm^3$ (cm^3)

b) $3000,0 \, cm^3$ (dm^3); $2500,0 \, dm^3$ (m^3)
   $4000,0 \, cm^3$ (dm^3); $500,3 \, mm^3$ (cm^3)
   $1,5 \, dm^3$ (m^3); $0,27 \, cm^3$ (dm^3)

---

5 Wandle in die nächstkleinere Einheit um.
a) $27 \, m^3$ b) $21 \, dm^3$ c) $0,900 \, m^3$
   $14 \, m^3$ $118 \, cm^3$ $1,080 \, cm^3$
   $8 \, cm^3$ $7 \, m^3$ $0,003 \, dm^3$

6 Schreibe in der nächstgrößeren Einheit.
a) $67\,000 \, cm^3$ b) $3200 \, cm^3$ c) $7000 \, dm^3$
   $74\,000 \, mm^3$ $1540 \, dm^3$ $8100 \, cm^3$
   $10\,000 \, dm^3$ $820 \, mm^3$ $260 \, mm^3$

Das Volumen von Gefäßen, die Flüssigkeiten enthalten, wird oft in Liter (*l*), Zentiliter (c*l*) und Milliliter (m*l*) ausgedrückt. Bei größeren Rauminhalten verwendet man auch Hektoliter (h*l*).

$1 \, l = 1000 \, ml$ (Milliliter)
$1 \, l = 100 \, cl$ (Zentiliter)
$1 \, hl$ (Hektoliter) $= 100 \, l$

$1 \, l = 1 \, dm^3$
$1 \, ml = 1 \, cm^3$

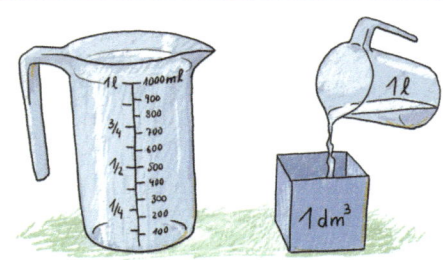

---

7 Wandle in Liter um.
a) $2 \, hl$ b) $19 \, dm^3$ c) $8,21 \, hl$
    $11 \, hl$ $222 \, dm^3$ $0,09 \, hl$

d) $66\,000 \, ml$ e) $40\,000 \, cm^3$
    $340\,000 \, ml$ $216\,000 \, cm^3$

f) $200 \, cl$ g) $4 \, cl$ h) $230 \, ml$
    $1300 \, cl$ $35 \, cl$ $1 \, ml$

Volumeneinheiten

8 Welche Bedeutung hat die Aufschrift 0,2 *l* auf Gläsern? Gib in Milliliter und Zentiliter an.

9

Zutaten für einen Früchtecocktail:

> Sahne 2cl
> Zitronensaft 2cl
> Erdbeersirup 2cl
> Orangensaft 4cl
> Ananassaft 4cl

Bestimme die Gesamtmenge an Flüssigkeit
a) in Zentiliter
b) in Milliliter
c) in Kubikzentimeter
d) in Liter.

10 Ein Glas hat ein Fassungsvermögen von 0,3 Liter. Welche der angegebenen Flüssigkeitsmengen passt in das Glas?
a) 300 m*l*   d) 250 cm³
b) 0,5 *l*   e) 0,29 dm³
c) 40 c*l*   f) 0,01 h*l*

11 a) Überschlage den Preis für einen Liter Tinte beim Kauf von neuen Drucker-Tintenpatronen.
b) Was kostet ein Liter Druckertinte bei der Verwendung eines Nachfüllsets?

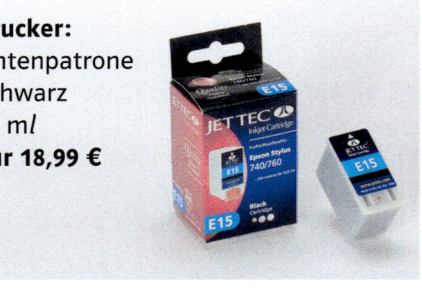

Drucker:
Tintenpatrone
Schwarz
19 m*l*
nur 18,99 €

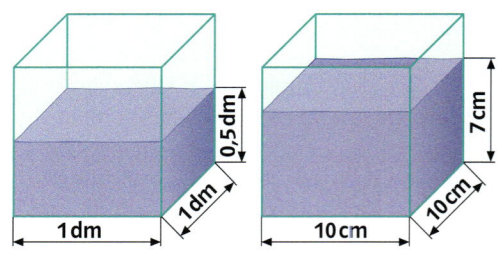

Nachfüllset 100 m*l*
nur 3,99 €

12 Gib die Flüssigkeitsmenge in Liter, Milliliter, Kubikdezimeter und Kubikzentimeter an.

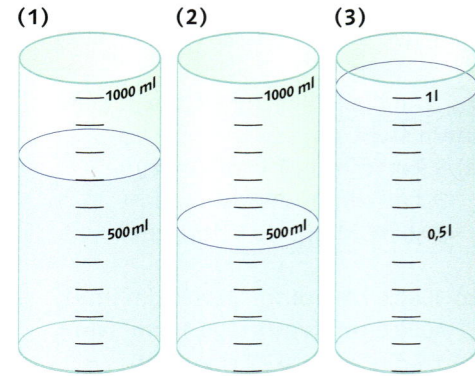

13 Wie viel Kubikzentimeter fehlen jeweils zum vollen Liter?

(1)   (2)   (3)

Volumen von Quader und Würfel

1 Das Volumen des unten abgebildeten Quaders soll berechnet werden. Diskutiere eine mögliche Vorgehensweise mit deiner Partnerin oder deinem Partner.
Erläutere dann den gefundenen Lösungsweg. Die Bilder 1 und 2 können dir bei der Lösung helfen.

Bild 1

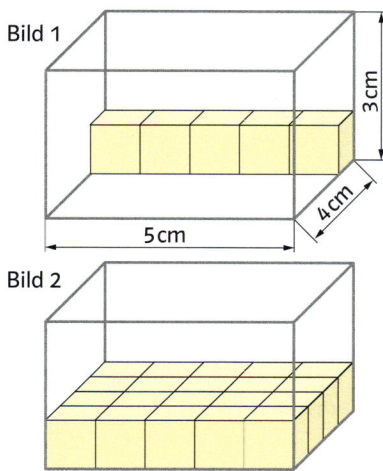

Bild 2

2 In dem folgenden Beispiel hat Paula notiert, wie sie das Volumen eines Quaders berechnen kann.

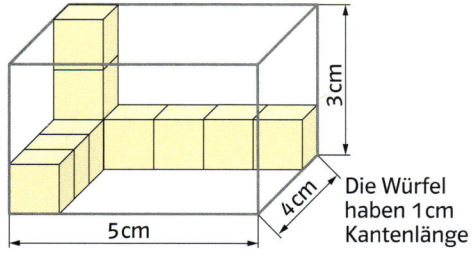

Die Würfel haben 1 cm Kantenlänge

> Die Länge 5 cm gibt an, wie viele Würfel in eine Stange passen: 5
>
> Die Breite 4 cm gibt an, wie viele Stangen die untere Schicht bilden: 4
>
> Die Höhe 3 cm gibt an, wie viele Schichten übereinander passen: 3
>
> Gesamtanzahl der Würfel:
> $5 \cdot 4 \cdot 3 = 60$
>
> Das Volumen des Quaders beträgt $60\,cm^3$

Gib einen anderen Lösungsweg an.

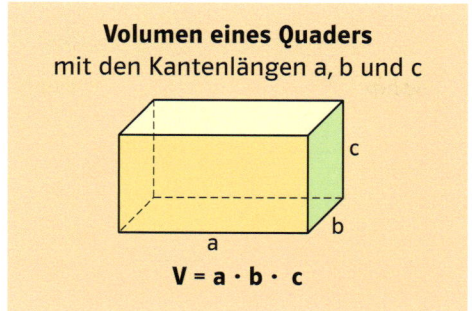

Volumen eines Quaders
mit den Kantenlängen a, b und c

$$V = a \cdot b \cdot c$$

3 Berechne das Volumen des abgebildeten Quaders wie im Beispiel.

> $V = a \cdot b \cdot c$
> $V = 12 \cdot 10 \cdot 5$
> $V = 600$
> $V = 600\,cm^3$

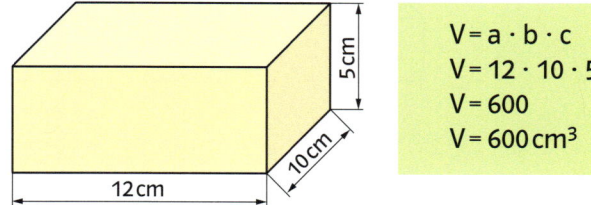

a) Maße in cm   b)   c)

4 Philipp hat eine Volumenformel für den Würfel aufgestellt.

$$V = a \cdot a \cdot a = a^3$$

Erkläre die Formel.

5 Berechne das Volumen des abgebildeten Würfels.

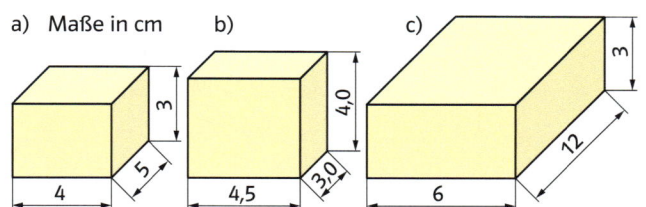

a)   Maße in cm   b)   c)

6 Bestimme das Volumen eines Würfels mit der Kantenlänge 8 cm (12 dm).

7 Eine Turnhalle ist 21 m breit, 45 m lang und 6 m hoch. Wie viel Kubikmeter Luft fasst die Turnhalle?

Oberflächeninhalt

Quader

$a = 5\,cm$; $b = 2\,cm$; $c = 4\,cm$

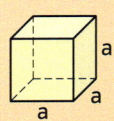

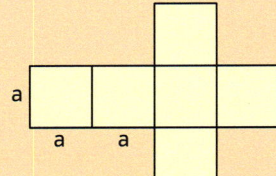

$$O = 2 \cdot (5 \cdot 2 + 5 \cdot 4 + 4 \cdot 2)$$
$$O = 2 \cdot (10 + 20 + 8)$$
$$O = 2 \cdot 38$$
$$O = 76$$
$$O = 76\ cm^2$$

Würfel

$a = 7\,cm$

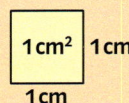

$$O = 6 \cdot a^2$$
$$O = 6 \cdot 7 \cdot 7$$
$$O = 6 \cdot 49$$
$$O = 294$$
$$O = 294\ cm^2$$

Flächeneinheiten

Zum Messen von Flächeninhalten werden Einheitsquadrate verwendet.

$1\,cm^2$ $1\,cm$
$1\,cm$

$$1\ m^2 = 100\ dm^2$$
$$1\ dm^2 = 100\ cm^2$$
$$1\ cm^2 = 100\ mm^2$$

Volumen

Quader

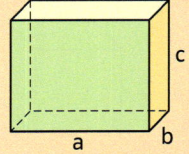

$a = 5\,cm$
$b = 2\,cm$
$c = 4\,cm$

$$V = a \cdot b \cdot c$$
$$V = 5 \cdot 2 \cdot 4$$
$$V = 40$$
$$V = 40\ cm^3$$

Würfel

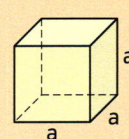

$a = 7\,cm$

$$V = a \cdot a \cdot a = a^3$$
$$V = 7 \cdot 7 \cdot 7$$
$$V = 343$$
$$V = 343\ cm^3$$

Volumeneinheiten

Zum Messen von Rauminhalten werden Einheitswürfel verwendet.

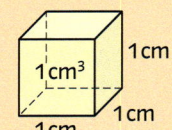

$1\,cm^3$ $1\,cm$
$1\,cm$ $1\,cm$

$$1\ m^3 = 1000\ dm^3$$
$$1\ dm^3 = 1000\ cm^3$$
$$1\ cm^3 = 1000\ mm^3$$

Liter	Milliliter	Zentiliter	Hektoliter
$1\ l = 1\ dm^3 = 1000\ ml = 100\ cl$	$1\,ml = \frac{1}{1000}\ l$	$1\,cl = \frac{1}{100}\ l$	$1\,hl = 100\ l$

Üben und Vertiefen

1 Berechne den Oberflächeninhalt des Körpers.

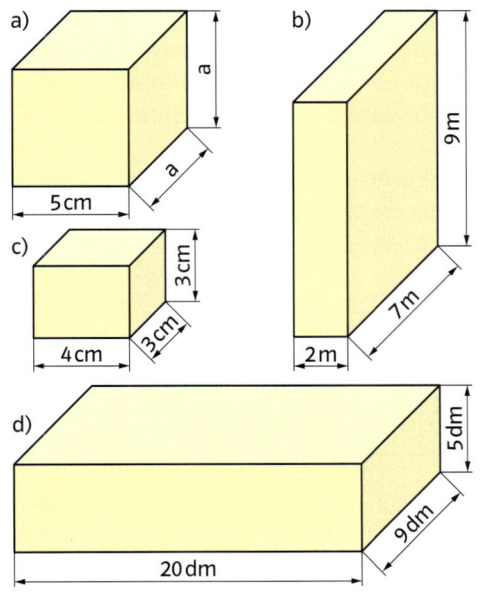

a)

5 cm
a
a

b)

9 m
7 m
2 m

c)

3 cm
3 cm
3 cm
4 cm

d)

5 dm
9 dm
20 dm

2 Verwandle in die Einheit, die in Klammern steht.

a) 3 cm² (mm²)
   5 dm² (cm²)
   80 m² (dm²)
   500 cm² (mm²)
   250 m² (dm²)

b) 400 dm² (m²)
   600 cm² (dm²)
   850 mm² (cm²)
   250 cm² (dm²)
   830 mm² (cm²)

3 Berechne den Oberflächeninhalt eines Würfels mit der Kantenlänge 9 cm (11 cm, 22 cm).

4 Die Pappschachteln sind an einer Seite geöffnet. Berechne, aus wie viel Quadratzentimeter Pappe die Schachtel besteht.

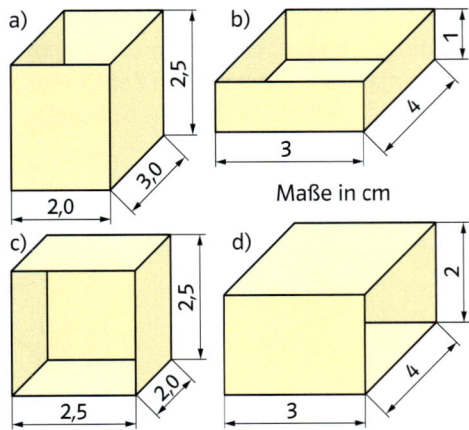

a)

2,5
2,0
3,0

b)

1
4
3

Maße in cm

c)

2,5
2,0
2,5

d)

2
4
3

5 Berechne das Volumen des Körpers.

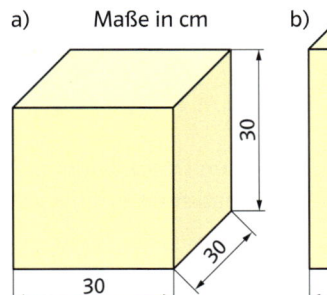

a)   Maße in cm

30
30
30

b)

11
4
5

6 Eine quaderförmige Milchpackung ist 13 cm lang, 6 cm breit und 13 cm hoch. Berechne den Materialverbrauch in Quadratzentimetern und das Volumen in Kubikzentimetern.

7 Ein Klassenraum ist 8 m lang, 6 m breit und 3 m hoch. Wie viel Luft fasst der leere Klassenraum?

8 Wie viel Kubikmeter Wasser passen in ein Schwimmbecken, das 10 m lang, 6 m breit und 1,50 m tief ist?

9 Berechne das Volumen des zusammengesetzten Körpers.

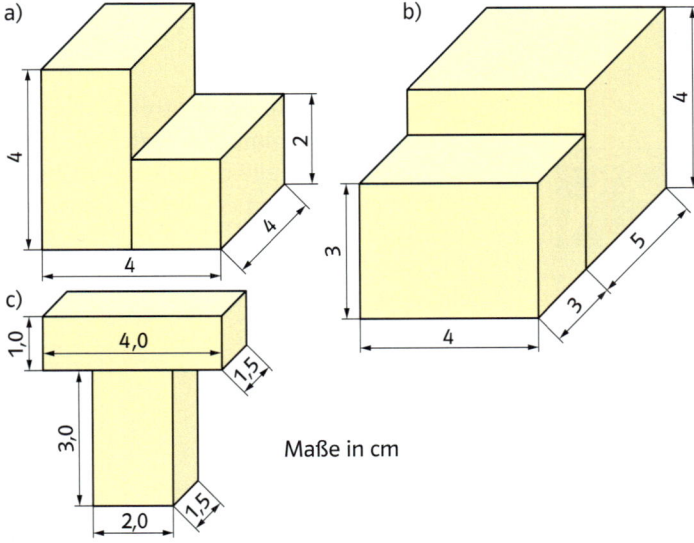

a)

4
2
4
4

b)

4
3
5
3
4

c)

1,0
4,0
1,5
3,0
2,0
1,5

Maße in cm

10 Verwandle in die Einheit, die in Klammern steht.

a) 47 dm³ (cm³)
    5 cm³ (mm³)
    129 dm³ (cm³)

b) 345 cm³ (dm³)
   11 mm³ (cm³)
   4 dm³ (m³)

Üben und Vertiefen

11 Berechne Oberflächeninhalt und Volumen des Quaders.
a) Länge 34 cm, Breite 20 cm, Höhe 2,5 cm
b) Länge 1 m, Breite 2 m, Höhe 1 mm

12 Ein Würfel hat einen Oberflächeninhalt von 486 cm². Bestimme seine Kantenlänge.

13 Ein Quader ist 3 cm lang, 2 cm breit und hat einen Rauminhalt von 30 cm³. Bestimme zunächst seine Höhe und dann seinen Flächeninhalt.

14 Wie viele Würfel mit der Kantenlänge 3 cm passen in den abgebildeten Quader?

a)

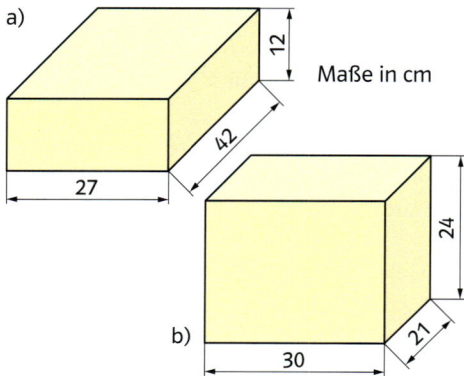

Maße in cm

b)

15 Jenni hat Körper aus Streichholzschachteln zusammengesetzt. Sie behauptet, dass alle den gleichen Oberflächeninhalt und das gleiche Volumen haben.
Überlege, ob Jenni Recht hat. Begründe deine Meinung.

Maße in cm

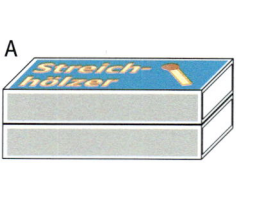

16 a) Wie ändert sich das Volumen eines Würfels, wenn man seine Kantenlänge verdoppelt (verdreifacht)?
b) Wie ändert sich der Oberflächeninhalt eines Würfels, wenn man seine Kantenlänge verdoppelt (verdreifacht)?

17 Berechne das Volumen des zusammengesetzten Körpers.

a) Maße in cm   b)

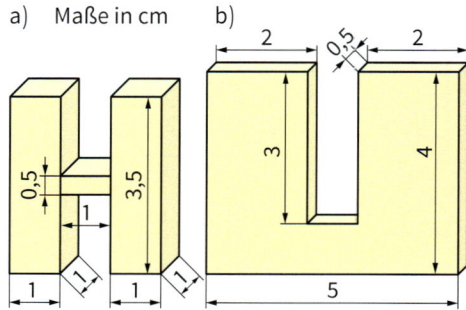

18 Der kleine Quader A ist 10 cm lang, 6 cm breit und 8 cm hoch. Der große Quader B ist fünfmal so lang, fünfmal so breit und fünfmal so hoch. Wie viele kleine Quader passen in den großen Quader?

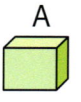 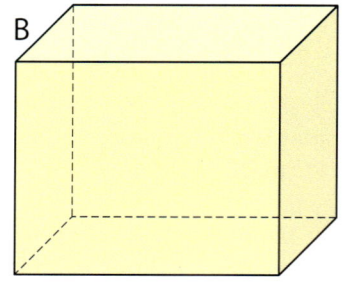

19 Jana möchte eine quaderförmige Schachtel mit einem Liter Fassungsvermögen bauen. Welche **ganzzahligen** Kantenlängen (gemessen in Zentimeter) könnte die Schachtel haben? Gib drei Möglichkeiten an.

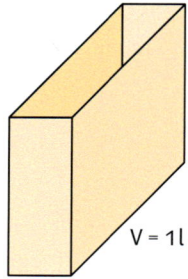

V = 1 l

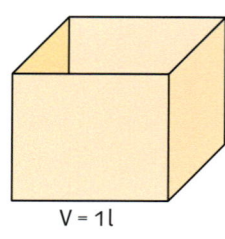

V = 1 l

20 Im Prospekt wird ein Kühlschrank mit 330 Liter Fassungsvermögen angeboten. Kontrolliere die Angabe.

Maße in cm

21 Ben möchte drei quaderförmige Blumenkästen (Innenmaße: 80 cm lang, 20 cm breit, 15 cm hoch) mit Blumenerde füllen.
a) Wie viele Beutel zu je 10 Liter muss sie kaufen?
b) Wie viel Liter Erde bleiben übrig?

22 Das rechteckige Dach eines Bungalows ist 13 m lang und 8 m breit. Es ist mit einer 20 cm hohen Pulverschneeschicht bedeckt.

a) Wie schwer ist die Schneelast, wenn ein Kubikmeter Pulverschnee 90 kg wiegt?
b) Nassschnee hat eine Masse von 500 kg pro Kubikmeter.

23 Lara will das Volumen einer Kugel bestimmen. Dazu misst sie die Wasserverdrängung der Kugel.
Sie drückt sie unter Wasser und der Wasserstand steigt um 1,5 cm.
Welches Volumen hat die Kugel?

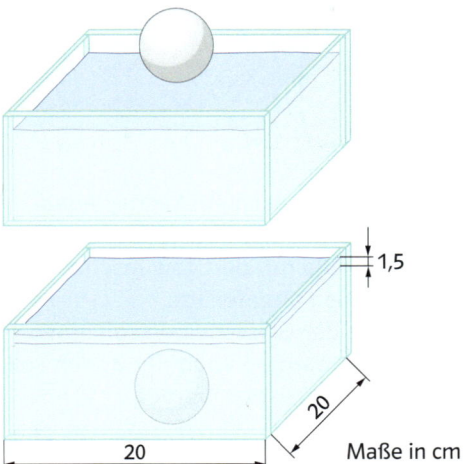

Maße in cm

24 In einem quaderförmigen Plastikkanister steht eine Flüssigkeit 40 cm hoch.
Berechne die Flüssigkeitshöhen h_1 und h_2, wenn der Kanister auf einer Seite liegt.

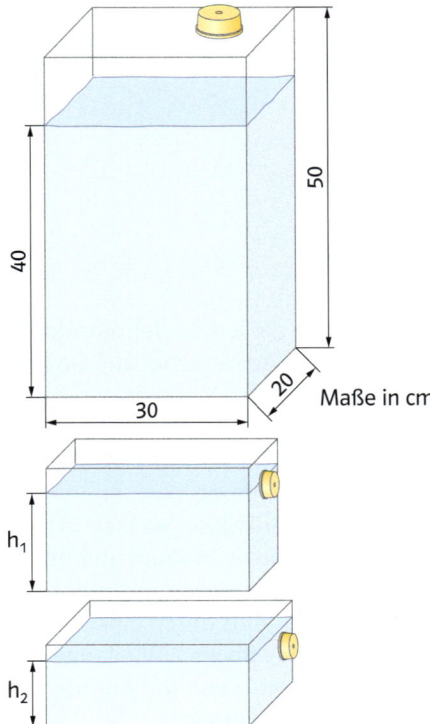

Maße in cm

1 Pia möchte auch ein kleines Aquarium für ihr Zimmer bauen. Sie hat ein Schrägbild mit den gewünschten **Außenmaßen** angefertigt.
Die Stärke der Glasscheiben soll einen Zentimeter betragen und der Boden soll von unten eingesetzt werden.

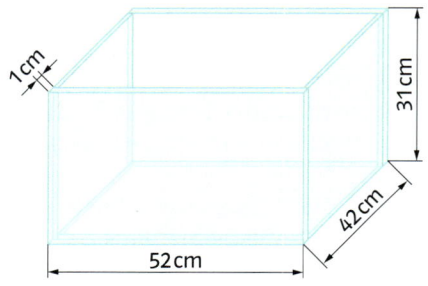

a) Bestimme die Größe der einzelnen Glasscheiben. Achte dabei auf die Glasstärke.
b) Bestimme, wie viel Quadratmeter Glas du ungefähr brauchst. Mache eine Überschlagsrechnung.
c) Wie viel Liter Wasser passen in das Aquarium, wenn es bis zum oberen Rand gefüllt wird?
d) Das Wasser läuft durch einen Schlauch in das Becken. Wie lange dauert das Befüllen, wenn pro Minute zwei Liter eingefüllt werden?

2 Pias Vater möchte bestimmen, wie schwer das gefüllte Aquarium ist. Im Internet hat er die folgenden Angaben gefunden:

> Glas: 2,5 kg pro dm^3
> Wasser: 1 kg pro dm^3

Bestimme das Gewicht des gefüllten Aquariums. Gehe dabei von ungefähr 8 dm^3 Glas aus.

3 Pia möchte 5 Neonsalmler, 2 Skalare und einen Wels in ihr Becken setzen.

Neonsalmler: 3 cm

Skalar: 5 cm

Wels: 4 cm

Wie viel Liter Wasser brauche ich für meine Fische?
Von der Wassermenge im Aquarium hängt ab, welche Fische in welcher Anzahl gehalten werden können.
Als grobe Faustregel für kleine bis mittlere Aquarien gilt:
Pro Zentimeter Fischlänge sind 1,5 – 2 *l* Wasser erforderlich. Ein 2 Zentimeter langer Fisch braucht also 3 bis 4 Liter Wasser.

Reicht die Wassermenge im Aquarium für Pias Fische?

1 Marcel hört im Radio folgende Meldung: „In der Nacht zum Dienstag sind in Bielefeld bei starken Regenfällen 40 mm Niederschlag gefallen." In einem Lexikon findet er den folgenden Text:

> Die **Niederschlagsmenge** ist die Höhe der Wasserschicht, die sich bei Niederschlag (Regen, Schnee, Hagel, Nebel usw.) auf einer ebenen Fläche gebildet hätte. Dabei werden Faktoren wie Verdunstung, Bodenversickerung oder Abfluss nicht berücksichtigt.
> Sie wird in Millimeter angegeben.

Erläutere die Radiomeldung mithilfe des Textes.

2 Um sich die Wassermenge, die auf einen Quadratmeter gefallen ist, besser vorstellen zu können, hat Marcel eine Skizze angefertigt.
Wie viele Liter Wasser sind in der Nacht auf einen Quadratmeter gefallen? Rechne vorher alle Längenmaße in Dezimeter um ($1 \, dm^3 = 1 \, l$).

3 Marcels Eltern wollen das Regenwasser von ihrem Flachdach (Länge 8 m, Breite 6 m) in eine unterirdische Zisterne leiten. Sie gehen davon aus, dass im Durchschnitt pro Monat 80 mm Niederschlag fallen.
a) Wie viele Liter Regenwasser fließen bei dieser Annahme pro Monat in die Zisterne?
b) Die Zisterne hat ein Fassungsvermögen von sechs Kubikmetern. Nach wie vielen Monaten ist die Zisterne voll, wenn kein Wasser entnommen wird?
c) Monatlich werden $3 \, m^3$ entnommen.

4 Die Abbildung zeigt einen Regenmesser. Betrachte die Skala auf dem Regenmesser und vergleiche sie mit der Skala auf einem Lineal. Erkläre den Unterschied.

1 Zeichne ein Netz des Quaders.

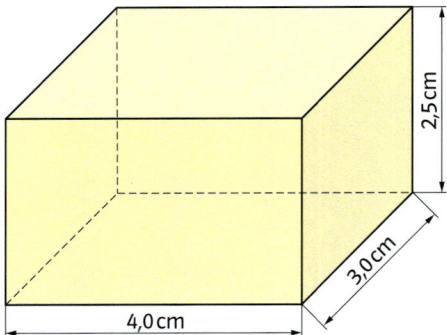

2 Berechne die fehlenden Größen des Quaders.

	a)	b)
a	4 cm	16 dm
b	5 cm	8,5 dm
c	3 cm	5 dm
V		
O		

3 Wandle in die Einheit um, die in Klammern steht.

a) 2 cm³ (mm³)
   4 dm³ (cm³)

b) 5000 cm³ (dm³)
   4000 dm³ (m³)

c) 2,4 cm³ (mm³)
   0,2 dm³ (cm³)

d) 530,4 cm³ (dm³)
   7,7 dm³ (m³)

e) 2 *l* (dm³)
   30 *l* (cm³)

f) 7000 ml (*l*)
   4,5 *l* (ml)

4 Ein quaderförmiges Getränkepäckchen ist 5 cm lang, 8 cm breit und 12,5 cm hoch. Berechne das Volumen in Liter.

5 Melina möchte einen Kunststoffquader mit Stoff beziehen. Er ist 90 cm lang, 60 cm breit und 20 cm hoch.

6 Ein Aquarium ist innen 60 cm lang, 50 cm breit und 30 cm hoch.
a) Wie viel Liter Wasser passen in das Aquarium?
b) Das Aquarium soll nur bis 3 cm unterhalb der Oberkante gefüllt werden.
Berechne die Wassermenge.

7 Laurenz hat den Anfangsbuchstaben seines Vornamens aus Holz hergestellt.

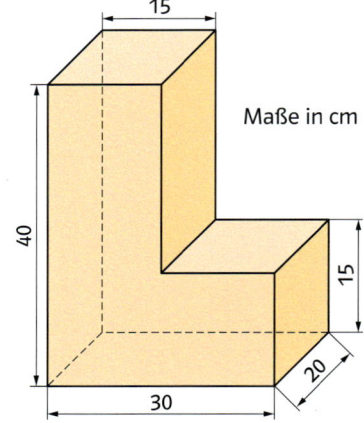

Maße in cm

Berechne das Volumen in Kubikzentimeter.

Ich kann	Aufgabe	Hilfen und Aufgaben
das Netz eines Quaders zeichnen.	1	Seite 132
Oberflächeninhalt und Volumen eines Quaders berechnen.	2	Seite 133, 139
das Volumen in einer anderen Einheit angeben.	3	Seite 137
Berechnungen von Quadern in Sachzusammenhängen durchführen.	4, 5, 6	Seite 139
das Volumen eines aus Quadern zusammengesetzten Körpers berechnen.	7	Seite 141

Ausgangstest 2

1 Berechne die fehlenden Größen des Körpers.

	a)	b)	c)
	Quader	Quader	Würfel
a	4 cm	8 cm	▪
b	8 cm	6 cm	▪
c	5,5 cm	▪	▪
O	▪	▪	150 cm²
V	▪	144 cm³	▪

2 Wandle in die angegebene Einheit um.
a) 4,1 cm³ (mm³)   b) 9300 cm³ (dm³)
   2,4 dm³ (cm³)   70 dm³ (m³)
   6,2 m³ (dm³)   86 mm³ (cm³)
   5,2 *l* (ml)   420 *l* (hl)
   6 cl (ml)   250 ml (*l*)

3 Ein quaderförmiges Schwimmbecken soll gestrichen werden. Es ist 5 m lang, 3 m breit und 1,8 m tief. Für wie viel Quadratmeter muss Farbe eingekauft werden, wenn das Becken zweimal gestrichen wird?

4 Ein Aquarium ist 8 dm lang, 4,5 dm breit und 6,5 dm hoch.
a) Wie viel Liter Wasser fasst das Aquarium, wenn es bis 5 cm unterhalb der Oberkante gefüllt wird?
b) Durch Verdunstung ist der Wasserstand um ein Zentimeter gefallen. Wie viel Liter Wasser sind verdunstet?

5 Wie verändert sich das Volumen eines Würfels, wenn seine Kantenlänge halbiert wird?

6 a) In das Wasser des abgebildeten Aquariums wird ein Metallwürfel mit der Kantenlänge 20 cm ganz eingetaucht. Um wie viel Zentimeter steigt der Wasserspiegel?

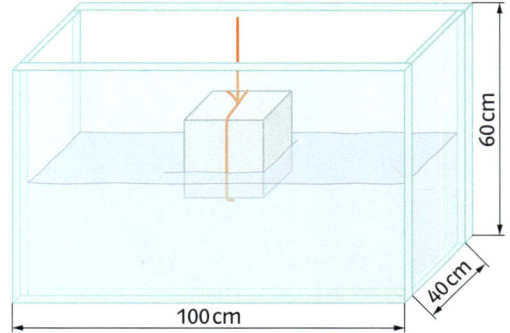

b) Welche der drei Längenangaben des Aquariums wird für die Rechnung nicht benötigt?

Ich kann	Aufgabe	Hilfen und Aufgaben
Oberflächeninhalt, Volumen und Kantenlänge von Quadern und Würfeln berechnen.	1	Seite 133, 139
das Volumen in einer anderen Einheit angeben.	2	Seite 137
Berechnungen von Quadern in Sachzusammenhängen durchführen.	3, 4, 5, 6	Seite 139

7 Symmetrien und Muster

Die Alhambra ist eine im 13. und 14. Jahrhundert erbaute Stadtburg der maurischen Könige in Granada (Spanien). Sie ist eine der großartigsten Schöpfungen islamischer Baukunst.

Betrachte die einzelnen Muster und Bilder aus der Alhambra. Beschreibe die Regelmäßigkeiten die du entdeckst. Bei welchen Mustern findest du Gemeinsamkeiten?

Muster entwerfen

1 Regelmäßige Muster spielen bei der Verzierung von Gegenständen eine große Rolle. Setze die Streifenmuster in deinem Heft fort (Länge mindestens 10 cm) und gestalte sie farbig.

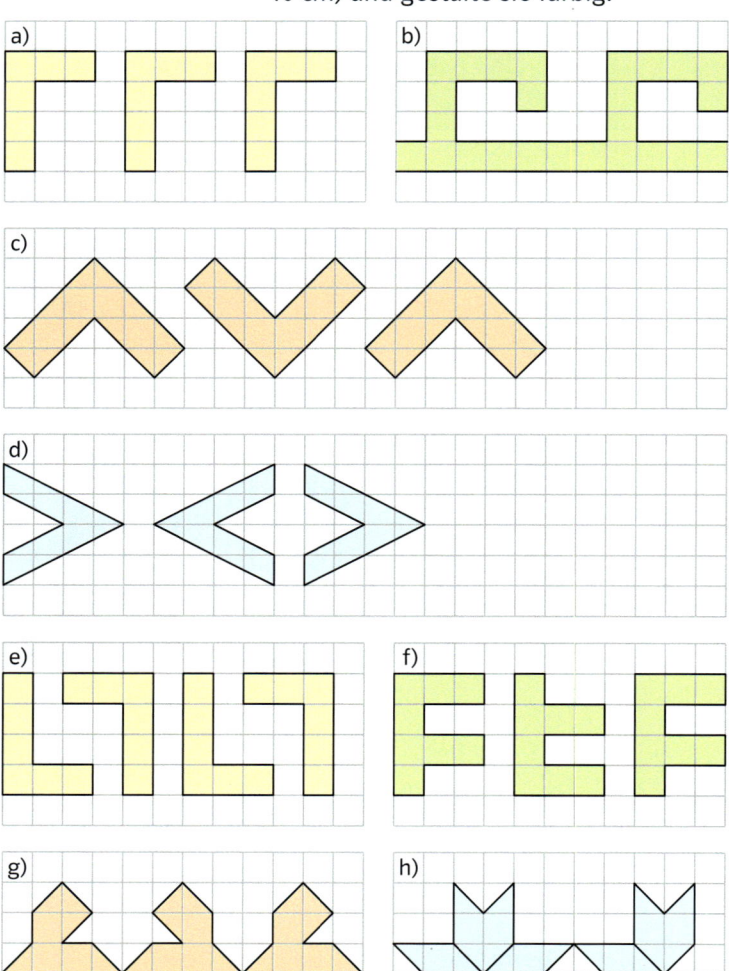

a)

b)

c)

d)

e)

f)

g)

h)

2 Lara hat Musterstreifen mit ihrem Anfangsbuchstaben entworfen, um ihr Briefpapier zu verzieren.
a) Wie hat Lara das unten abgebildete Grundmuster entworfen?

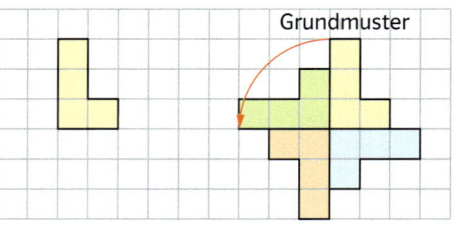

Grundmuster

b) Übertrage den abgebildeten Musterstreifen auf deine Heftseite.

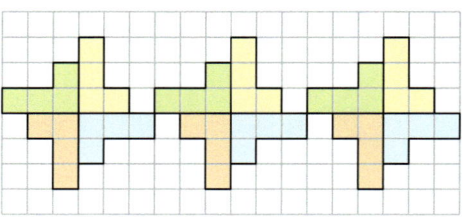

c) Entwirf ähnliche Muster mit einem anderen Buchstaben.

3 a) Felix wollte ein schräg nach oben laufendes Muster mit dem Anfangsbuchstaben seines Vornamens entwerfen. Überprüfe, ob ihm das gelungen ist.

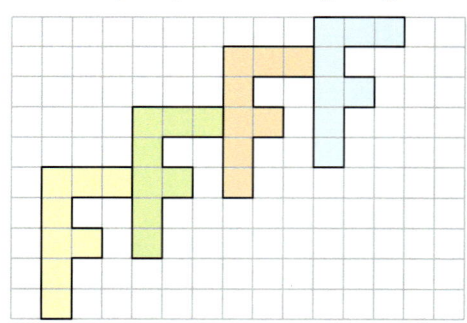

Drei Kästchen nach rechts und zwei Kästchen nach oben.

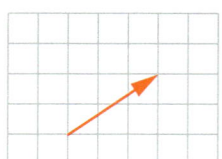

b) Nimm den Anfangsbuchstaben deines Vornamens und entwirf ein ähnliches Muster. Dabei soll der neue Buchstabe jeweils drei Kästchen nach rechts und zwei Kästchen nach oben wandern.

Muster entwerfen

4 a) Schneide von einer DIN-A4-Seite einige 5 cm breite Streifen ab.
Am besten geeignet ist dünne Pappe. Falte einen Streifen wie in der Abbildung und schneide den zusammengefalteten Streifen seitlich ein.
Beim Auseinanderfalten erhältst du ein Muster. Beschreibe dieses Muster.

b) Durch eine andere Faltung ist es möglich, aufwendige Muster anzufertigen. Falte den Streifen wie abgebildet und erstelle das gezeigte Muster. Fertige anschließend eigene Muster und klebe sie in dein Heft.

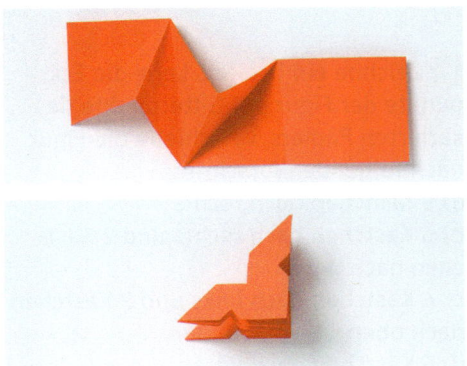

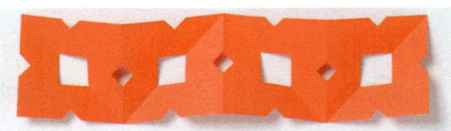

5 a) Beschreibe, wie das unten abgebildete Muster hergestellt wurde.

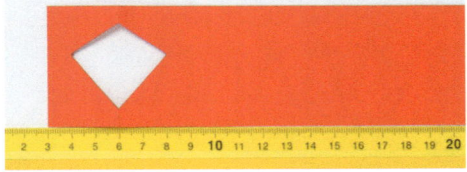

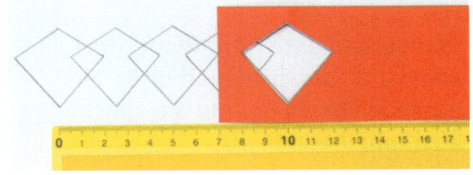

b) Versuche, die abgebildeten Muster nach dem gleichen Verfahren herzustellen.

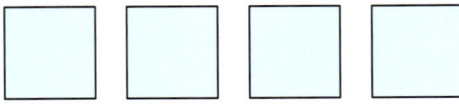

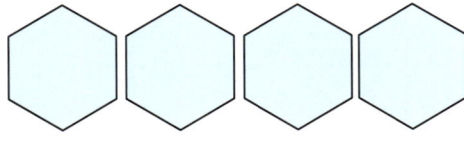

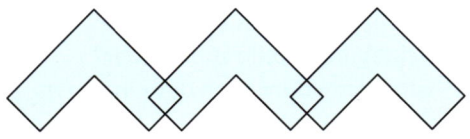

c) Entwirf eigene Muster und gestalte sie farbig.

Verschiebung

Viele Völker haben Bandornamente zum Verschönern von Gegenständen und Gebäuden genutzt.

Bandornamente (Streifenmuster) kannst du durch wiederholtes Verschieben einer Figur in die gleiche Richtung herstellen.

1 In der Zeichnung ist die Raute A'B'C'D' durch Verschiebung aus der Raute ABCD hervorgegangen.

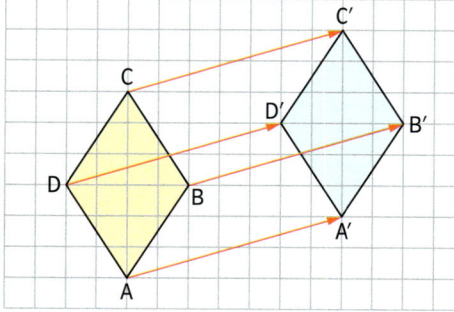

a) Wie liegen die rot eingezeichneten Verschiebungspfeile zueinander?
b) Vergleiche die Länge der einzelnen Pfeile miteinander.
c) Beschreibe die Verschiebung so, dass dein Sitznachbar sie ausführen kann.

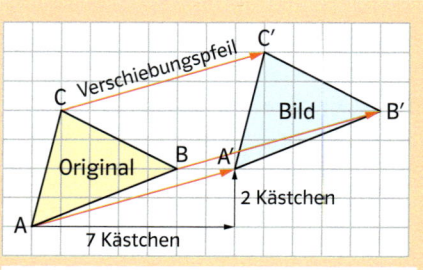

Verschiebungsvorschrift:
7 Kästchen nach rechts und
2 Kästchen nach oben

Bei einer Verschiebung sind die Verschiebungspfeile gleich lang und parallel zueinander.
Die Verschiebung wird durch die **Verschiebungsvorschrift** festgelegt.

2 Übertrage die Figur in dein Heft und verschiebe sie. Die Verschiebungspfeile sind schon eingezeichnet.

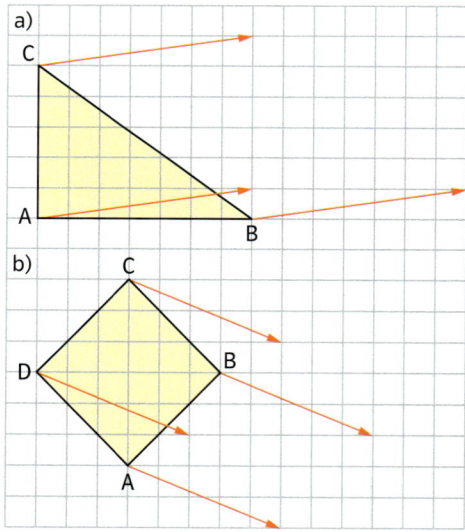

3 Zeichne ein Dreieck. Lege die Eckpunkte der Figur auf Gitterpunkte des karierten Papiers. Verschiebe die Figur nach folgender Vorschrift:
a) 5 Kästchen nach rechts
b) 6 Kästchen nach rechts und 2 Kästchen nach unten
c) 4 Kästchen nach links und 7 Kästchen nach oben
d) 6 Kästchen nach unten.

Verschiebung

4 Übertrage die Figur in dein Heft und verschiebe sie mit dem eingezeichneten Pfeil. Kennzeichne die Bildpunkte und gib die Verschiebungsvorschrift an.

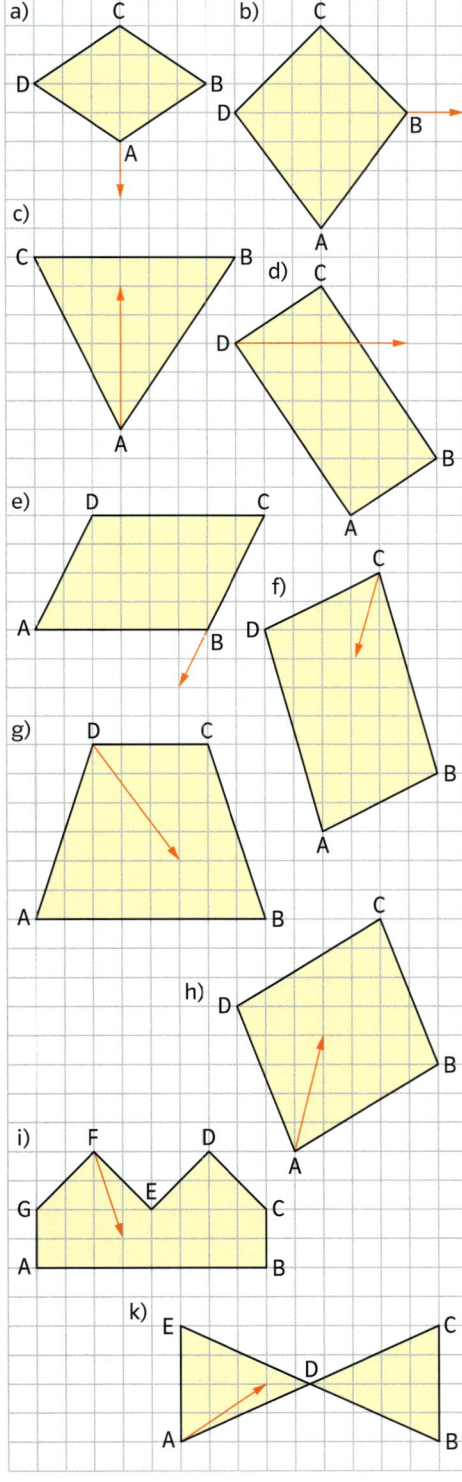

5 Zeichne die Figur mit den angegebenen Eckpunkten in ein Koordinatensystem (Einheit 0,5 cm). Verschiebe sie, sodass der Punkt A in den Punkt A′ übergeht. Gib die Koordinaten der fehlenden Bildpunkte an und bestimme die Verschiebungsvorschrift.

a) Dreieck

Original	Bild
A (1|1)	A′ (6|6)
B (6|3)	▣
C (2|6)	▣

b) Rechteck

Original	Bild
A (9|1)	A′ (1|4)
B (15|3)	▣
C (14|6)	▣
D (8|4)	▣

c) Parallelogramm

Original	Bild
A (3|7)	A′ (6|2)
B (9|9)	▣
C (7|11)	▣
D (1|9)	▣

d) Raute

Original	Bild
A (12|4)	A′ (4|1)
B (15|8)	▣
C (12|12)	▣
D (9|8)	▣

6 Das abgebildete Dreieck ABC ist mit dem eingezeichneten Verschiebungspfeil verschoben worden.
Vergleiche jeweils die Längen der Seiten und die Größen der Winkel in den Dreiecken ABC und A′B′C′.
Was stellst du fest?

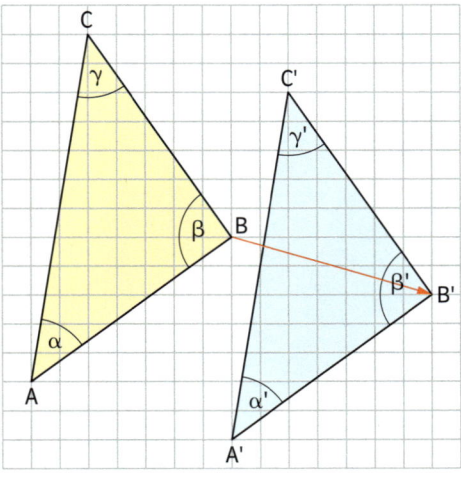

Bei einer Verschiebung bleiben die Länge einer Strecke sowie die Größe eines Winkels erhalten.

Achsenspiegelung

1 a) Lies das Wort auf dem Fahrzeug.
b) Warum wurde es in Spiegelschrift auf die Motorhaube lackiert?

2 Lea und Sophia schreiben kleine Briefe in Spiegelschrift.

Was machst du heute Nachmittag?

Hausaufgaben

Sollen wir danach zum Sport gehen?

Ja, aber erst um 5 Uhr

a) Lies die Briefe.
b) Schreibe ebenfalls Wörter oder Sätze in Spiegelschrift auf. Fordere anschließend eine Mitschülerin oder einen Mitschüler auf, die Texte richtig zu lesen.

3 Beim Schreiben der Wörter in Spiegelschrift sind Fehler passiert. Findest du sie?

Schulhof   Fußball

Internet   Computer

Volleyball   Basketball

4 Das Spiegelbild am See enthält neun Fehler. Findest du sie?

© westermann

Achsenspiegelung

5 Erzeuge das Spiegelbild einer Figur durch Falten und Durchstechen.

Verbinde jeden Punkt mit seinem Spiegelpunkt. Was stellst du fest?

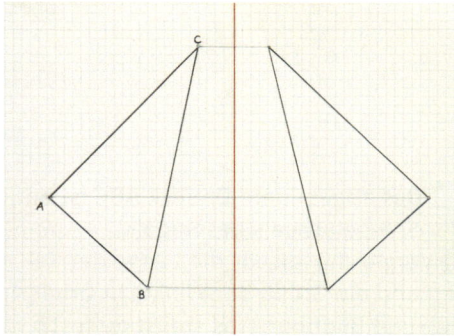

6 David will ein Dreieck ABC an der Geraden s (Spiegelachse) spiegeln. Beschreibe, wie er dabei vorgeht. Wie benennt er die gespiegelten Punkte (Bildpunkte)?

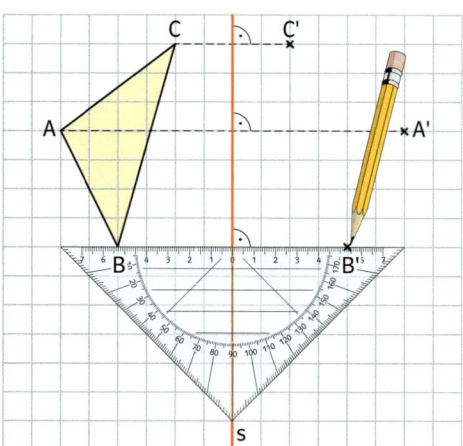

Achsenspiegelung

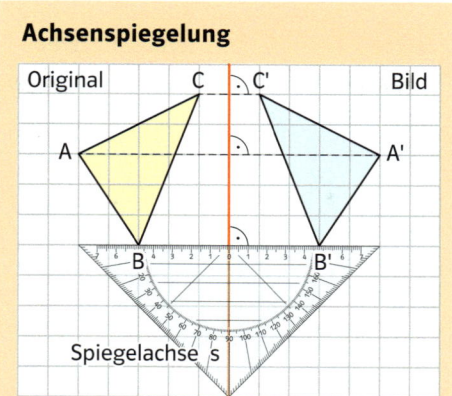

Spiegelachse s

Bei der Achsenspiegelung steht die Verbindungsstrecke zwischen einem **Originalpunkt** und seinem **Bildpunkt** senkrecht auf der Spiegelachse.
Ein Originalpunkt und sein Bildpunkt haben jeweils den gleichen Abstand zur **Spiegelachse.**

7 Spiegele die Figur im Heft an der Spiegelachse s. Kennzeichne die Bildpunkte mit A', B', C' oder D'.

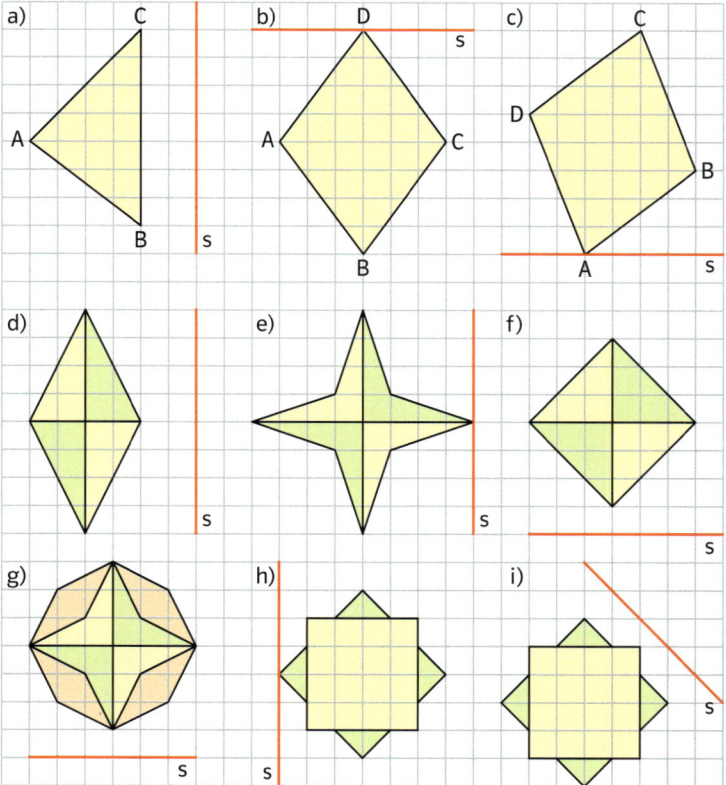

8 Übertrage die Figur und zeichne ihr Spiegelbild. Verlängere, wenn notwendig, die Spiegelachse s.

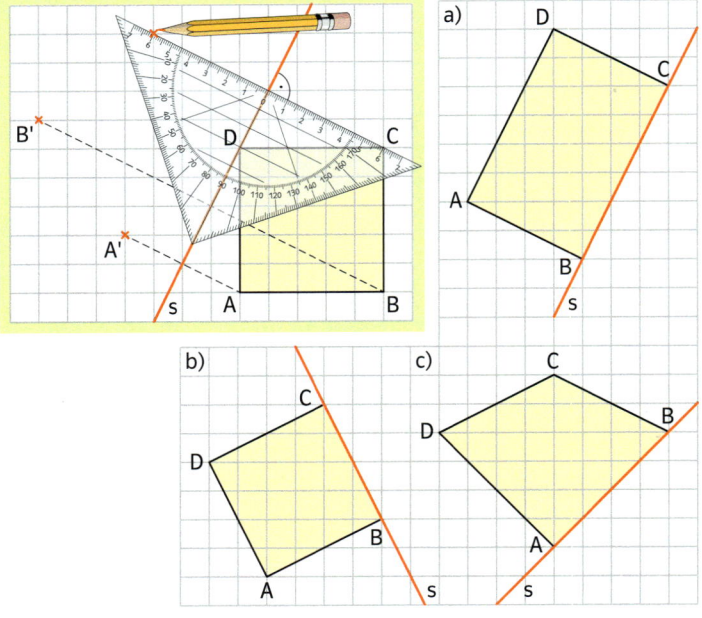

a)

b)

c)

9 Bei den folgenden Figuren fehlt die Spiegelachse s. Stattdessen ist ein Bildpunkt angegeben.
a) Konstruiere die Spiegelachse s.
b) Spiegele die Figur an s.

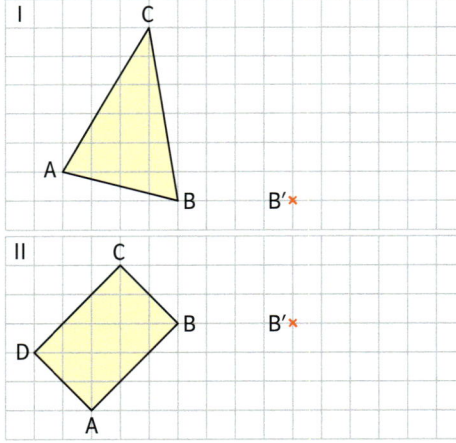

I

II

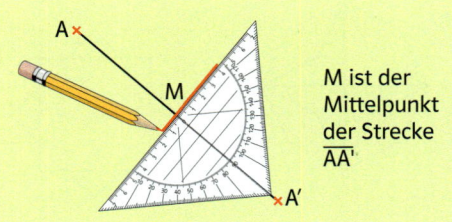

A×

M

A'×

M ist der Mittelpunkt der Strecke $\overline{AA'}$

10 Zeichne zunächst die Spiegelachse. Spiegele danach an s.

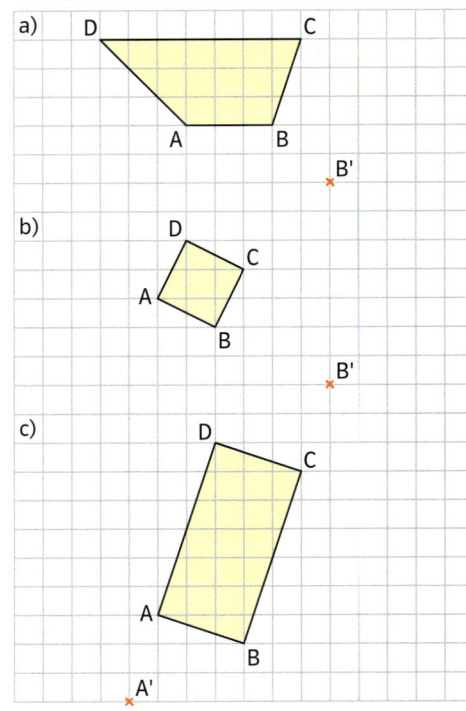

a)

b)

c)

11 Das abgebildete Dreieck ABC ist an der Spiegelachse s gespiegelt.
a) Vergleiche jeweils die Länge der Seiten und die Größe der Winkel in Original- und Bildfigur. Was stellst du fest?
b) Im Dreieck ABC kannst du die Eckpunkte in der Reihenfolge A-B-C entgegen dem Uhrzeigersinn durchlaufen. Betrachte den Umlaufsinn des Bilddreiecks A'B'C'.

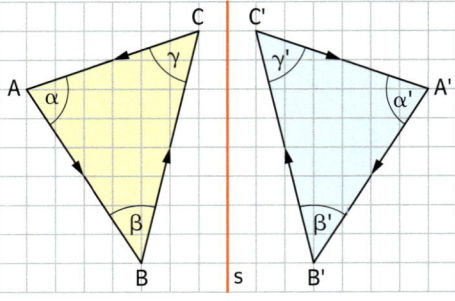

Bei einer Achsenspiegelung bleiben die Länge einer Strecke sowie die Größe eines Winkels erhalten. Der Umlaufsinn ändert sich.

Achsensymmetrische Figuren

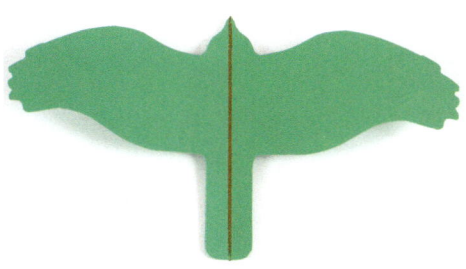

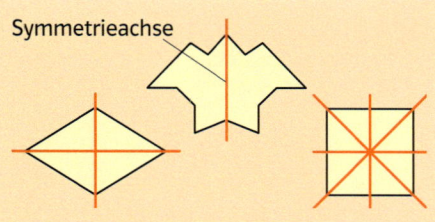

Symmetrieachse

Eine Figur, in der sich beim Zusammenfalten die beiden Hälften genau decken, heißt **achsensymmetrisch**. Die Faltachse heißt **Symmetrieachse s** der Figur.
Es gibt auch Figuren mit **mehreren Symmetrieachsen**.

1 Ergänze im Heft zu einer achsensymmetrischen Figur mit der Symmetrieachse s.

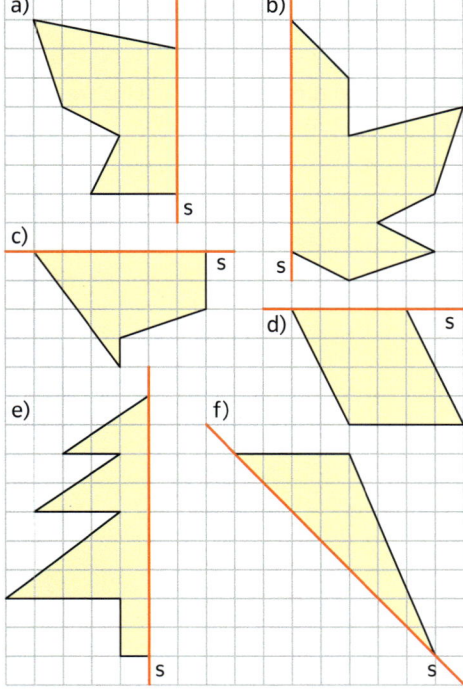

2 Übertrage die Figur in dein Heft und ergänze sie wie im Beispiel zu einer achsensymmetrischen Figur mit der Symmetrieachse s.

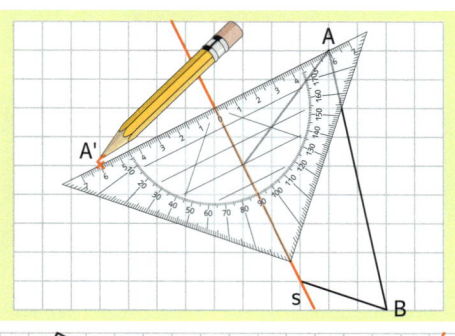

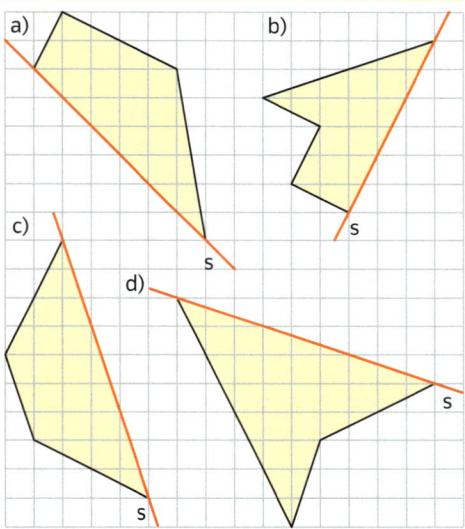

3 Ergänze zu einer achsensymmetrischen Figur mit mehreren Symmetrieachsen.

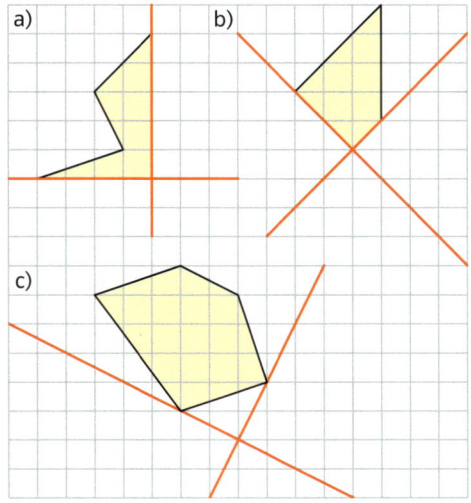

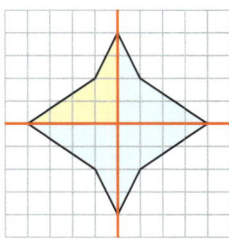

Drehung

1 Marvins Vater hat einen Briefkasten aus Amerika mitgebracht. Der Briefträger dreht eine Metallfahne nach oben, wenn er etwas einwirft. So ist leicht zu erkennen, ob Post gekommen ist.
a) Um welchen Winkel dreht der Briefträger die Fahne?
b) Nenne die Drehrichtung.
c) Nenne weitere Beispiele für Drehbewegungen.

2 a) Übertrage die Fahne in dein Heft und drehe sie wie im Beispiel.
b) Um welchen Winkel ist die Fahne im Beispiel gedreht worden?
c) Entwirf eine eigene Fahne und drehe sie um 90° (180°).

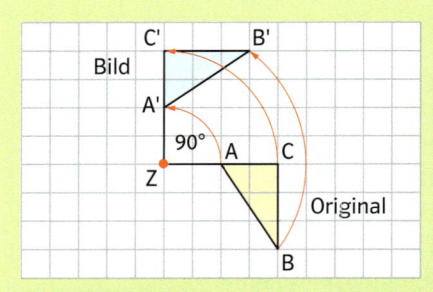

Bei einer **Drehung** wird jeder Punkt der Figur mit dem gleichen Drehwinkel um den Drehpunkt Z gedreht.
Vereinbarung:
Man dreht in der Mathematik links herum.

3 Zeichne die Figur und drehe sie um 90° (180°).

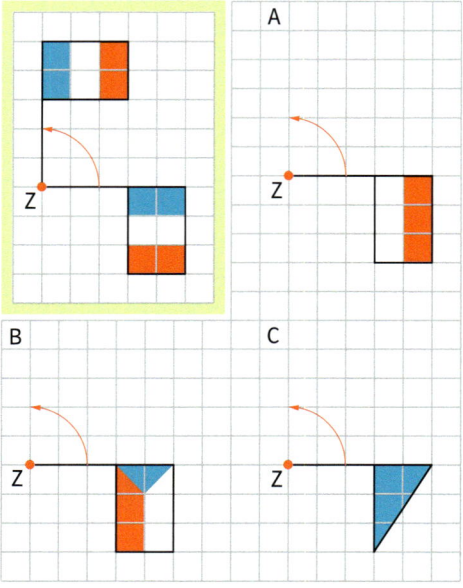

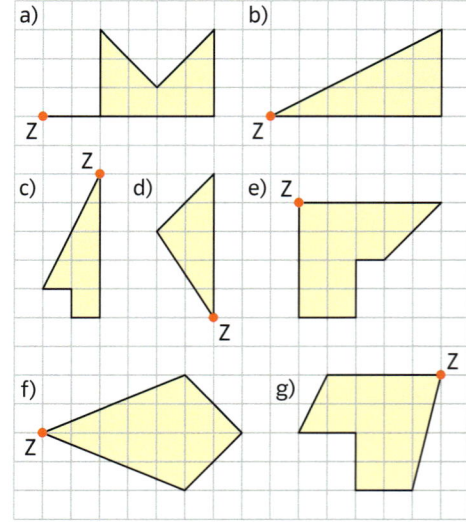

So kannst du einen Punkt A mithilfe von Zirkel und Geodreieck um 90° um den Punkt Z drehen:

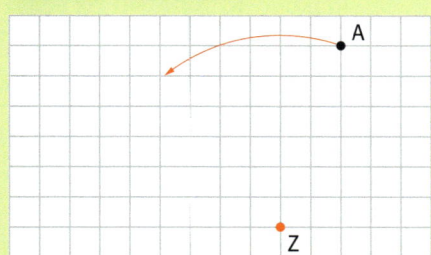

1. Zeichne die Punkte A und Z. Bedenke die Drehrichtung.

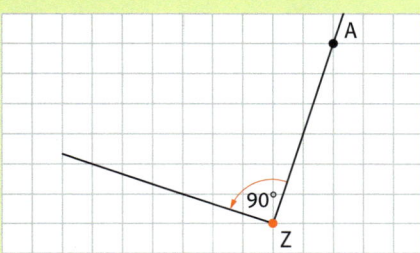

2. Verbinde Z mit A. Zeichne einen 90°-Winkel mit dem Scheitelpunkt Z.

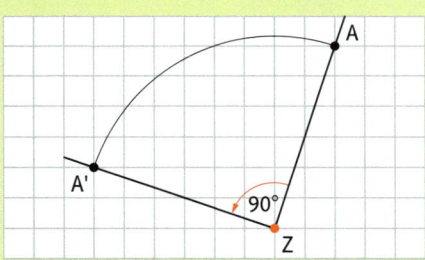

3. Zeichne um Z einen Kreis mit dem Radius $\overline{ZA}$. Der Schnittpunkt mit dem Schenkel ist der Bildpunkt A'.

4 Übertrage in dein Heft und drehe den Punkt A mithilfe von Zirkel und Geodreieck um 90° um den Punkt Z.

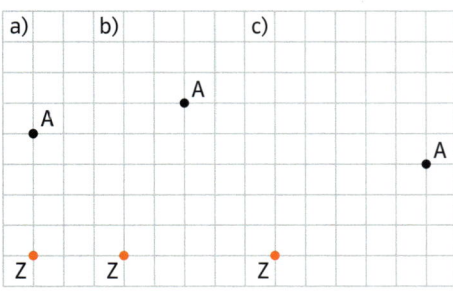

5 Übertrage in dein Heft und drehe die Figur um 90° um den Punkt Z.

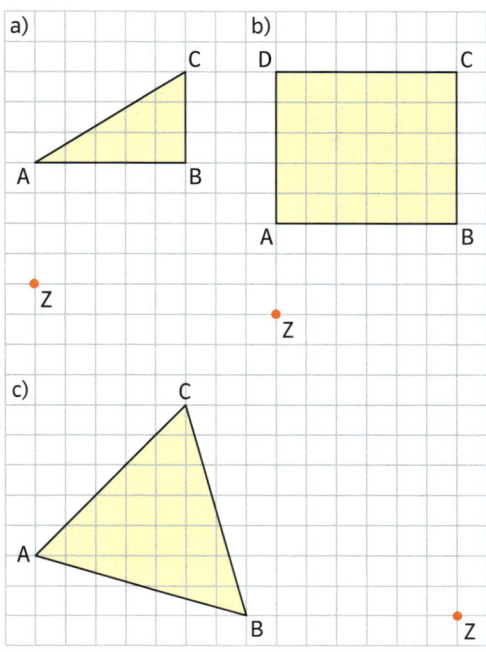

6 Das abgebildete Dreieck ABC ist um 90° um den Punkt Z gedreht worden. Vergleiche jeweils die Längen der Seiten und die Größen der Winkel in den Dreiecken ABC und A'B'C'.
Was stellst du fest?

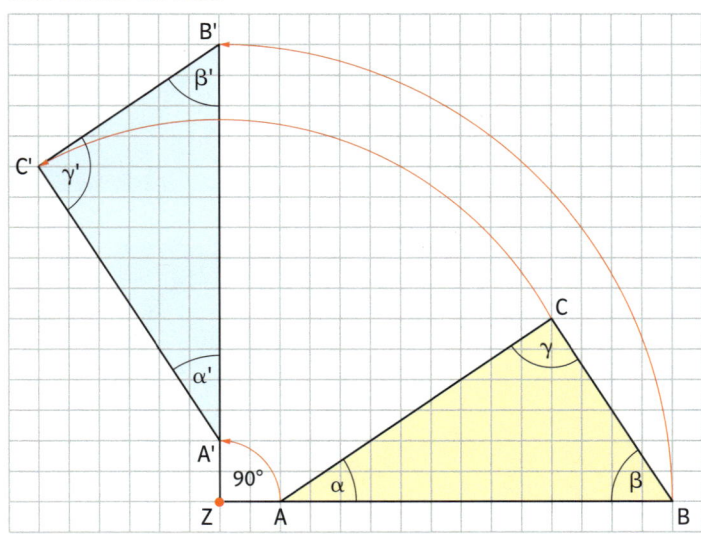

Bei einer Drehung bleiben die Länge einer Strecke sowie die Größe eines Winkels erhalten.

Drehsymmetrische Figuren

1 Betrachte die einzelnen Abbildungen. Nenne Gemeinsamkeiten und Unterschiede.

Drehsymmetrische Figuren kommen nach einer Drehung um einen bestimmten Winkel (der kein Vollwinkel ist) mit sich selbst zur Deckung.

2 Übertrage die Figur in dein Heft. Ist die Figur drehsymmetrisch? Begründe deine Antwort.

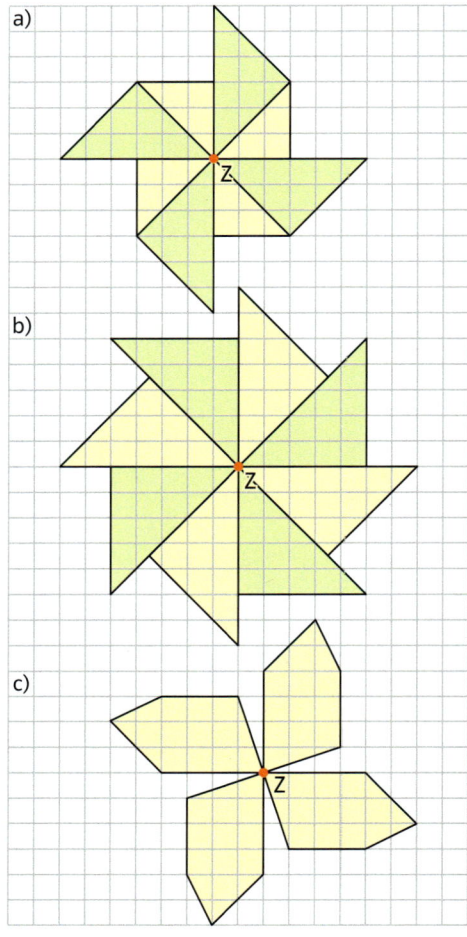

a)

b)

c)

3 a) Ergänze die Figur im Heft zu einer drehsymmetrischen Figur.
b) Entwirf selbst drei drehsymmetrische Figuren.

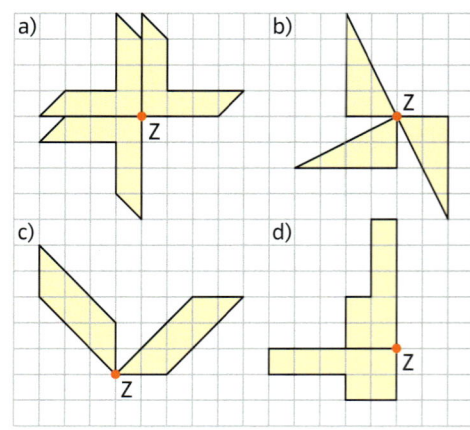

a)

b)

c)

d)

Punktspiegelung

1 In der Abbildung I ist das Dreieck A'B'C' durch eine Drehung aus dem Dreieck ABC erzeugt worden.
a) Um welchen Winkel ist das Dreieck ABC gedreht worden?

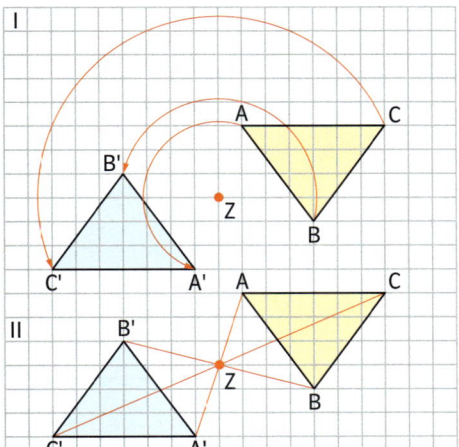

b) In Abbildung II ist die Drehung durch eine einfachere Konstruktion ersetzt worden. Erläutere, wie hier die Bildpunkte erzeugt wurden.

> Eine Drehung einer Figur um 180° (Halbdrehung) kann auch als **Punktspiegelung** bezeichnet werden.
>
>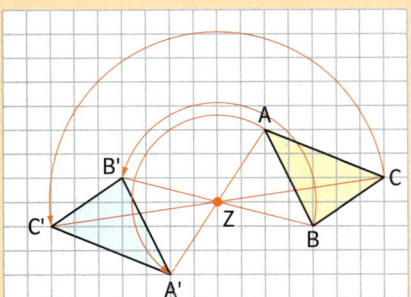
>
> Original- und Bildpunkt liegen auf einer Geraden durch das Zentrum Z und sind gleich weit von Z entfernt.

2 Spiegele den Punkt A in deinem Heft an Punkt Z.

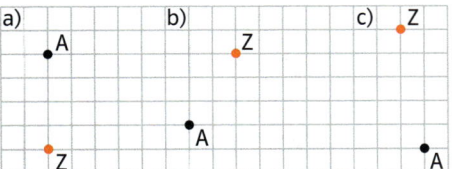

3 Übertrage die Figur in dein Heft und spiegele sie am Zentrum Z, indem du jeden Punkt einzeln spiegelst und die Bildpunkte verbindest.

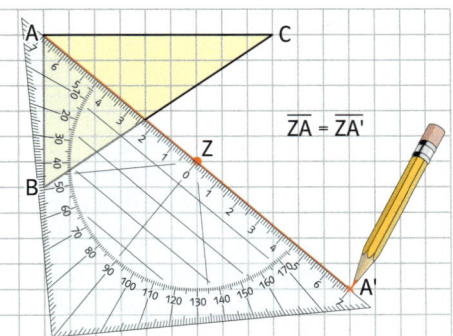

$$\overline{ZA} = \overline{ZA'}$$

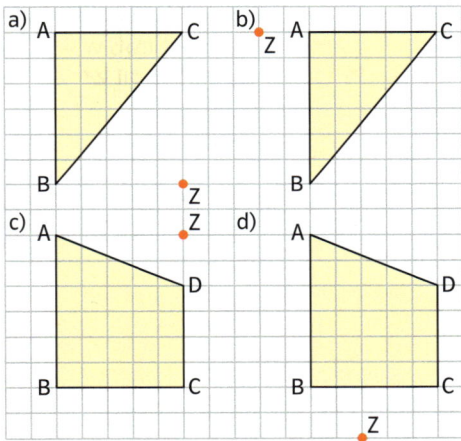

4 Das abgebildete Dreieck A'B'C' ist durch eine Punktspiegelung erzeugt worden.
Vergleiche jeweils die Längen der Seiten und die Größen der Winkel in den Dreiecken ABC und A'B'C'.
Was stellst du fest?

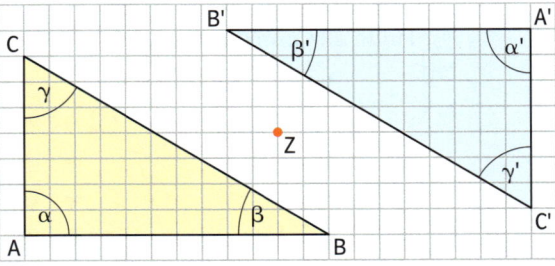

> Bei einer Punktspiegelung bleiben die Länge einer Strecke sowie die Größe eines Winkels erhalten.

Punktsymmetrische Figuren

1 Welcher Buchstabe ist drehsymmetrisch? Um welchen Winkel musst du ihn drehen, damit er wieder mit sich selbst zur Deckung kommt?

2 Welche Figur kommt nach einer Halbdrehung (180°) um einen geeigneten Drehpunkt mit sich selbst zur Deckung?

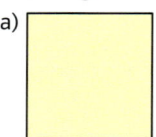

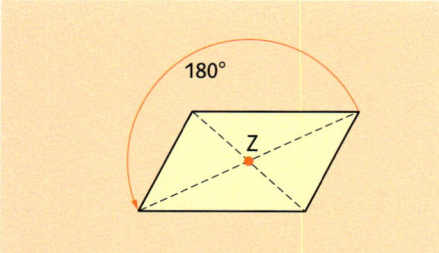

Eine drehsymmetrische Figur, die nach einer Halbdrehung (Punktspiegelung) auf sich selbst abgebildet wird, heißt **punktsymmetrisch.**

3 Finde alle punktsymmetrischen Figuren.

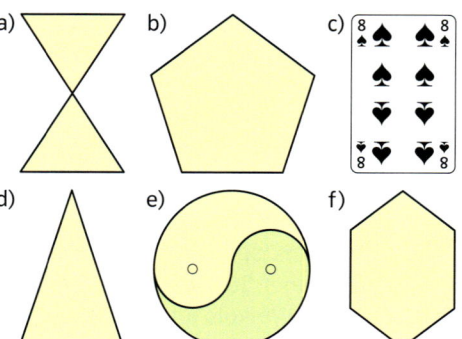

4 a) Schreibe alle Buchstaben auf, die punktsymmetrisch sind.
b) Finde Wörter, die nur aus punktsymmetrischen Buchstaben bestehen.
c) Gibt es punktsymmetrische Wörter?

5 Ergänze die Figur in deinem Heft zu einer punktsymmetrischen Figur. Das Symmetriezentrum Z ist markiert.

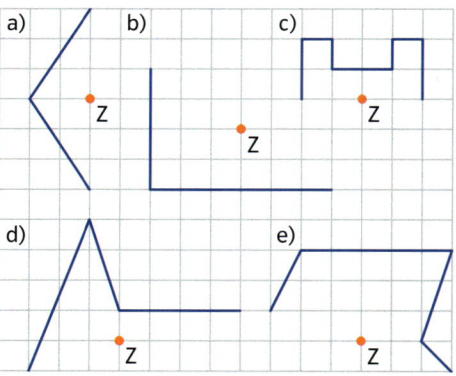

6 Übertrage die punktsymmetrischen Figuren in dein Heft und markiere jeweils das Zentrum.

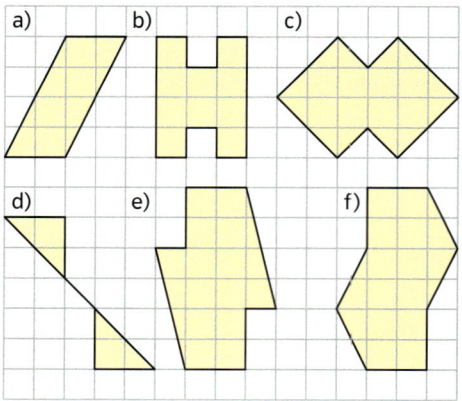

7 Bei den Abbildungen punktsymmetrischer Figuren sind Fehler gemacht worden. Beschreibe die Fehler.

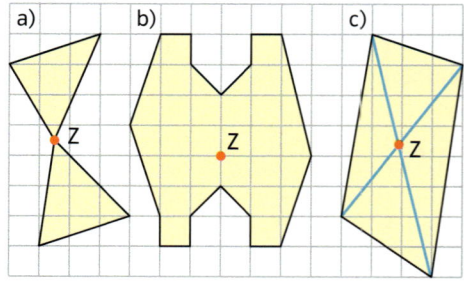

8 Welches Viereck ist nicht punktsymmetrisch? Vergleiche die Längen der vier Diagonalenabschnitte in jedem Viereck miteinander. Was stellst du fest?

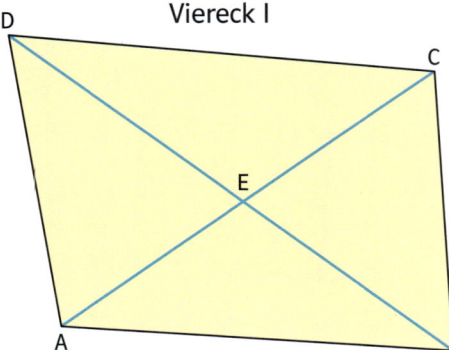

Viereck I

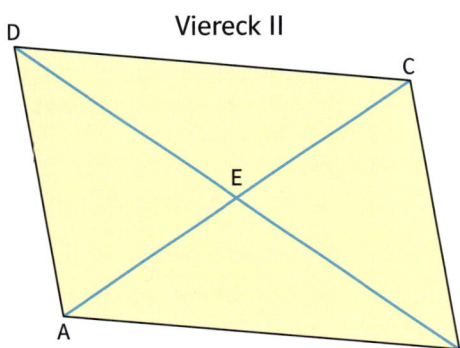

Viereck II

9 Überprüfe die Figur auf Punktsymmetrie.

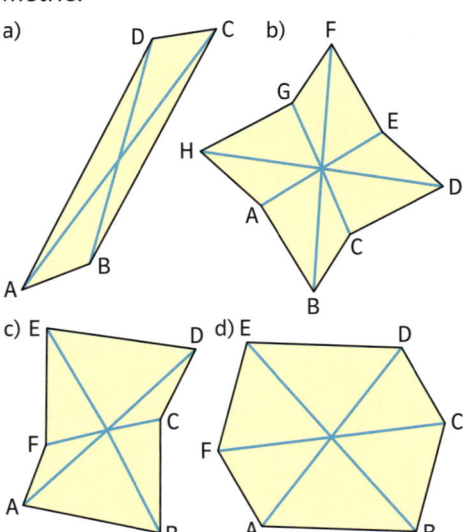

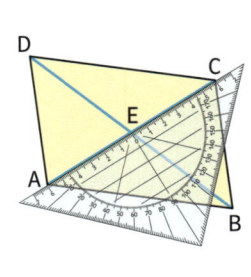

10 Ergänze die Figur im Heft zu einer punktsymmetrischen Figur.

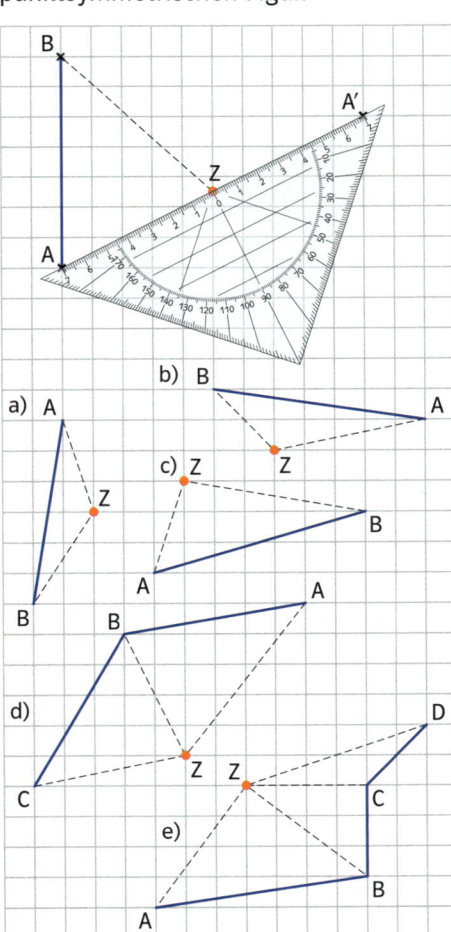

Zu jedem Punkt P einer punktsymmetrischen Figur gibt es einen Punkt P' der Figur, sodass gilt:
– P und P' liegen auf einer Geraden durch den Drehpunkt (oder das Symmetriezentrum) Z.
– P und P' sind gleich weit von Z entfernt.

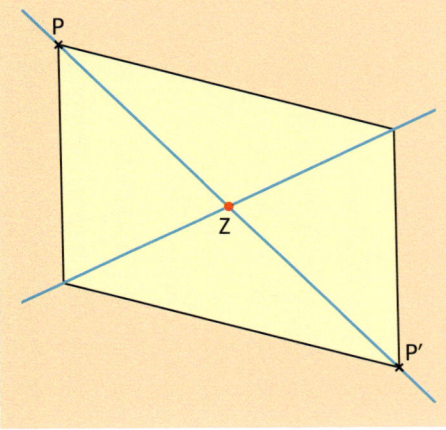

Arbeiten mit dem Computer: Punktsymmetrie

1 a) Konstruiere ein punktsymmetrisches Viereck mit deiner Geometriesoftware. Verfahre wie im Beispiel.

1. Zeichne drei Punkte in ähnlicher Lage wie abgebildet und benenne Punkt C mit Z.

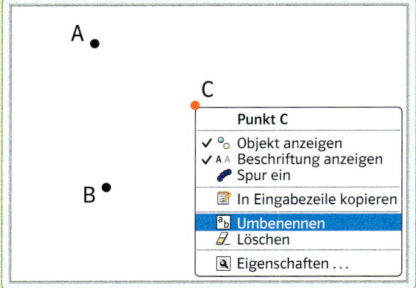

2. Wähle das Werkzeug „Spiegele Objekt an Punkt"

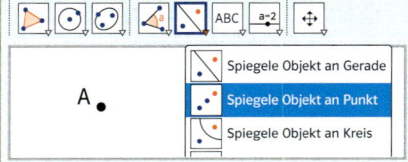

Klicke jeweils auf einen Punkt und danach auf das Zentrum Z.

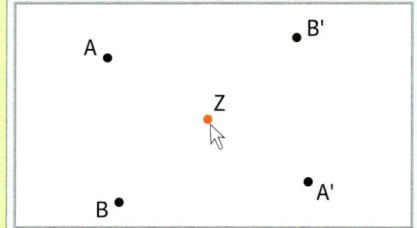

Es entstehen die Bildpunkte A' und B'.

3. Wähle das Werkzeug „Vieleck" und verbinde die Punkte A, B, A', B' und A in der angegebenen Reihenfolge zu einem Viereck.

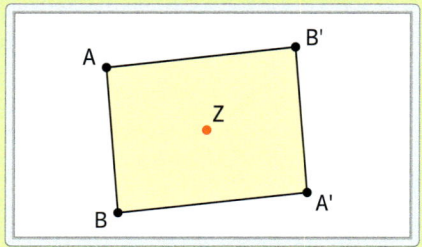

b) Wähle das Werkzeug „Bewege" und verändere die Lage der Punkte A, B und Z. Beschreibe deine Beobachtungen.

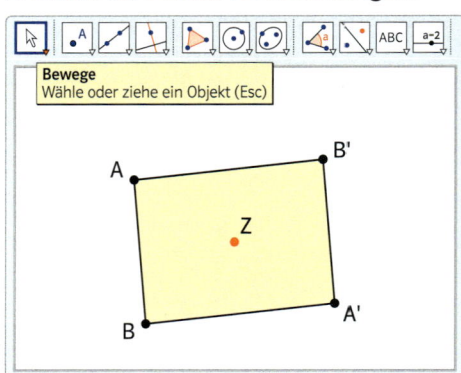

2 Konstruiere ähnliche punktsymmetrische Figuren wie unten abgebildet mit deinem Geometrieprogramm. Verändere nach der Konstruktion jeweils die Lage der Originalpunkte.

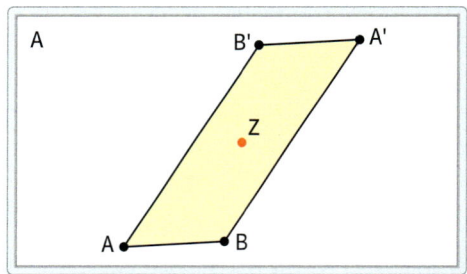

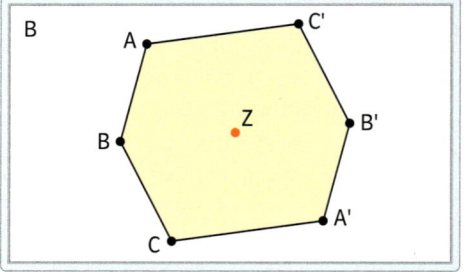

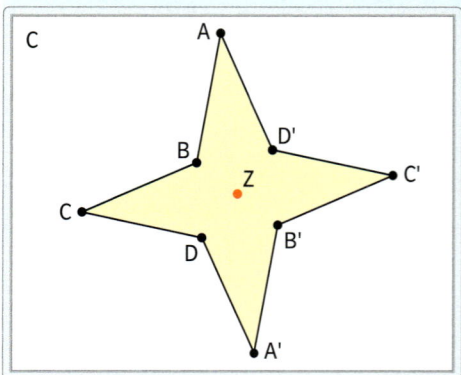

Arbeiten mit dem Computer: Drehsymmetrische Figuren

1 a) Konstruiere die abgebildete drehsymmetrische Figur. Verfahre wie im Beispiel.

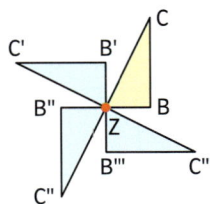

---

1. Zeichne ein Dreieck ABC und benenne Punkt A mit Z.

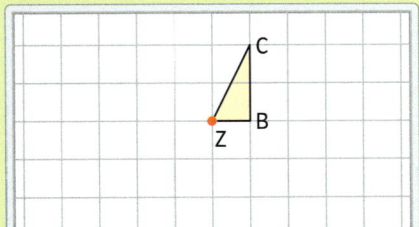

2. Wähle das Werkzeug „Drehe Objekt um Punkt mit Drehwinkel" und klicke nacheinander das Dreieck und Punkt Z an. Wähle als Drehwinkel 90°.

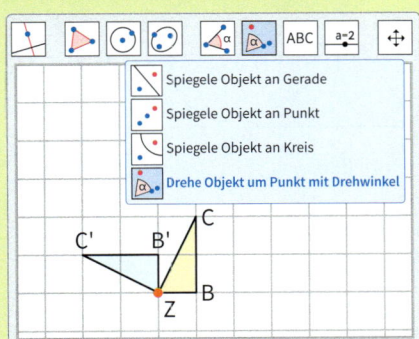

3. Drehe auch das Dreieck Z'B'C' um Z. Verfahre ebenso mit weiteren Bilddreiecken, bis du eine drehsymmetrische Figur erhältst.

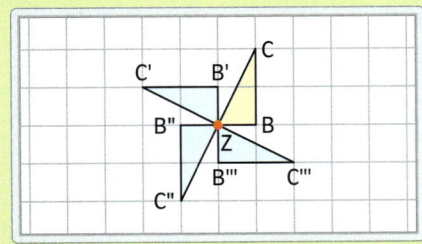

Die Punkte Z, Z', Z'' und Z''' liegen übereinander.

---

b) Verändere die Lage von B, C und Z. Beschreibe deine Beobachtungen.

2 Konstruiere drehsymmetrische Figuren wie unten abgebildet mit deinem Geometrieprogramm. Überlege zunächst, welchen Drehwinkel du einstellen musst.

A
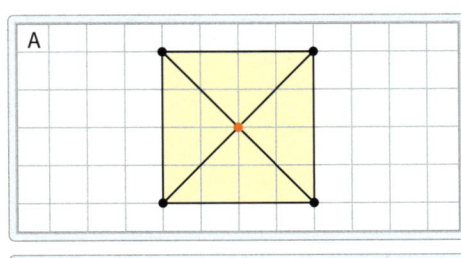

B
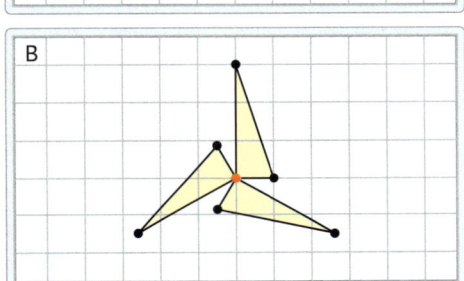

C
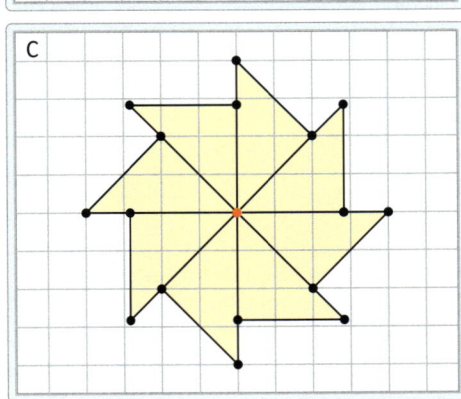

D
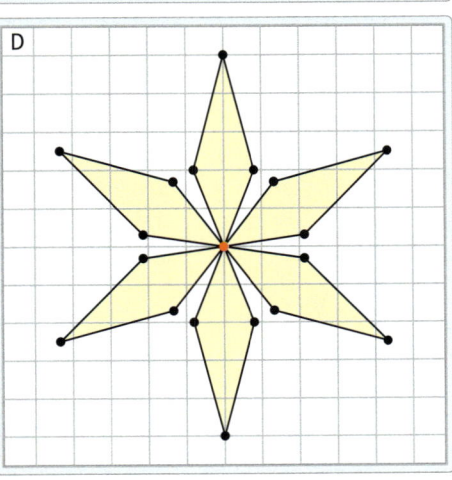

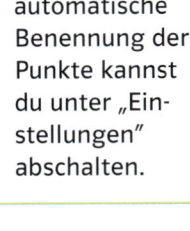

Tipp: Die automatische Benennung der Punkte kannst du unter „Einstellungen" abschalten.

Symmetrien und Muster

Achsenspiegelung

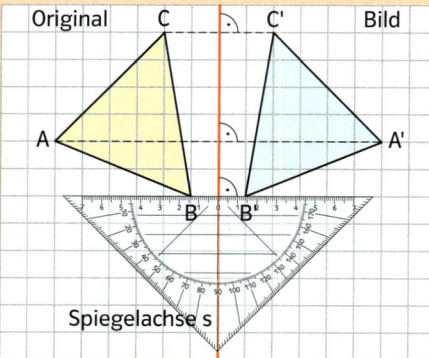

Das Dreieck ABC ist an der Geraden s gespiegelt.

Verschiebung

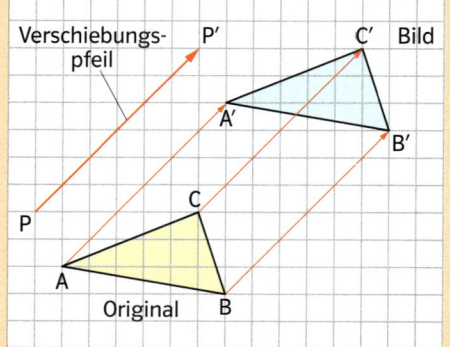

Das Dreieck ABC ist parallel zu dem Verschiebungspfeil $\overrightarrow{PP'}$ verschoben.

Drehung

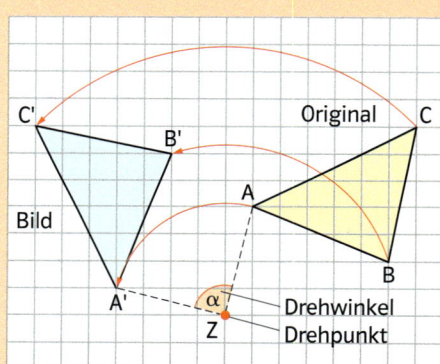

Das Dreieck ABC ist entgegen dem Uhrzeigersinn um Punkt Z um 90° gedreht.

Punktspiegelung

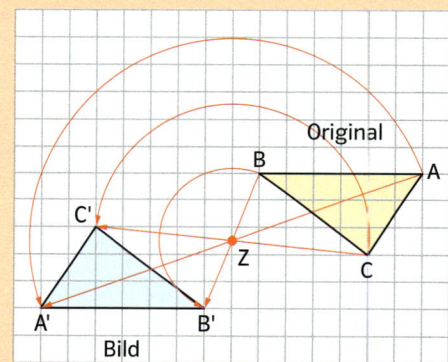

Das Dreieck ABC ist am Punkt Z gespiegelt.

Achsensymmetrische Figur

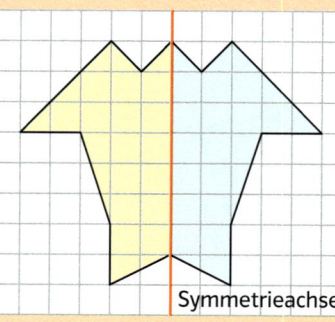

Symmetrieachse

Drehsymmetrische Figur

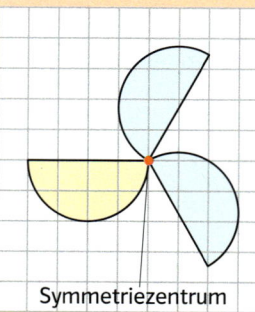

Symmetriezentrum

Punktsymmetrische Figur

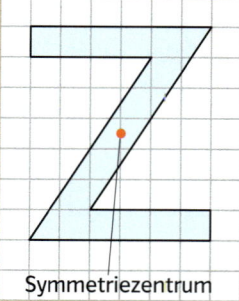

Symmetriezentrum

Üben und Vertiefen

1 Übertrage die Figur in dein Heft und verschiebe sie mit dem eingezeichneten Verschiebungspfeil. Benenne die Bildpunkte.

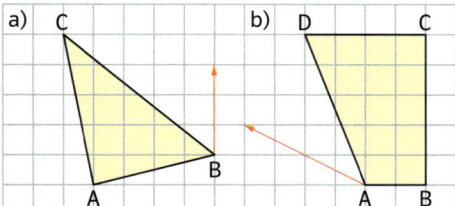

2 Zeichne die Figur mit den angegebenen Punkten in ein Koordinatensystem (Einheit 0,5 cm) und verschiebe sie so, dass Punkt A in Punkt A' übergeht. Gib die Koordinaten der restlichen Bildpunkte an.

a)

Original	Bild
A (8 | 0)	A' (4 | 2)
B (10 | 3)	▨
C (8 | 6)	▨
D (6 | 3)	▨

b)

Original	Bild
A (9 | 6)	A' (13 | 3)
B (13 | 6)	▨
C (13 | 10)	▨
D (9 | 10)	▨

3 Spiegele die Figur an der Spiegelachse s.

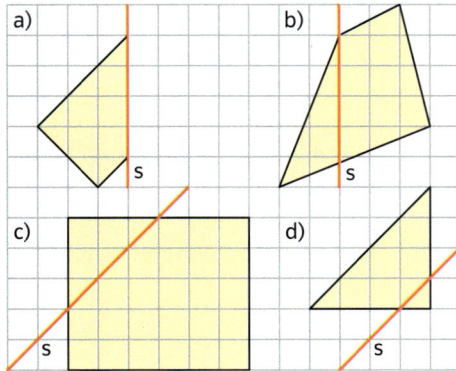

4 Zeichne im Heft die Symmetrieachse der Figur ein.

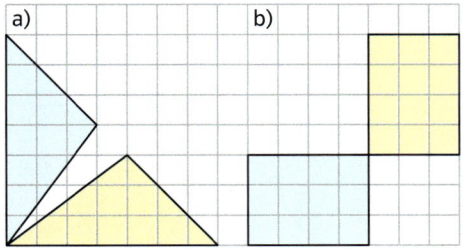

5 Ergänze zu einer drehsymmetrischen Figur.

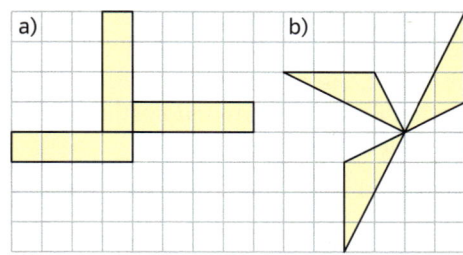

6 Drehe die Figur um 90° (180°, 270°).

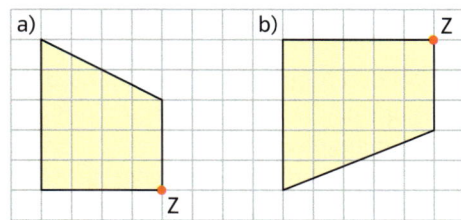

7 Welche Figuren sind punktsymmetrisch?

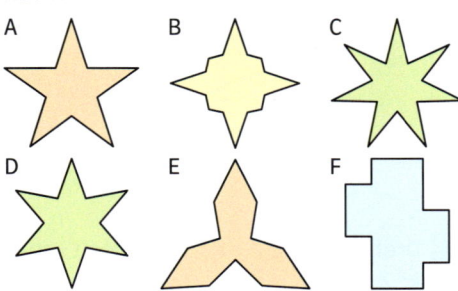

8 Führe im Heft eine Punktspiegelung an Punkt Z durch.

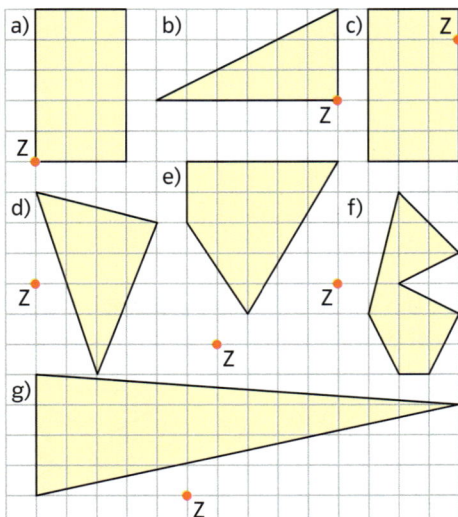

9 Zeichne die Figur mit den angegebenen Eckpunkten in ein Koordinatensystem (Einheit 1 cm). Verschiebe sie, sodass der Punkt A in den Punkt A' übergeht. Gib die Koordinaten der fehlenden Bildpunkte an und bestimme die Verschiebungsvorschrift.

a)

Original	Bild
A (1 | 6)	A' (2 | 5)
B (5 | 8)	▨
C (1 | 8)	▨

b)

Original	Bild
A (1 | 0)	A' (0 | 2)
B (5,5 | 1,5)	▨
C (1 | 2,5)	▨

10 Bei den folgenden Figuren fehlt die Spiegelachse s. Stattdessen ist ein Bildpunkt angegeben.
a) Konstruiere die Spiegelachse s.
b) Spiegele die Figur an s.

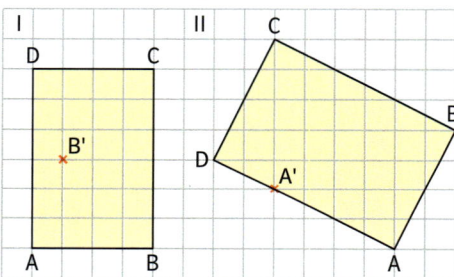

11 Drehe die Figur in deinem Heft um Punkt Z um 90°.

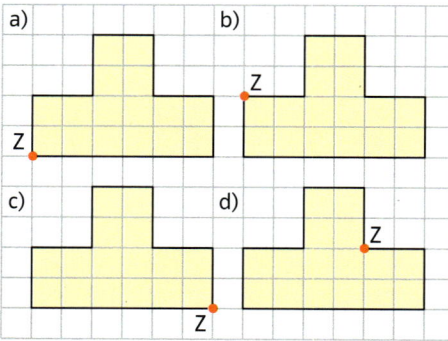

12 Um welchen Winkel musst du die Figur drehen, damit sie mit sich selbst zur Deckung kommt?

a)

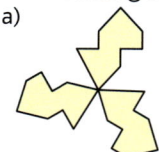

b)

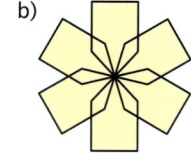

13 Übertrage die Teilfigur in dein Heft und führe eine Halbdrehung um Z aus. Ist die so entstandene Gesamtfigur auch achsensymmetrisch?

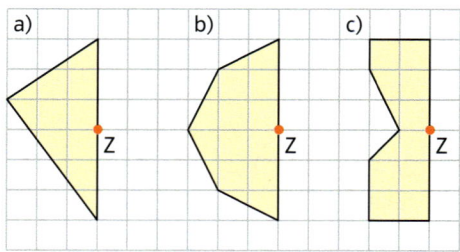

14 Übertrage das Viereck in dein Heft und untersuche es auf Punktsymmetrie und Achsensymmetrie. Zeichne, wenn möglich, alle Symmetrieachsen und das Drehzentrum Z ein. Gib die Bezeichnung des Vierecks an.

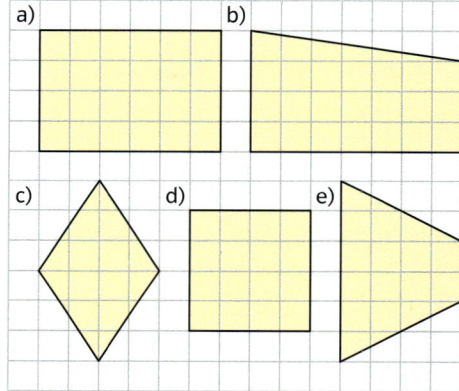

15 Ergänze das Viereck jeweils zu einer punktsymmetrischen Figur mit dem Zentrum Z und zu einer achsensymmetrischen Figur mit der Symmetrieachse s. Vergleiche.

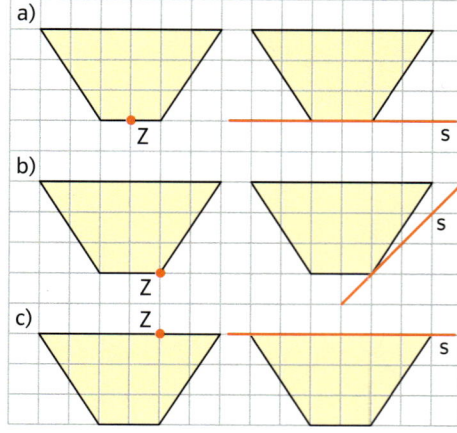

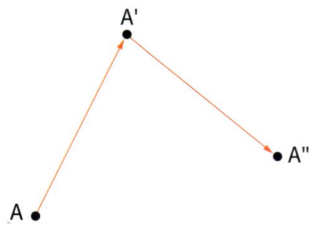

16 Ein Punkt A wurde um 2 cm nach rechts und 4 cm nach oben verschoben. Der Bildpunkt A′ wurde um 3 cm nach unten und 3 cm nach rechts auf Punkt A′′ verschoben.
Gib eine Verschiebungsvorschrift an, die Punkt A direkt auf Punkt A′′ abbildet.

17 Ein Punkt wurde in einem Koordinatensystem (Einheit 0,5 cm) von A (4 | 9) nach A′ (7 | 4) verschoben. Gib die Verschiebungsvorschrift an.

18 Übertrage Original- und Bildfigur einer Drehung um 90° ins Heft und markiere den Drehpunkt Z. Benenne auch die Punkte von Original- und Bildfigur.

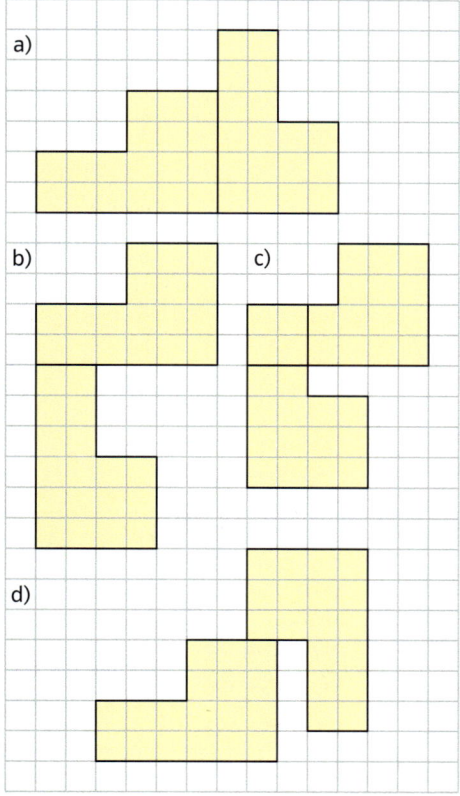

19 In der Abbildung siehst du jeweils eine Original- und eine Bildfigur. Kannst du entscheiden, ob eine Verschiebung, eine Drehung oder eine Achsenspiegelung vorliegt? Warum wäre eine Bezeichnung der Eckpunkte mit Buchstaben hier hilfreich?

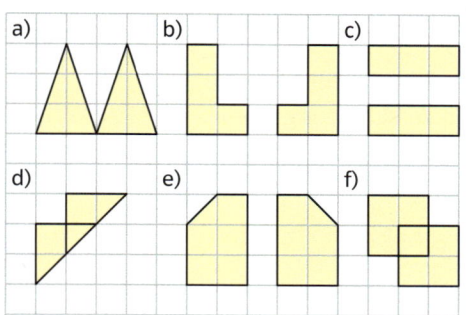

20 In der Abbildung siehst du regelmäßige Vielecke.
a) Welche Vielecke sind punktsymmetrisch? Kannst du eine Regel formulieren?

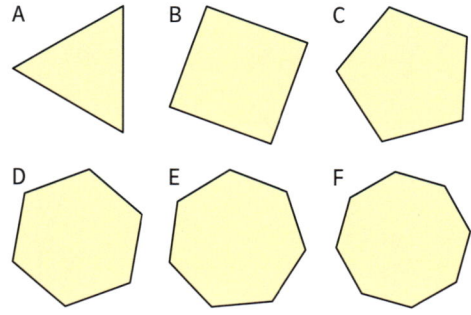

b) Wie viele Symmetrieachsen haben die einzelnen Vielecke? Gibt es eine Gesetzmäßigkeit?

21 Welche der folgenden Aussagen ist wahr, welche ist falsch?
a) Jedes Parallelogramm ist punktsymmetrisch.
b) Jedes Viereck ist punktsymmetrisch.
c) Jedes punktsymmetrische Viereck ist ein Parallelogramm.
d) Jedes Parallelogramm ist achsensymmetrisch.
e) Es kann kein punktsymmetrisches Dreieck geben.

22 Zeichne eine Figur, die drehsymmetrisch, aber nicht punktsymmetrisch ist.

Ausgangstest 1

1 Setze das Bandmuster fort.

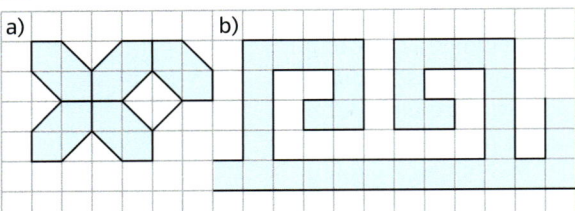

2 Zeichne die Figur in dein Heft und verschiebe sie mithilfe der angegebenen Verschiebungspfeile.

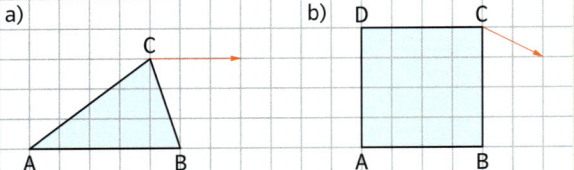

3 Übertrage die Figur in dein Heft und spiegele sie an den Spiegelachsen.
Benenne die Bildpunkte.

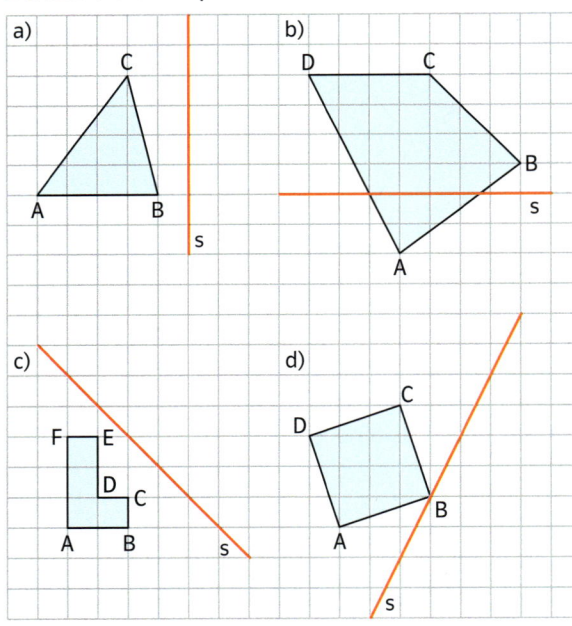

4 Zeichne die Figur in dein Heft und drehe sie um 90° um den Drehpunkt Z.

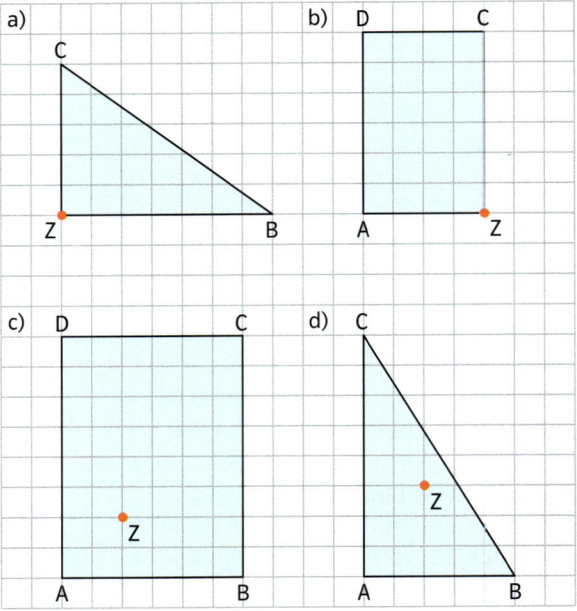

5 Übertrage und ergänze zu einer punktsymmetrischen Figur. Der Drehpunkt ist Z.

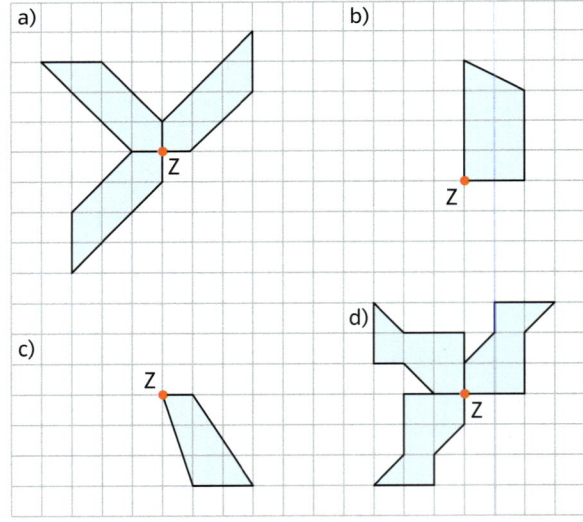

Ich kann	Aufgabe	Hilfen und Aufgaben
Regelmäßigkeiten in Mustern erkennen und die Muster entsprechend fortsetzen.	1	Seite 150
Figuren mit einem Verschiebungspfeil verschieben.	2	Seite 152, 153
Figuren an einer Spiegelachse spiegeln.	3	Seite 155, 156
Figuren um 90° drehen.	4	Seite 158, 159
Figuren zu punktsymmetrischen Figuren ergänzen.	5	Seite 162

Ausgangstest 2

1 Setze das Bandmuster in deinem Heft fort.

a)
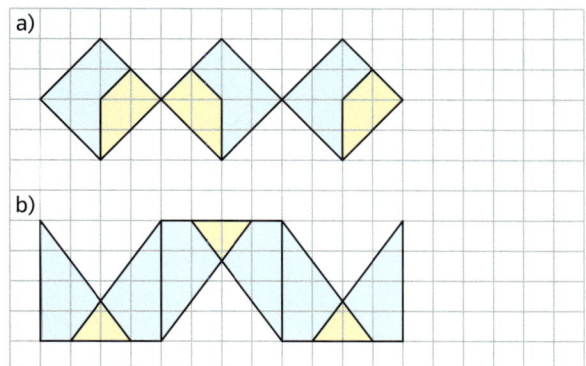

b)

2 Zeichne das Viereck ABCD mit A (5 | 2), B (11 | 3), C (8 | 5) und D (2 | 4) in ein Koordinatensystem (Einheit 0,5 cm). Verschiebe das Viereck um 3 Einheiten nach links und 2 Einheiten nach oben.

3 Spiegele das Viereck an der Spiegelachse s.

4 Konstruiere die Spiegelachse s und spiegele das Dreieck ABC an s.

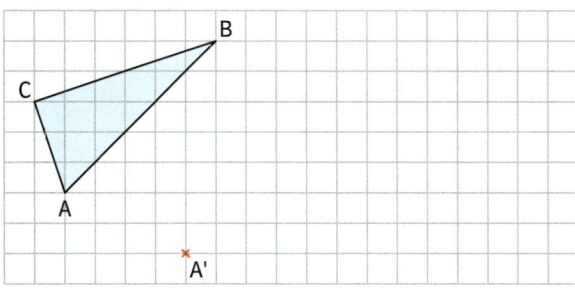

5 Drehe die Figur um 90° (270°) um Punkt Z.

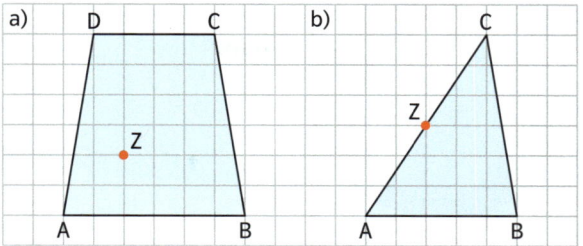

6 Zeichne das Viereck ABCD mit A (4 | 2), B (12 | 2), C (14 | 6) und D (2 | 8) in ein Koordinatensystem (Einheit 0,5 cm). Ergänze zu einer drehsymmetrischen Figur. Der Drehpunkt ist Z (8|7).

7 Zeichne eine drehsymmetrische Figur, die bei einer Drehung um 90° mit sich selbst zur Deckung kommt. Die Figur soll kein Quadrat sein.

8 Der Punkt C des Dreiecks ABC ist durch eine Drehung des Dreiecks um 90° auf C' abgebildet worden. Bestimme die Lage des Drehpunkts Z und konstruiere die Bildfigur A'B'C'.

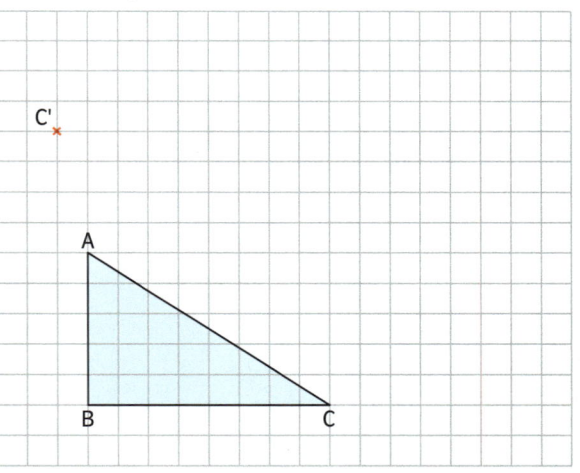

Ich kann	Aufgabe	Hilfen und Aufgaben
Regelmäßigkeiten in Mustern erkennen und die Muster entsprechend fortsetzen.	1	Seite 150
eine Figur mit einer Verschiebungsvorschrift verschieben.	2	Seite 152
Achsenspiegelungen ausführen.	3	Seite 155
eine Spiegelachse konstruieren.	4	Seite 156
eine Figur um einen Punkt drehen.	5	Seite 159
drehsymmetrische Figuren ergänzen und entwerfen.	6, 7	Seite 160, 165
den Drehpunkt einer Drehung konstruieren, wenn Drehwinkel, Original- und Bildpunkt gegeben sind.	8	Seite 169

8 Brüche multiplizieren und dividieren

Zu der gemeinsamen Geburtstagsfeier von Leonie und Niklas werden zwölf Gäste erwartet. Die beiden rechnen damit, dass jeder Gast $\frac{1}{2}$ l Apfelschorle trinken wird.
Wie viele $\frac{3}{4}$-l-Flaschen Apfelschorle müssen sie mindestens einkaufen?

Wir brauchen auch Apfelschorle.

Welche Flaschen-größe sollen wir nehmen?

Apfelschorle ohne Zuckerzusatz
12 x $\frac{3}{4}$ l für 7,99 €

Apfelschorle
6 x 1 $\frac{1}{2}$ l für 7,99 €

Ein Glas fasst $\frac{1}{8}$ l Apfelschorle. Wie viele Gläser lassen sich aus einer $\frac{3}{4}$-l-Flasche füllen?

Am Ende der Feier ist noch eine $\frac{3}{4}$-l-Flasche Apfelschorle zur Hälfte gefüllt.

„Das ist weniger als ein halber Liter", sagt Lara. Hat sie recht?

Wir mixen und verteilen Getränke

Pfirsichbowle

pro Person:

2 reife Pfirsiche
½ ℓ Eistee
(Pfirsichgeschmack)
¼ ℓ Orangenlimonade

1 Tim möchte für sich, seine beiden Geschwister und seine Eltern am Wochenende eine Pfirsichbowle zubereiten. Auf einem Zettel berechnet Tim, wie viel Liter Eistee und Orangenlimonade er jeweils benötigt.

Eistee
$$\frac{1}{2}\,l + \frac{1}{2}\,l + \frac{1}{2}\,l + \frac{1}{2}\,l + \frac{1}{2}\,l = \frac{5}{2}\,l = 2\frac{1}{2}\,l$$

Orangenlimonade
$$\frac{1}{4}\,l + \frac{1}{4}\,l + \frac{1}{4}\,l + \frac{1}{4}\,l + \frac{1}{4}\,l = \frac{5}{4}\,l = 1\frac{1}{4}\,l$$

a) Tims Schwester Lilly behauptet: „Das kann ich schneller ausrechnen!" Wie wird sie wohl vorgehen?

b) Für ihren Geburtstag möchte sie auch das Rezept nutzen. Sie weiß aber noch nicht, wie viele Gäste kommen werden.

Vervollständige die Tabelle im Heft.

Anzahl der Personen	5	6	7	8
Eistee in l	$2\frac{1}{2}$			
Orangenlimonade in l	$1\frac{1}{4}$			
Bowle in l	$3\frac{3}{4}$			

2 Lilly hat 6 l Bowle zubereitet.
a) Wie viele $\frac{1}{4}$-l-Gläser ($\frac{1}{3}$-l-Gläser) lassen sich aus dem Bowlegefäß abfüllen?
b) Wie bist du vorgegangen?

3 Eine Flasche ist mit $\frac{3}{4}$-l-Apfelsaft gefüllt.
a) Der Inhalt soll auf drei (sechs) Personen aufgeteilt werden.
b) Beschreibe deinen Lösungsweg.

4 Es stehen $\frac{1}{4}$-l-Gläser zur Verfügung. Wie viele Gläser lassen sich aus einer $1\frac{1}{2}$-l-Flasche Orangensaft füllen?

Brüche mit natürlichen Zahlen multiplizieren

1 Marie ist schon zum fünften Mal verspätet zu einer Verabredung gekommen. Jan ärgert sich: „Wir waren um 17 Uhr verabredet. Jedes Mal muss ich warten. Das sind insgesamt fast zwei Stunden!" Übertreibt Jan?

2 Bestimme die Platzhalter

a)
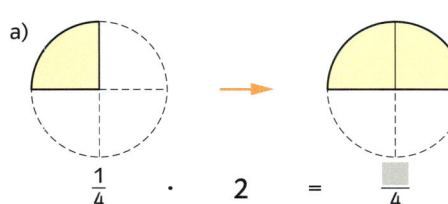

$$\frac{1}{4} \cdot 2 = \frac{\square}{4}$$

b)
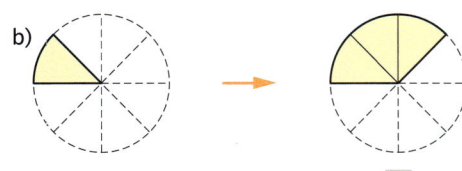

$$\frac{1}{8} \cdot 3 = \frac{\square}{8}$$

c)
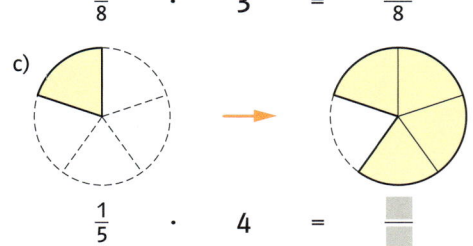

$$\frac{1}{5} \cdot 4 = \frac{\square}{\square}$$

d)
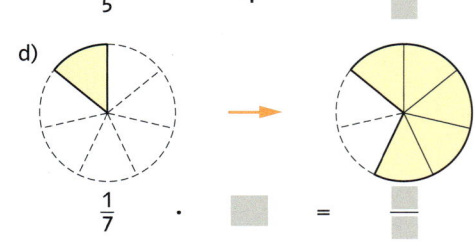

$$\frac{1}{7} \cdot \square = \frac{\square}{\square}$$

3 Gib die zugehörige Multiplikationsaufgabe an.

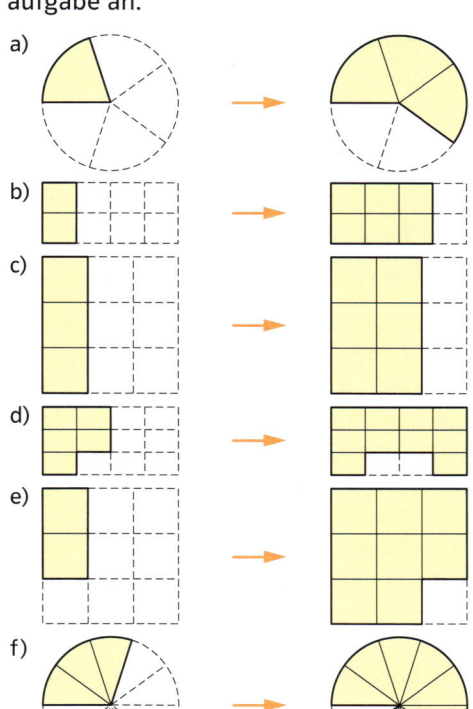

a)

b)

c)

d)

e)

f)

4 Berechne.

$$\frac{2}{9} \cdot 4 = \frac{2 \cdot 4}{9} = \frac{8}{9}$$

a) $\frac{1}{7} \cdot 3$ b) $\frac{2}{11} \cdot 5$ c) $\frac{1}{7} \cdot 6$

d) $\frac{2}{13} \cdot 6$ e) $\frac{2}{17} \cdot 3$ f) $\frac{4}{19} \cdot 4$

5 Bestimme die Platzhalter.

a) $\frac{2}{11} \cdot \square = \frac{10}{11}$ b) $\frac{2}{15} \cdot \square = \frac{14}{15}$

c) $\frac{2}{\square} \cdot \square = \frac{8}{9}$ d) $\frac{\square}{\square} \cdot 3 = \frac{6}{7}$

6 Schreibe als Multiplikationsaufgabe und berechne. Kürze das Ergebnis, falls möglich.

a) das Fünffache von $\frac{1}{6}$

b) das Siebenfache von $\frac{12}{15}$

c) das Zehnfache von $\frac{4}{25}$

d) das Zwanzigfache von $\frac{2}{3}$

e) das Fünfzehnfache von $\frac{3}{45}$

f) das Neunfache von $\frac{14}{36}$

Brüche multiplizieren

1

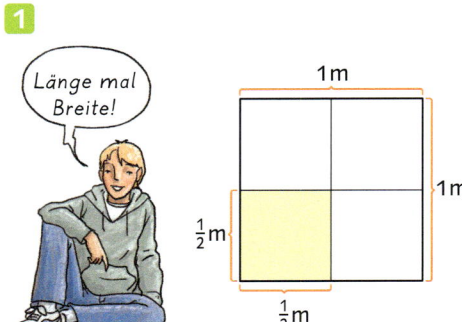

Länge mal Breite!

1m

$\frac{1}{2}$m   1m

$\frac{1}{2}$m

a) Aus einer quadratischen Fläche wird eine kleinere Fläche mit den angegebenen Maßen geschnitten. Berechne ihren Flächeninhalt.
b) Welcher Bruchteil der großen Quadratfläche wird ausgeschnitten?
c) Wie kannst du den Inhalt der ausgeschnittenen Fläche auch mithilfe der angegebenen Seitenlängen bestimmen?

2 Gib die Multiplikationsaufgabe an und bestimme das Ergebnis wie im Beispiel.

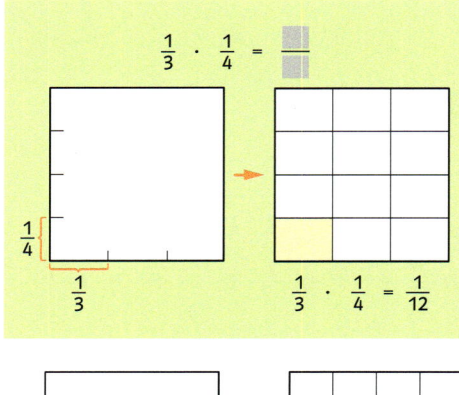

$$\frac{1}{3} \cdot \frac{1}{4} = $$

$\frac{1}{4}$

$\frac{1}{3}$

$$\frac{1}{3} \cdot \frac{1}{4} = \frac{1}{12}$$

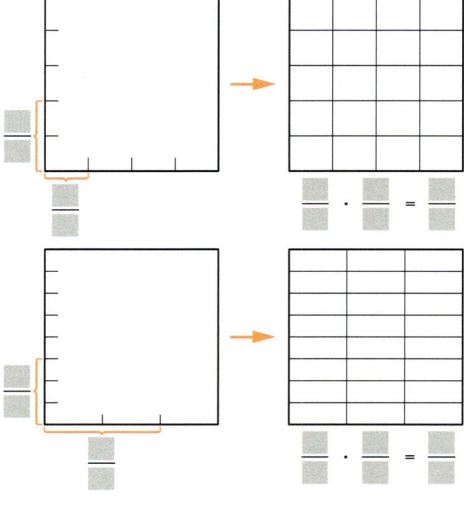

3 Gib die zugehörige Multiplikationsaufgabe mit Ergebnis an.

a) 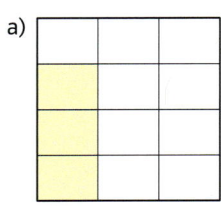   b)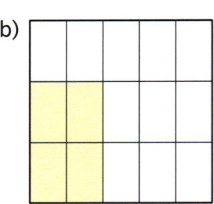

> Zwei Brüche werden multipliziert, indem man Zähler mit Zähler und Nenner mit Nenner multipliziert.
>
> $$\frac{2}{3} \cdot \frac{4}{5} = \frac{2 \cdot 4}{3 \cdot 5} = \frac{8}{15}$$

4 Multipliziere.

a) $\frac{4}{5} \cdot \frac{3}{7}$ b) $\frac{3}{4} \cdot \frac{3}{5}$ c) $\frac{7}{12} \cdot \frac{1}{3}$

$\frac{1}{2} \cdot \frac{5}{9}$ $\frac{2}{7} \cdot \frac{5}{11}$ $\frac{3}{8} \cdot \frac{5}{16}$

d) $\frac{3}{5} \cdot \frac{6}{7}$ e) $\frac{6}{7} \cdot \frac{4}{13}$ f) $\frac{4}{9} \cdot \frac{4}{5}$

$\frac{5}{8} \cdot \frac{3}{7}$ $\frac{11}{13} \cdot \frac{3}{4}$ $\frac{8}{13} \cdot \frac{2}{7}$

Lösungen zu Aufgabe 4:

$\frac{9}{20}$ $\frac{15}{128}$ $\frac{18}{35}$ $\frac{33}{52}$ $\frac{16}{45}$ $\frac{10}{77}$ $\frac{16}{91}$ $\frac{15}{56}$ $\frac{12}{35}$ $\frac{24}{91}$ $\frac{5}{18}$ $\frac{7}{36}$

5 Multipliziere die Brüche und kürze. Zum Kürzen wähle einen Faktor im Zähler und einen Faktor im Nenner aus. Es gibt zwei Möglichkeiten.

$$\frac{6}{7} \cdot \frac{3}{4} = \frac{\overset{9}{18}}{\underset{14}{28}} = \frac{9}{14}$$

oder

$$\frac{6}{7} \cdot \frac{3}{4} = \frac{\overset{3}{6} \cdot 3}{7 \cdot \underset{2}{4}} = \frac{9}{14}$$

a) $\frac{3}{4} \cdot \frac{2}{5}$

$\frac{2}{3} \cdot \frac{5}{8}$

$\frac{2}{11} \cdot \frac{3}{4}$

b) $\frac{7}{8} \cdot \frac{4}{3}$ c) $\frac{4}{7} \cdot \frac{3}{4}$ d) $\frac{3}{4} \cdot \frac{2}{9}$

$\frac{5}{9} \cdot \frac{3}{10}$ $\frac{5}{11} \cdot \frac{7}{10}$ $\frac{5}{12} \cdot \frac{8}{9}$

$\frac{4}{7} \cdot \frac{3}{8}$ $\frac{1}{8} \cdot \frac{4}{11}$ $\frac{11}{13} \cdot \frac{9}{22}$

Lösungen zu Aufgabe 5:

$\frac{3}{10}$ $\frac{1}{6}$ $\frac{1}{22}$ $\frac{9}{26}$ $\frac{10}{27}$ $\frac{7}{22}$ $\frac{3}{14}$ $\frac{5}{12}$ $\frac{7}{6}$ $\frac{3}{7}$ $\frac{1}{6}$ $\frac{3}{22}$

6 Berechne.

a) $\frac{1}{9} \cdot \frac{3}{8}$ b) $\frac{3}{7} \cdot \frac{5}{6}$ c) $\frac{4}{9} \cdot \frac{3}{7}$

$\frac{3}{11} \cdot \frac{2}{3}$ $\frac{8}{9} \cdot \frac{3}{5}$ $\frac{5}{6} \cdot \frac{8}{9}$

d) $\frac{6}{7} \cdot \frac{13}{18}$ e) $\frac{3}{5} \cdot \frac{8}{15}$ f) $\frac{9}{50} \cdot \frac{5}{7}$

$\frac{3}{4} \cdot \frac{11}{12}$ $\frac{5}{14} \cdot \frac{7}{12}$ $\frac{5}{18} \cdot \frac{12}{13}$

Lösungen zu Aufgabe 6:

$\frac{20}{27}$ $\frac{8}{15}$ $\frac{2}{11}$ $\frac{4}{21}$ $\frac{5}{14}$ $\frac{1}{24}$ $\frac{10}{39}$ $\frac{5}{24}$ $\frac{11}{16}$ $\frac{9}{70}$ $\frac{8}{25}$ $\frac{13}{21}$

7 Multipliziere, kürze zuerst.

$$\frac{7}{15} \cdot \frac{9}{14} = \frac{\overset{1}{7} \cdot \overset{3}{9}}{\underset{5}{15} \cdot \underset{2}{14}} = \frac{3}{10}$$

a) $\frac{9}{28} \cdot \frac{7}{12}$ b) $\frac{7}{15} \cdot \frac{6}{35}$

$\frac{22}{25} \cdot \frac{5}{33}$ $\frac{13}{25} \cdot \frac{15}{39}$

$\frac{7}{18} \cdot \frac{9}{49}$ $\frac{14}{19} \cdot \frac{38}{49}$

c) $\frac{14}{23} \cdot \frac{23}{42}$ d) $\frac{5}{17} \cdot \frac{34}{45}$ e) $\frac{11}{20} \cdot \frac{4}{33}$

$\frac{17}{60} \cdot \frac{15}{68}$ $\frac{25}{48} \cdot \frac{16}{75}$ $\frac{24}{25} \cdot \frac{15}{16}$

$\frac{9}{52} \cdot \frac{26}{27}$ $\frac{35}{81} \cdot \frac{45}{49}$ $\frac{27}{28} \cdot \frac{7}{36}$

Lösung zu Aufgabe 7:

$\frac{1}{14}$ $\frac{4}{7}$ $\frac{1}{6}$ $\frac{25}{63}$ $\frac{3}{16}$ $\frac{9}{10}$ $\frac{1}{16}$ $\frac{1}{9}$ $\frac{1}{5}$ $\frac{2}{15}$ $\frac{3}{16}$ $\frac{2}{25}$ $\frac{1}{3}$ $\frac{2}{9}$ $\frac{1}{15}$

8 Hier musst du multiplizieren.

a) 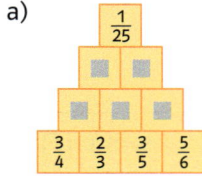 b)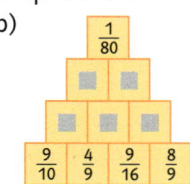

c) 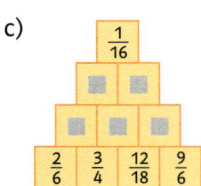 d)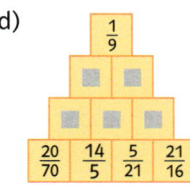

9 Bestimme den Platzhalter.

a) $\frac{4}{15} \cdot \frac{\blacksquare}{\blacksquare} = \frac{28}{45}$ b) $\frac{7}{9} \cdot \frac{\blacksquare}{\blacksquare} = \frac{14}{45}$

c) $\frac{5}{6} \cdot \frac{\blacksquare}{\blacksquare} = \frac{35}{36}$ d) $\frac{\blacksquare}{\blacksquare} \cdot \frac{2}{3} = \frac{8}{9}$

e) $\frac{5}{\blacksquare} \cdot \frac{\blacksquare}{8} = \frac{45}{56}$ f) $\frac{\blacksquare}{\blacksquare} \cdot \frac{1}{6} = 1$

10 Kürze vor dem Ausrechnen.

$$\frac{2}{15} \cdot \frac{1}{6} \cdot \frac{5}{7} = \frac{\overset{1}{2} \cdot 1 \cdot \overset{1}{5}}{\underset{3}{15} \cdot \underset{3}{6} \cdot 7} = \frac{1 \cdot 1 \cdot 1}{3 \cdot 3 \cdot 7} = \frac{1}{63}$$

a) $\frac{4}{5} \cdot \frac{2}{3} \cdot \frac{5}{6}$ b) $\frac{9}{10} \cdot \frac{5}{6} \cdot \frac{2}{3}$

$\frac{7}{9} \cdot \frac{3}{4} \cdot \frac{4}{5}$ $\frac{6}{7} \cdot \frac{2}{9} \cdot \frac{7}{8}$

$\frac{3}{4} \cdot \frac{8}{9} \cdot \frac{1}{5}$ $\frac{11}{14} \cdot \frac{7}{8} \cdot \frac{12}{33}$

c) $\frac{8}{11} \cdot \frac{5}{12} \cdot \frac{3}{4}$ d) $\frac{16}{27} \cdot \frac{12}{25} \cdot \frac{15}{32}$

$\frac{4}{15} \cdot \frac{5}{14} \cdot \frac{7}{16}$ $\frac{30}{49} \cdot \frac{21}{25} \cdot \frac{5}{12}$

$\frac{6}{17} \cdot \frac{5}{24} \cdot \frac{34}{35}$ $\frac{13}{14} \cdot \frac{3}{5} \cdot \frac{35}{39}$

Lösung zu Aufgabe 10:

$\frac{1}{24}$ $\frac{1}{2}$ $\frac{5}{22}$ $\frac{1}{6}$ $\frac{2}{15}$ $\frac{4}{9}$ $\frac{7}{15}$ $\frac{3}{14}$ $\frac{2}{15}$ $\frac{1}{4}$ $\frac{1}{14}$ $\frac{1}{2}$

11 Wandle die gemischte Zahl zuerst in einen Bruch um. Multipliziere dann.

$$2\frac{1}{3} \cdot \frac{1}{4} = \frac{7}{3} \cdot \frac{1}{4} = \frac{7}{12}$$

a) $1\frac{1}{5} \cdot \frac{1}{7}$ b) $4\frac{1}{2} \cdot \frac{1}{11}$ c) $2\frac{2}{3} \cdot \frac{3}{4}$

$2\frac{3}{16} \cdot \frac{4}{7}$ $\frac{19}{21} \cdot 1\frac{4}{38}$ $1\frac{8}{69} \cdot \frac{23}{77}$

$1\frac{13}{27} \cdot \frac{3}{5}$ $\frac{16}{17} \cdot 1\frac{2}{32}$ $2\frac{8}{58} \cdot \frac{29}{31}$

$6\frac{6}{7} \cdot \frac{21}{24}$ $\frac{3}{7} \cdot 9\frac{4}{5}$ $18\frac{2}{3} \cdot \frac{5}{14}$

Lösung zu Aufgabe 11:

$4\frac{1}{5}$ 2 6 $\frac{1}{3}$ $1\frac{8}{9}$ $1\frac{1}{4}$ 2 1 $6\frac{2}{3}$ $\frac{6}{35}$ $\frac{9}{22}$

12 Zeichne zu jeder Multiplikationsaufgabe ein Quadrat mit der Seitenlänge 4 cm und teile es richtig ein.

a) $\frac{1}{2} \cdot \frac{1}{4}$ b) $\frac{1}{4} \cdot \frac{3}{4}$ c) $\frac{1}{2} \cdot \frac{7}{8}$ d) $\frac{5}{8} \cdot \frac{3}{4}$

Bruchteile berechnen

Ich habe nur noch eine $\frac{3}{4}$ Tafel Schokolade.

Gibst du mir die Hälfte ab?

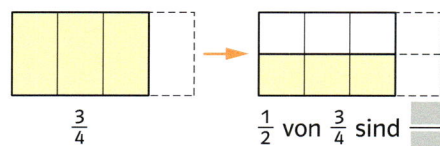

$\frac{3}{4}$

$\frac{1}{2}$ von $\frac{3}{4}$ sind ▨

1 Welchen Bruchteil der ganzen Tafel Schokolade erhält Lisa?

2 Bestimme mithilfe der Abbildungen die Platzhalter. Was stellst du fest? Wie kannst du den gesuchten Bruchteil berechnen?

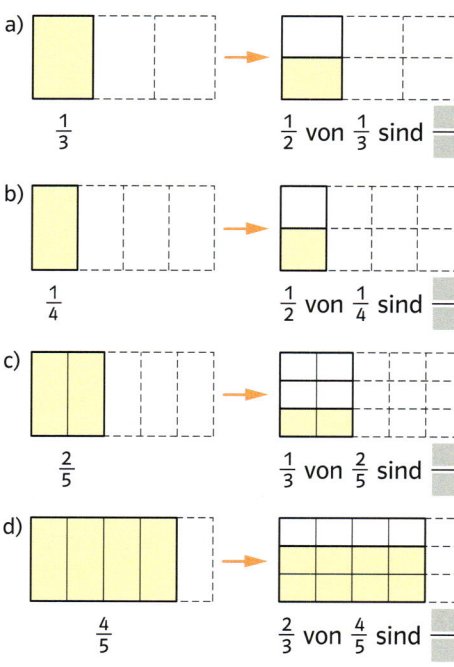

a)

$\frac{1}{3}$

$\frac{1}{2}$ von $\frac{1}{3}$ sind ▨

b)

$\frac{1}{4}$

$\frac{1}{2}$ von $\frac{1}{4}$ sind ▨

c)

$\frac{2}{5}$

$\frac{1}{3}$ von $\frac{2}{5}$ sind ▨

d)

$\frac{4}{5}$

$\frac{2}{3}$ von $\frac{4}{5}$ sind ▨

3 Schreibe als Multiplikationsaufgabe und berechne.

$\frac{2}{3}$ von $\frac{4}{5}$ sind ▨

$\frac{2}{3} \cdot \frac{4}{5} = \frac{2 \cdot 4}{3 \cdot 5} = \frac{8}{15}$

$\frac{2}{3}$ von $\frac{4}{5}$ sind $\frac{8}{15}$

a) $\frac{1}{3}$ von $\frac{5}{8}$

$\frac{2}{3}$ von $\frac{3}{9}$

$\frac{1}{5}$ von $\frac{3}{4}$

$\frac{1}{8}$ von $\frac{3}{5}$

b) $\frac{3}{8}$ von $\frac{7}{10}$ c) $\frac{1}{2}$ von $\frac{5}{9}$ d) $\frac{2}{3}$ von $\frac{9}{8}$

$\frac{4}{5}$ von $\frac{3}{20}$ $\frac{3}{4}$ von $\frac{1}{7}$ $\frac{5}{7}$ von $\frac{14}{15}$

$\frac{3}{4}$ von $\frac{5}{11}$ $\frac{3}{8}$ von $\frac{5}{7}$ $\frac{5}{11}$ von $\frac{22}{25}$

$\frac{2}{9}$ von $\frac{3}{5}$ $\frac{4}{7}$ von $\frac{3}{8}$ $\frac{5}{6}$ von $\frac{8}{15}$

4 Berechne.

a) $\frac{1}{4}$ von 5   b) $\frac{4}{15}$ von 20   c) $\frac{4}{9}$ von 63

$\frac{1}{3}$ von 11 $\frac{3}{4}$ von 22 $\frac{3}{5}$ von 75

$\frac{1}{7}$ von 15 $\frac{4}{9}$ von 21 $\frac{3}{4}$ von 36

d) $\frac{5}{12}$ von 30   e) $\frac{2}{3}$ von 102   f) $\frac{5}{13}$ von 91

$\frac{2}{15}$ von 36 $\frac{5}{6}$ von 150 $\frac{7}{18}$ von 72

5 Die Gesamtfläche des abgebildeten Rechtecks beträgt 120 cm². Die Hälfte des Rechtecks ist gefärbt. Zwei Drittel der gefärbten Fläche sind kariert.

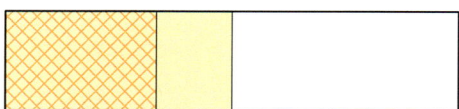

a) Welchen Bruchteil der gesamten Fläche stellt die karierte Fläche dar?
b) Gib den Inhalt der karierten Fläche in Quadratzentimetern an.

6 Berechne. Gib dein Ergebnis jeweils als Bruch und in der nächstkleineren Einheit an.

a) $\frac{2}{5}$ von $\frac{3}{5}$ kg   b) $\frac{1}{5}$ von $\frac{1}{2}$ km

c) $\frac{3}{4}$ von $\frac{1}{5}$ l   d) $\frac{1}{2}$ von $\frac{1}{2}$ m²

e) $\frac{1}{2}$ von $\frac{3}{4}$ t   f) $\frac{3}{10}$ von $\frac{1}{4}$ km

Brüche durch natürliche Zahlen dividieren

1 Welchen Bruchteil der Pizza erhält jeder?

2 a) Erläutere die Abbildung.

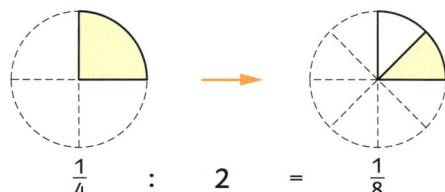

$$\frac{1}{4} \quad : \quad 2 \quad = \quad \frac{1}{8}$$

b) Bestimme die einzelnen Platzhalter.

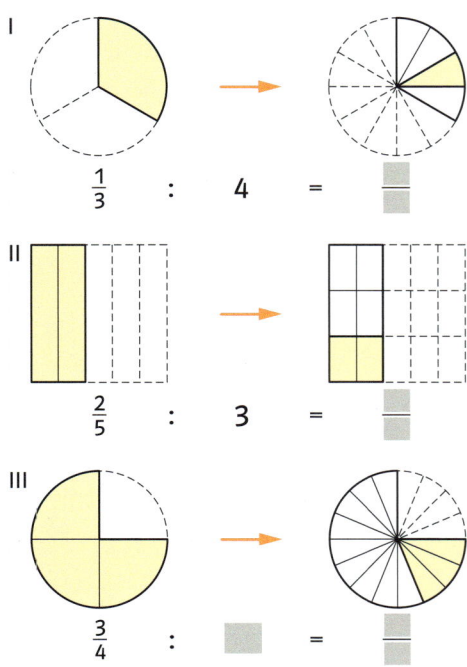

I

$$\frac{1}{3} \quad : \quad 4 \quad = \quad \frac{\square}{\square}$$

II

$$\frac{2}{5} \quad : \quad 3 \quad = \quad \frac{\square}{\square}$$

III

$$\frac{3}{4} \quad : \quad \square \quad = \quad \frac{\square}{\square}$$

3 Gib die zugehörige Divisionsaufgabe an.

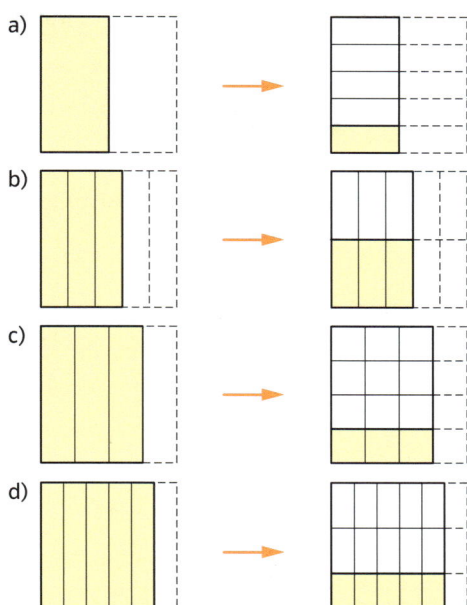

a)

b)

c)

d)

Ein Bruch wird durch eine natürliche Zahl dividiert, indem man den Zähler unverändert lässt und den Nenner des Bruches mit der natürlichen Zahl multipliziert.

$$\frac{3}{4} : 2 = \frac{3}{4 \cdot 2} = \frac{3}{8}$$

---

4 Berechne.

a) $\frac{3}{4} : 2$ b) $\frac{4}{5} : 5$ c) $\frac{11}{12} : 2$

  $\frac{2}{5} : 3$ $\frac{1}{3} : 2$ $\frac{7}{9} : 3$

  $\frac{4}{7} : 5$ $\frac{3}{7} : 4$ $\frac{4}{5} : 7$

5 Schreibe als Divisionsaufgabe und berechne.
a) Du halbierst (drittelst, viertelst) eine halbe Pizza.
b) Du halbierst (drittelst, viertelst) ein Drittel einer Pizza.
c) Du halbierst (drittelst, viertelst) sieben Achtel einer Pizza.

6 Stelle die Divisionsaufgabe und ihre Lösung in einer Abbildung dar.

a) $\frac{1}{2} : 3$ b) $\frac{1}{3} : 5$ c) $\frac{3}{8} : 4$

Durch Brüche dividieren

1 Wie viele $\frac{1}{8}$-l-Gläser lassen sich aus einer $\frac{3}{4}$-l-Flasche füllen?

2 Bestimme mithilfe der dargestellten Bruchteile den Platzhalter.

a)
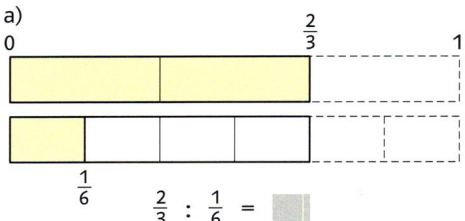

$$\frac{2}{3} : \frac{1}{6} = \blacksquare$$

b)
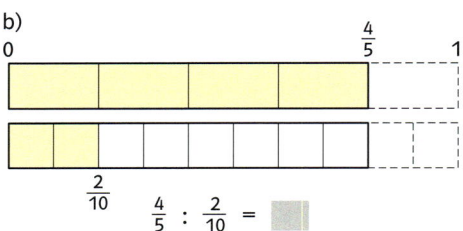

$$\frac{4}{5} : \frac{2}{10} = \blacksquare$$

3 In dem Beispiel wird eine Divisionsaufgabe in die entsprechende Multiplikationsaufgabe umgewandelt. Anschließend wird der Platzhalter in der Multiplikationsaufgabe durch Rückwärtsrechnen bestimmt.

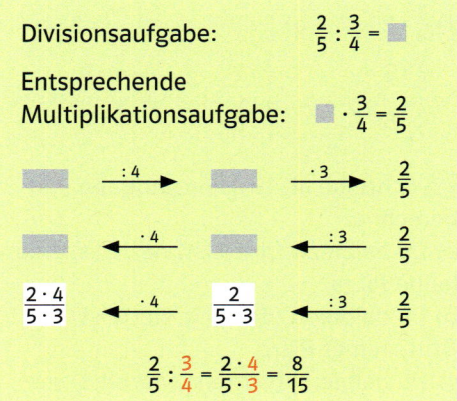

Löse die Aufgabe $\frac{1}{5} : \frac{3}{4}$ $\left(\frac{3}{7} : \frac{5}{9}\right)$ ebenso.

Wie kannst du das Ergebnis einfacher bestimmen?

Wir dividieren durch einen Bruch, indem wir mit seinem Kehrwert multiplizieren.

$$\frac{1}{5} : \frac{2}{3} = \frac{1}{5} \cdot \frac{3}{2} = \frac{1 \cdot 3}{5 \cdot 2} = \frac{3}{10}$$

$$\frac{3}{7} : \frac{2}{5} = \frac{3}{7} \cdot \frac{5}{2} = \frac{3 \cdot 5}{7 \cdot 2} = \frac{15}{14} = 1\frac{1}{14}$$

Der Kehrwert von $\frac{2}{3}$ ist $\frac{3}{2}$.

Der Kehrwert von $\frac{2}{5}$ ist $\frac{5}{2}$.

Vertauschst du den Zähler und den Nenner eines Bruchs, so erhältst du seinen Kehrwert.

4 Nutze zur Berechnung den Kehrwert.

a) $\frac{3}{7} : \frac{1}{2}$ b) $\frac{1}{6} : \frac{5}{7}$ c) $\frac{4}{15} : \frac{1}{5}$

$\frac{3}{11} : \frac{1}{4}$ $\frac{3}{8} : \frac{2}{5}$ $\frac{9}{17} : \frac{4}{7}$

$\frac{1}{7} : \frac{5}{9}$ $\frac{6}{11} : \frac{3}{8}$ $\frac{2}{21} : \frac{3}{13}$

$\frac{7}{13} : \frac{2}{5}$ $\frac{7}{13} : \frac{2}{3}$ $\frac{6}{15} : \frac{5}{14}$

Lösung zu Aufgabe 4:

$\frac{63}{68}$ $1\frac{1}{3}$ $\frac{9}{35}$ $1\frac{9}{26}$ $\frac{21}{26}$ $1\frac{5}{11}$ $\frac{7}{30}$ $1\frac{1}{11}$ $\frac{15}{16}$ $1\frac{3}{25}$ $\frac{6}{7}$ $\frac{26}{63}$

5 Berechne und kürze, wenn möglich.

$$\frac{3}{5} : \frac{12}{25} = \frac{3}{5} \cdot \frac{25}{12} = \frac{3 \cdot 25}{8 \cdot 12} = \frac{1 \cdot 5}{1 \cdot 4} = \frac{5}{4} = 1\frac{1}{4}$$

a) $\frac{2}{9} : \frac{4}{15}$ b) $\frac{15}{17} : \frac{5}{51}$ c) $\frac{13}{15} : \frac{26}{45}$

$\frac{4}{9} : \frac{20}{27}$ $\frac{8}{9} : \frac{2}{3}$ $\frac{10}{19} : \frac{25}{38}$

$\frac{3}{4} : \frac{9}{16}$ $\frac{4}{5} : \frac{2}{15}$ $\frac{3}{8} : \frac{5}{16}$

$\frac{7}{26} : \frac{7}{13}$ $\frac{6}{7} : \frac{3}{14}$ $\frac{6}{11} : \frac{21}{44}$

Lösung zu Aufgabe 5:

$1\frac{1}{7}$ $\frac{1}{2}$ 6 $1\frac{1}{2}$ $\frac{5}{6}$ 9 $1\frac{1}{5}$ $1\frac{1}{3}$ $\frac{3}{5}$ 4 $\frac{4}{5}$ $1\frac{1}{3}$

• **6** Schreibe zunächst die ganze Zahl als Bruch. Berechne wie im Beispiel.

$8 : \frac{6}{7}$

$= \frac{8}{1} \cdot \frac{7}{6}$

$= \frac{\overset{2}{8} \cdot 7}{1 \cdot \overset{}{6}_{3}}$

$= \frac{28}{3} = 9\frac{1}{3}$

a) $8 : \frac{4}{5}$ b) $32 : \frac{8}{9}$

$15 : \frac{5}{7}$ $36 : \frac{4}{9}$

$12 : \frac{24}{25}$ $25 : \frac{5}{9}$

$18 : \frac{6}{11}$ $42 : \frac{7}{9}$

Lösung zu Aufgabe 6:

10   $12\frac{1}{2}$ 21   45   36   81   33   54

• **7** Schreibe die gemischte Zahl als Bruch und berechne.

$\frac{3}{4} : 2\frac{4}{7} = \frac{3}{4} : \frac{18}{7} = \frac{3}{4} \cdot \frac{7}{18}$

$= \frac{\overset{1}{3} \cdot 7}{4 \cdot \overset{}{18}_{6}} = \frac{1 \cdot 7}{4 \cdot 6} = \frac{7}{24}$

a) $\frac{5}{8} : 2\frac{1}{2}$ b) $\frac{1}{2} : 4\frac{2}{3}$ c) $2\frac{3}{5} : 2\frac{1}{6}$

$\frac{5}{6} : 6\frac{3}{7}$ $6 : 2\frac{1}{4}$ $4\frac{1}{2} : 3\frac{3}{8}$

$\frac{11}{12} : 8\frac{1}{4}$ $5 : 6\frac{2}{3}$ $6\frac{6}{7} : 5\frac{1}{3}$

Lösung zu Aufgabe 7:

$\frac{3}{4}$ $1\frac{1}{5}$ $\frac{3}{28}$ $\frac{1}{4}$ $\frac{1}{9}$ $1\frac{1}{3}$ $2\frac{2}{3}$ $\frac{7}{54}$ $1\frac{2}{7}$

8 In einem Teegeschäft werden 5 kg Tee in gleich viele $\frac{1}{4}$-kg-Tüten ($\frac{1}{8}$-kg-Tüten) verpackt.
Wie viele Tüten sind es jeweils?

9 Bestimme die Platzhalter.

a) $\frac{\blacksquare}{\blacksquare} : \frac{1}{2} = \frac{4}{9}$ b) $\frac{3}{5} : \frac{\blacksquare}{\blacksquare} = \frac{6}{5}$ c) $\frac{\blacksquare}{\blacksquare} : \frac{2}{3} = \frac{9}{10}$

10 Aus einem 20-*l*-Behälter soll Apfelsaft in Flaschen abgefüllt werden. Wie viele Flaschen erhält man, wenn $\frac{3}{4}$ *l* ($\frac{1}{2}$ *l*, $\frac{1}{3}$ *l*, $\frac{1}{5}$ *l*) in eine Flasche gefüllt werden kann?

11 Ein Lkw hat $14\frac{1}{4}$ t Sand geladen. Wie oft muss ein Bagger greifen, wenn er mit seiner Schaufel $\frac{3}{4}$ t Sand aufnehmen kann?

12 a) Wie viele Katzen können sich aus der Schüssel satt trinken, wenn jede Katze $\frac{1}{8}$ *l* Milch trinkt?
b) Wie viele Katzen werden satt, wenn die Schüssel nur halb (drei Viertel) gefüllt ist?

13 Berechne jeweils den Doppelbruch.

$\frac{\frac{2}{3}}{\frac{5}{7}} = \frac{2}{3} : \frac{5}{7}$

$= \frac{2}{3} \cdot \frac{7}{5} = \frac{14}{15}$

a) $\frac{\frac{2}{7}}{\frac{4}{5}}$ b) $\frac{\frac{9}{20}}{\frac{3}{5}}$ c) $\frac{\frac{17}{81}}{\frac{34}{9}}$

$\frac{\frac{4}{9}}{\frac{8}{9}}$ $\frac{\frac{7}{12}}{\frac{14}{3}}$ $\frac{\frac{13}{15}}{\frac{26}{5}}$

Brüche kompakt

Brüche mit natürlichen Zahlen multiplizieren

Ein Bruch wird mit einer natürlichen Zahl multipliziert, indem man den Zähler des Bruches mit der natürlichen Zahl multipliziert und den Nenner unverändert lässt.

$$\frac{3}{7} \cdot 2 = \frac{3 \cdot 2}{7} = \frac{6}{7}$$

$$14 \cdot \frac{3}{7} = \frac{\overset{2}{14} \cdot 3}{\underset{1}{7}} = \frac{6}{1} = 6$$

$$8 \cdot \frac{7}{9} = \frac{8 \cdot 7}{9} = \frac{56}{9} = 6\frac{2}{9}$$

Brüche multiplizieren

Zwei Brüche werden multipliziert, indem man Zähler mit Zähler und Nenner mit Nenner multipliziert.

$$\frac{1}{3} \cdot \frac{5}{6} = \frac{1 \cdot 5}{3 \cdot 6} = \frac{5}{18}$$

$$\frac{4}{9} \cdot \frac{6}{11} = \frac{4 \cdot \overset{2}{6}}{\underset{3}{9} \cdot 11} = \frac{8}{33}$$

$$\frac{4}{7} \cdot 3 = \frac{4}{7} \cdot \frac{3}{1} = \frac{4 \cdot 3}{7 \cdot 1} = \frac{12}{7} = 1\frac{5}{7}$$

Bruchteile berechnen

$\frac{2}{7}$ von $\frac{3}{5}$ sind ▧ $\qquad$ $\frac{3}{4}$ von $\frac{1}{5}$ l sind ▧

$$\frac{2}{7} \cdot \frac{3}{5} = \frac{2 \cdot 3}{7 \cdot 5} = \frac{6}{35} \qquad \frac{3}{4} \cdot \frac{1}{5} = \frac{3 \cdot 1}{4 \cdot 5} = \frac{3}{20}$$

$\frac{2}{7}$ von $\frac{3}{5}$ sind $\frac{6}{35}$ $\qquad$ $\frac{3}{4}$ von $\frac{1}{5}$ l sind $\frac{3}{20}$ l

Der Bruchteil einer Größe wird berechnet, indem die Größe mit dem Bruch multipliziert wird.

Brüche durch natürliche Zahlen dividieren

Ein Bruch wird durch eine natürliche Zahl dividiert, indem man den Nenner des Bruches mit der natürlichen Zahl multipliziert und den Zähler unverändert lässt.

$$\frac{5}{6} : 2 = \frac{5}{6 \cdot 2} = \frac{5}{12}$$

Durch Brüche dividieren

Durch einen Bruch wird dividiert, indem man mit seinem Kehrwert multipliziert.

$$\frac{3}{5} : \frac{2}{3} = \frac{3}{5} \cdot \frac{3}{2} = \frac{3 \cdot 3}{5 \cdot 2} = \frac{9}{10}$$

> Der Kehrwert von $\frac{2}{3}$ ist $\frac{3}{2}$.

$$\frac{4}{15} : \frac{8}{21} = \frac{4}{15} \cdot \frac{21}{8} = \frac{\overset{1}{4} \cdot \overset{7}{21}}{\underset{5}{15} \cdot \underset{2}{8}} = \frac{7}{10}$$

> Der Kehrwert von $\frac{8}{21}$ ist $\frac{21}{8}$.

$$\frac{1}{3} : 4 = \frac{1}{3} : \frac{4}{1} = \frac{1}{3} \cdot \frac{1}{4} = \frac{1 \cdot 1}{3 \cdot 4} = \frac{1}{12}$$

> Der Kehrwert von 4 ist $\frac{1}{4}$.

Üben und Vertiefen

1 Multipliziere. Falls möglich, kürze vor dem Ausrechnen.

a) $3 \cdot \frac{4}{13}$ b) $40 \cdot \frac{3}{5}$ c) $\frac{3}{25} \cdot \frac{5}{7}$

$\frac{7}{9} \cdot 4$ $\frac{3}{8} \cdot 12$ $\frac{5}{6} \cdot \frac{4}{7}$

$\frac{5}{12} \cdot \frac{7}{10}$ $\frac{8}{9} \cdot \frac{3}{4}$ $\frac{8}{15} \cdot \frac{9}{16}$

$\frac{8}{15} \cdot \frac{10}{13}$ $\frac{7}{8} \cdot \frac{4}{7}$ $\frac{16}{25} \cdot \frac{5}{12}$

Lösung zu Aufgabe 1:

$24 \quad 4\frac{1}{2} \quad \frac{10}{21} \quad \frac{3}{35} \quad 3\frac{1}{9} \quad \frac{12}{13} \quad \frac{16}{39} \quad \frac{7}{24} \quad \frac{4}{15} \quad \frac{3}{10} \quad \frac{1}{2} \quad \frac{2}{3}$

2 Lara kauft zwölf $\frac{3}{10}$-l-Flaschen. Wie viel Liter hat sie insgesamt eingekauft?

3 Dividiere.

a) $\frac{8}{15} : 4$ b) $\frac{20}{21} : 10$ c) $8 : \frac{5}{6}$

$\frac{12}{17} : 6$ $4 : \frac{1}{3}$ $\frac{13}{14} : 3$

$\frac{5}{8} : \frac{5}{9}$ $\frac{5}{7} : \frac{11}{14}$ $\frac{5}{8} : \frac{3}{14}$

$\frac{7}{9} : \frac{7}{4}$ $\frac{7}{12} : \frac{7}{5}$ $\frac{3}{7} : \frac{13}{21}$

Lösung zu Aufgabe 3:

$\frac{2}{15} \quad \frac{2}{21} \quad 9\frac{3}{5} \quad 1\frac{1}{8} \quad \frac{10}{11} \quad \frac{2}{17} \quad 12 \quad \frac{13}{42} \quad \frac{4}{9} \quad \frac{5}{12} \quad \frac{9}{13} \quad 2\frac{11}{12}$

4 Eine Schule hat 1200 Schülerinnen und Schüler.
Wie viele Schülerinnen und Schüler kommen zu Fuß, mit dem Bus, mit dem Fahrrad und dem Pkw zur Schule?

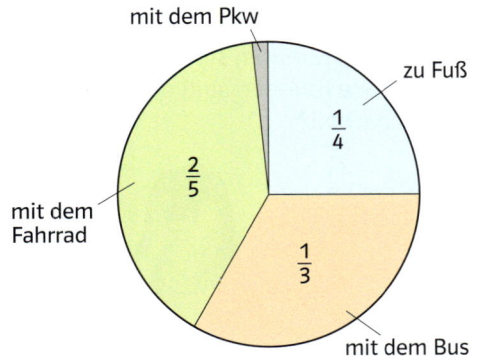

5 Wie viele Kilometer müssen Sophie und Felix noch zurücklegen?

Wir haben erst $\frac{2}{5}$ der gesamten Strecke zurückgelegt.

Unsere gesamte Wanderstrecke ist 15 km lang.

6 Schreibe als Multiplikationsaufgabe und berechne.

a) $\frac{2}{3}$ von 21   b) $\frac{5}{21}$ von 28   c) $\frac{5}{12}$ von $\frac{9}{10}$

$\frac{3}{7}$ von 56 $\frac{8}{45}$ von 60 $\frac{8}{15}$ von $\frac{9}{16}$

7 Kürze erst, berechne dann.

$$\frac{25}{28} \cdot \frac{16}{33} \cdot \frac{21}{100}$$
$$= \frac{\overset{1}{\cancel{25}} \cdot \overset{4}{\cancel{16}} \cdot \overset{1}{\cancel{21}}}{\underset{1}{\cancel{28}} \cdot \underset{11}{33} \cdot \underset{1}{\cancel{100}}}$$
$$= \frac{1}{11}$$

a) $\frac{18}{57} \cdot \frac{7}{5} \cdot \frac{19}{126}$

b) $\frac{17}{19} \cdot \frac{75}{51} \cdot \frac{76}{50}$

c) $\frac{9}{14} \cdot \frac{36}{15} \cdot \frac{35}{48} \cdot \frac{7}{6}$

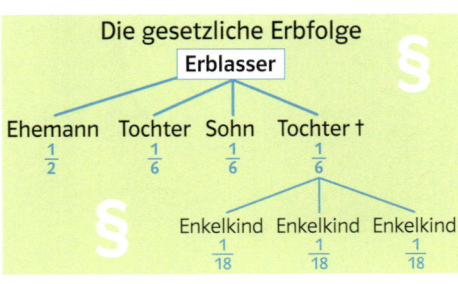

Die gesetzliche Erbfolge

Erblasser

Ehemann $\frac{1}{2}$ Tochter $\frac{1}{6}$ Sohn $\frac{1}{6}$ Tochter † $\frac{1}{6}$

Enkelkind $\frac{1}{18}$ Enkelkind $\frac{1}{18}$ Enkelkind $\frac{1}{18}$

8 Frau Schneider hinterlässt ihrem Mann, ihrer Tochter und ihrem Sohn sowie den Enkeln einer bereits verstorbenen Tochter 360 000 €. Berechne die Erbteile nach der gesetzlichen Erbfolge.

9 Berechne. Gib dein Ergebnis jeweils als Bruch und in der nächstkleineren Einheit an.

a) $\frac{1}{5}$ von 3 km   b) $\frac{7}{10}$ von $\frac{1}{2}$ m

c) $\frac{3}{4}$ von 7 m²   d) $\frac{1}{2}$ von $\frac{1}{4}$ l

Die Aufgaben auf den Seiten 183 bis 185 kannst du allein oder mit einem Partner in einer Arbeitsstunde bearbeiten. Beachte dazu die Hinweise auf Seite 31. Wähle zunächst drei Aufgaben von Seite 183, dann zwei Aufgaben von Seite 184 und eine von Seite 185.

10 Achte jeweils auf das Rechenzeichen.

a) $\frac{6}{7} \cdot \frac{3}{8}$ b) $\frac{8}{15} : \frac{7}{3}$ c) $\frac{4}{15} : \frac{2}{25}$

$\frac{5}{9} : \frac{3}{4}$ $\frac{6}{11} : \frac{2}{5}$ $\frac{7}{18} : \frac{2}{9}$

$\frac{9}{14} \cdot \frac{7}{5}$ $\frac{4}{9} : \frac{7}{12}$ $\frac{15}{19} \cdot \frac{19}{10}$

$\frac{6}{25} : \frac{3}{20}$ $\frac{11}{12} \cdot \frac{6}{7}$ $\frac{15}{17} : \frac{5}{34}$

Lösung zu Aufgabe 10:

$\frac{8}{35}$ $\frac{10}{3}$ $\frac{3}{2}$ $\frac{11}{14}$ $\frac{8}{5}$ $\frac{9}{10}$ $\frac{9}{28}$ $\frac{15}{11}$ $\frac{20}{27}$ $\frac{16}{21}$ $\frac{7}{4}$ 6

11 Bestimme den Platzhalter.

a) $\frac{4}{15} \cdot \frac{\blacksquare}{\blacksquare} = \frac{28}{45}$ b) $\frac{5}{6} : \frac{\blacksquare}{\blacksquare} = \frac{35}{36}$

c) $\frac{7}{8} : \blacksquare = \frac{7}{24}$ d) $3 \cdot \frac{\blacksquare}{\blacksquare} = \frac{1}{2}$

e) $\frac{9}{13} \cdot \frac{\blacksquare}{\blacksquare} = \frac{45}{78}$ f) $\frac{4}{9} : \frac{\blacksquare}{\blacksquare} = \frac{8}{27}$

12 a) Eine Regentonne fasst 136 *l* Wasser. Wie viele Eimer mit einem Fassungsvermögen von $8\frac{1}{2}$ *l* lassen sich füllen?
b) Die Tonne ist nur zu drei Viertel gefüllt. Wie viele volle Eimer enthält sie?

13

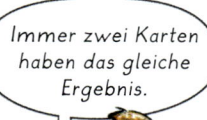
Immer zwei Karten haben das gleiche Ergebnis.

14 Notiere zunächst eine passende Textaufgabe. Berechne anschließend die Aufgabe.

a) $\frac{2}{3}$ von 24 km   b) $6 \cdot \frac{3}{4}$ *l*   c) $\frac{3}{10} \cdot 8$ kg

Prozentsätze, die häufig vorkommen:

$75\% = \frac{3}{4}$ $50\% = \frac{1}{2}$ $33\frac{1}{3}\% = \frac{1}{3}$

$25\% = \frac{1}{4}$ $20\% = \frac{1}{5}$ $10\% = \frac{1}{10}$

15 Berechne.
a) 50 % von 240 €   b) 25 % von 360 kg
c) 75 % von 480 €   d) 20 % von 80 km

16 Dirk verspricht: „Bei jedem Tor meiner Lieblingsmannschaft gebe ich dir die Hälfte von meinen Gummibären ab." „Dann hast du nach zwei Toren ja selbst keine mehr, weil zwei Mal die Hälfte ja ein Ganzes ist", antwortet Tobi.
a) Hat Tobi recht?
b) Welcher Anteil bleibt Dirk nach 3 (4; 5) Toren von seiner Tüte Gummibären?

17 In neun Tagen wird Julia eine Englischarbeit schreiben. Dafür lernt sie jeden Tag $\frac{5}{12}$ Stunden.
a) Wie viele Minuten sind das pro Tag?
b) Wie viele Stunden sind das bis zur Englischarbeit?

18 In dem Beispiel sind zwei verschiedene Rechenwege dargestellt, um die Aufgabe $4\frac{1}{5} \cdot 3$ zu lösen.

$$4\frac{1}{5} \cdot 3$$

$$= \frac{21}{5} \cdot 3$$

$$= \frac{21 \cdot 3}{5}$$

$$= \frac{63}{5}$$

$$= 12\frac{3}{5}$$

$$4\frac{1}{5} \cdot 3$$

$$= \left(4 + \frac{1}{5}\right) \cdot 3$$

$$= 4 \cdot 3 + \frac{1}{5} \cdot 3$$

$$= 12 + \frac{3}{5}$$

$$= 12\frac{3}{5}$$

Löse die Aufgabe. Entscheide dich für einen Rechenweg.

a) $1\frac{2}{9} \cdot 4$ b) $2\frac{3}{8} \cdot 3$ c) $3\frac{2}{7} \cdot 4\frac{1}{2}$

19 Berechne zuerst die Klammer.

$$\left(\frac{2}{3} + \frac{3}{4}\right) \cdot \frac{1}{6}$$

$$= \left(\frac{8}{12} + \frac{9}{12}\right) \cdot \frac{1}{6}$$

$$= \frac{17 \cdot 1}{12 \cdot 6}$$

$$= \frac{17}{72}$$

a) $\left(\frac{2}{3} + \frac{5}{6}\right) : 3$ b) $\left(\frac{5}{6} + \frac{2}{9}\right) \cdot \frac{3}{5}$

$\left(\frac{3}{8} + \frac{1}{4}\right) \cdot 4$ $\left(\frac{4}{5} + \frac{2}{3}\right) : \frac{11}{10}$

$\left(\frac{6}{7} - \frac{3}{14}\right) \cdot 7$ $\left(\frac{3}{4} - \frac{7}{10}\right) : \frac{1}{2}$

$\left(\frac{3}{5} - \frac{7}{20}\right) : 4$ $\left(\frac{9}{10} - \frac{2}{5}\right) \cdot \frac{2}{3}$

Lösungen zu Aufgabe 19:

$\frac{1}{16}$ $1\frac{1}{3}$ $\frac{1}{2}$ $\frac{1}{10}$ $4\frac{1}{2}$ $\frac{1}{3}$ $2\frac{1}{2}$ $\frac{19}{30}$

20 Wandle jeweils die gemischte Zahl in einen Bruch um. Berechne.

a) $2\frac{1}{8} \cdot 20$ b) $1\frac{3}{4} : 7$ c) $\frac{3}{7} \cdot 9\frac{4}{5}$

$6\frac{2}{7} \cdot \frac{7}{8}$ $1\frac{1}{6} : \frac{2}{3}$ $2\frac{5}{8} : 3$

$\frac{2}{5} \cdot 3\frac{3}{4}$ $\frac{8}{9} : 1\frac{5}{9}$ $2\frac{1}{2} : 5$

$2\frac{3}{16} \cdot \frac{4}{7}$ $4\frac{4}{5} : \frac{6}{7}$ $18\frac{2}{3} \cdot \frac{5}{14}$

Lösungen zu Aufgabe 20:

$1\frac{1}{4}$ $\frac{4}{7}$ $4\frac{1}{5}$ $5\frac{1}{2}$ $\frac{1}{4}$ $42\frac{1}{2}$ $\frac{7}{8}$

$1\frac{3}{4}$ $\frac{1}{2}$ $1\frac{1}{2}$ $6\frac{2}{3}$ $5\frac{3}{5}$

21 Ein Fahrrad bewegt sich bei einer vollen Drehung der Pedalen $4\frac{1}{2}$ m weiter. Jeder Tritt bewirkt eine halbe Drehung. Wie oft muss man treten, um eine Strecke von 2700 m zurückzulegen?

22 Ein Gastwirt kauft 36 Flaschen Apfelschorle. Jede Flasche enthält $\frac{3}{4}$ l und kostet 0,55 €. Der Gastwirt verkauft ein Glas mit $\frac{1}{5}$ l für 1,30 €. Wie viele Gläser kann er ausschenken? Wie viel Euro verdient er insgesamt?

23 Herr Walter nimmt an einem 20-km-Volkslauf teil. Er läuft durchschnittlich in einer Stunde $9\frac{3}{5}$ km. Wie viele Kilometer ist er nach $1\frac{2}{3}$ Stunden vom Ziel entfernt?

24 Britta hat zum Geburtstag ein quaderförmiges Aquarium geschenkt bekommen. Es ist $\frac{2}{3}$ m lang, $\frac{1}{3}$ m breit und $\frac{3}{4}$ m hoch.
a) Gib das Volumen des Aquariums an.
b) Wie viele 10-l-Eimer sind zum Füllen notwendig?

1 l = 1 dm³
1 m³ = 1000 dm³

25 Berechne.

a) $\frac{2}{3} \cdot \frac{1}{4} + \frac{1}{2} \cdot \frac{5}{6}$ b) $\frac{3}{4} \cdot \frac{3}{5} - \frac{3}{2} \cdot \frac{1}{10}$

$\frac{1}{8} \cdot \frac{4}{3} + \frac{5}{6} \cdot \frac{1}{4}$ $\frac{3}{2} \cdot \frac{4}{9} - \frac{2}{3} \cdot \frac{1}{6}$

$\frac{1}{2} : \frac{5}{3} + \frac{2}{5} \cdot \frac{1}{3}$ $\frac{5}{2} \cdot \frac{1}{3} + \frac{2}{3} \cdot \frac{7}{5}$

$\frac{4}{5} : \frac{1}{3} - \frac{2}{3} \cdot \frac{5}{8}$ $\frac{3}{4} : \frac{5}{3} - \frac{1}{5} : \frac{6}{7}$

Lösungen zu Aufgabe 25:

$\frac{3}{10}$ $\frac{13}{60}$ $\frac{3}{8}$ $\frac{5}{9}$ $\frac{7}{12}$ $\frac{4}{3}$ $\frac{3}{2}$ $\frac{53}{30}$

Punkt vor Strichrechnung

Ausgangstest 1

1 Schreibe als Multiplikationsaufgabe und berechne.

a) das Vierfache von $\frac{2}{13}$

b) das Neunfache von $\frac{3}{5}$

c) das Dreifache von $\frac{4}{7}$

d) das Zehnfache von $\frac{2}{3}$

2 Berechne.
a) $3 \cdot \frac{2}{7}$ b) $\frac{2}{9} \cdot 6$ c) $7 \cdot \frac{5}{14}$ d) $\frac{6}{11} \cdot 33$

3 Jonas trinkt jeden Tag $\frac{3}{4}$ l Milch. Wie viele Liter sind das in zwei Wochen?

4 Berechne.
a) $\frac{5}{7} \cdot \frac{3}{8}$ b) $\frac{3}{4} \cdot \frac{8}{9}$ c) $\frac{5}{12} \cdot \frac{4}{15}$ d) $\frac{8}{11} \cdot \frac{33}{56}$

5 Eine Klasse hat 30 Schüler. $\frac{3}{5}$ davon sind Jungen. Wie viele Jungen und wie viele Mädchen sind in der Klasse?

6 Schreibe als Multiplikationsaufgabe und berechne.
a) $\frac{3}{5}$ von 18   b) $\frac{7}{12}$ von 60   c) $\frac{4}{15}$ von 20

7 Berechne.
a) $\frac{2}{3} : 5$ b) $\frac{9}{10} : 3$ c) $\frac{15}{16} : 10$ d) $\frac{8}{9} : 4$

8 Für das Klassenfest hat Hannah 9 l Fruchtsaft eingekauft. Das Getränk wird in Gläser gefüllt. Jedes Glas fasst $\frac{3}{10}$ l. Wie viele Gläser kann Hannah mit Saft füllen?

9 Berechne.
a) $\frac{5}{8} : \frac{7}{9}$ b) $\frac{3}{7} : \frac{9}{14}$ c) $\frac{9}{20} : \frac{3}{5}$ d) $\frac{12}{19} : \frac{15}{38}$

10 Berechne.
a) $12 : \frac{9}{11}$ b) $18 : \frac{6}{7}$ c) $34 : \frac{17}{20}$ d) $48 : \frac{16}{25}$

11 Eine Flasche Wasser enthält $1\frac{1}{2}$ l Wasser. Paul trinkt $\frac{1}{4}$ des Inhalts. Wie viel Liter Wasser hat er getrunken?

12 Ein neuer Wagen der Deutschen Bahn wiegt 36 t, ein älteres Modell ist $1\frac{2}{3}$-mal so schwer. Wie schwer ist dieses Modell?

13 Berechne.
a) $2\frac{1}{2} \cdot \frac{3}{11}$ b) $1\frac{3}{4} \cdot \frac{8}{21}$ c) $3\frac{1}{5} \cdot \frac{5}{12}$

14 Bestimme den Platzhalter.
a) $\blacksquare \cdot \frac{2}{3} = \frac{8}{9}$ b) $\frac{7}{9} \cdot \blacksquare = \frac{14}{45}$ c) $\frac{7}{10} : \blacksquare = \frac{5}{6}$

15 Berechne.
a) $\frac{2}{5} \cdot \frac{3}{8} \cdot \frac{5}{12}$ b) $\frac{10}{11} \cdot \frac{13}{20} \cdot \frac{22}{39}$ c) $\frac{8}{7} \cdot \frac{11}{12} \cdot \frac{14}{33}$

16 Von den 168 Schülerinnen und Schülern eines Jahrgangs fahren $\frac{1}{4}$ mit dem Bus, $\frac{3}{7}$ mit dem Fahrrad zur Schule, die übrigen gehen zu Fuß.
Wie viele Schülerinnen und Schüler kommen mit dem Bus (dem Fahrrad, zu Fuß)?

Ich kann		Aufgabe	Hilfen und Aufgaben
Brüche mit natürlichen Zahlen multiplizieren.		1, 2, 3, 12	Seite 175
Brüche miteinander multiplizieren.		4, 13, 14, 15	Seite 176, 177
Bruchteile berechnen.		5, 6, 11, 16	Seite 178
Brüche durch natürliche Zahlen dividieren.		7	Seite 179
durch Brüche dividieren.		8, 9, 10, 14	Seite 180, 181
gemischte Zahlen multiplizieren.		13	Seite 177

Ausgangstest 2

1 Berechne.

a) $18 \cdot \frac{5}{9}$ b) $\frac{3}{28} \cdot \frac{7}{12}$ c) $\frac{2}{7} \cdot 16$

d) $34 \cdot \frac{11}{17}$ e) $\frac{27}{54} \cdot \frac{12}{18}$ f) $\frac{6}{13} \cdot 4$

2 Berechne.

a) $\frac{1}{3} : 3$ b) $17 : \frac{2}{6}$ c) $\frac{14}{25} : 2$

3 Berechne.

a) $\frac{3}{4} \cdot \frac{7}{8} \cdot \frac{4}{9} \cdot \frac{3}{7}$ b) $\frac{12}{13} \cdot \frac{5}{8} \cdot \frac{2}{3} \cdot \frac{26}{25}$

4 Berechne. Achte auf das Rechenzeichen.

a) $\frac{11}{12} : \frac{55}{48}$ b) $\frac{5}{7} \cdot \frac{21}{20}$ c) $\frac{17}{25} : \frac{34}{45}$

5 Berechne.

a) $10 \cdot 1\frac{4}{5}$ b) $\frac{8}{9} \cdot 1\frac{5}{6}$ c) $1\frac{1}{5} : \frac{7}{10}$

6 Bestimme den Platzhalter.

a) $\blacksquare : 3\frac{1}{2} = \frac{5}{9}$ b) $\frac{4}{9} \cdot \blacksquare = \frac{1}{6}$ c) $4\frac{2}{3} : \frac{\blacksquare}{\blacksquare} = 6$

7 Für das Verpacken eines Kartons werden $2\frac{1}{5}$ m Klebeband benötigt. Auf der Rolle sind 33 m. Wie viele gleiche Kartons lassen sich damit verpacken?

8 Berechne den Doppelbruch.

a) $\frac{\frac{4}{7}}{\frac{20}{21}}$ b) $\frac{\frac{4}{15}}{\frac{14}{25}}$ c) $\frac{\frac{9}{20}}{\frac{3}{5}}$ d) $\frac{\frac{18}{81}}{\frac{36}{45}}$

9 Berechne.

a) $\left(\frac{9}{16} + \frac{5}{8} \right) \cdot \frac{8}{19}$ b) $\frac{5}{14} \cdot \frac{21}{25} + \frac{2}{15}$

10 Herr Jodeit trainiert für das Sportabzeichen. Auf dem Sportplatz benötigt er für 18 Runden $1\frac{1}{5}$ Stunden. Wie viele Sekunden braucht er im Durchschnitt für eine Runde?

11 $\frac{9}{20}$ eines Schuljahrgangs sind Mädchen. $\frac{2}{3}$ der Mädchen und $\frac{4}{7}$ der Jungen haben freiwillig eine Arbeitsgemeinschaft gewählt. Nehmen an der Arbeitsgemeinschaft mehr Mädchen oder mehr Jungen teil?

Ich kann	Aufgabe	Hilfen und Aufgaben
Brüche dividieren und multiplizieren.	1, 2, 3, 4, 5, 6, 7, 10	Seite 175, 176, 177, 180, 181
Doppelbrüche berechnen.	8	Seite 181
gemischte Zahlen als Brüche darstellen.	5, 7, 10	Seite 177
Rechenregeln in der Bruchrechnung anwenden.	9	Seite 185
Bruchteile von Größen berechnen und Anteile vergleichen.	11	Seite 178

Im Sportunterricht der Klasse 6 a wird Volleyball gespielt. Eine Volleyballmannschaft besteht aus sechs Spielerinnen oder Spielern. In der Klasse 6 a sind 18 Schülerinnen und 12 Schülern.

Wie viele Mannschaften kann die Sportlehrerin bilden?

Wie viele Mannschaften, die nur aus Mädchen (Jungen) bestehen, kann sie bilden?

Können alle Schülerinnen und Schüler mitspielen?

Die Klasse 6 b hat 28 Schülerinnen und Schüler.
In wie viele Mannschaften kann der Sportlehrer
die Klasse einteilen? Was stellst du fest?

Eine Basketballmannschaft besteht aus fünf Feld-
spielerinnen oder Feldspielern.
Überlege, in wie viele Basketballmannschaften
die Klasse 6 a (Klasse 6 b) eingeteilt werden kann?

Können alle Schülerinnen und Schüler mitspielen?

Teiler und Vielfache

Kennst du die Dreierreihe?

3, 6, 9, 12, 15 ...

1 Die Zahlen 3, 6, 9, ... sind **Vielfache** von drei.
Nenne Vielfache von fünf (von acht, von zehn, von elf).

2 Jedes Vielfache von drei, zum Beispiel zwölf, kannst du ohne Rest durch drei teilen. Man sagt: Drei ist ein **Teiler** von zwölf.
a) Gib weitere Teiler von zwölf an.
b) Nenne Teiler von 15 (24, 40).

---

54 ist ohne Rest durch 6 teilbar.

6 ist Teiler von 54.

54 ist Vielfaches von 6.

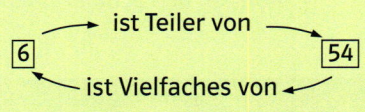

ist Teiler von

6 → ← 54

ist Vielfaches von

54 ist nicht durch 5 teilbar.
Beim Teilen bleibt ein Rest.

5 ist nicht Teiler von 54.

54 ist nicht Vielfaches von 5.

Jede natürliche Zahl außer Null hat unendlich viele Vielfache.

3 Gib zu jeder angegebenen Zahl fünf verschiedene Vielfache an.

a)	7	b) 12	c) 20	d) 100
	9	15	30	500
	10	14	70	1000

4 Bestimme jeweils alle Teiler von

a)	9	b) 25	c) 33	d) 63
	10	16	35	50
	14	18	27	56

5 a) Marie hat alle neun Teiler von 36 gefunden. Welche sind es?
b) 30 hat acht Teiler. Schreibe sie auf.
c) Notiere alle neun Teiler von 100.

6 In Lenas Tabelle stehen jeweils die beiden Teiler von 54 nebeneinander, die multipliziert 54 ergeben.

Teiler von 54				
1	54	1 · 54	=	54
2	27	2 · 27	=	54
3	18	3 · 18	=	54
6				

a) Ergänze die letzte Zeile der Tabelle.
b) Vervollständige die Tabelle in deinem Heft.

Teiler von 48		
1	▦	1 · ▦ = 48
2	▦	2 · ▦ = 48
3	▦	3 · ▦ = 48
4	▦	4 · ▦ = 48
6	▦	6 · ▦ = 48

c) Bestimme ebenso alle Teiler von 60 (72, 96).

7 Welche Zahlen fehlen hier? Ersetze die Platzhalter.
a) Teiler von ▦: 1, ▦, 25
b) Teiler von ▦: 1, 2, 5, ▦
c) Teiler von ▦: 1, 2, 4, ▦, ▦, 28
d) Teiler von ▦: 1, 2, ▦, 8, 16, ▦
e) Teiler von ▦: 1, 2, ▦, 6, 11, ▦, 33, ▦
f) Teiler von ▦: 1, ▦, ▦, 6, ▦, 14, 21, ▦

8 a) Der Flächeninhalt eines Rechtecks soll 12 cm² betragen. Die Maßzahlen der Seitenlängen müssen ganze Zahlen sein.

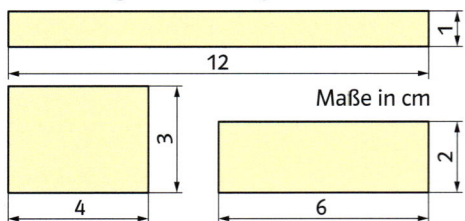

Maße in cm

Begründe, dass es genau drei Möglichkeiten gibt.
b) Zeichne alle Rechtecke mit einem Flächeninhalt von 8 cm² (9 cm², 15 cm², 16 cm²), bei denen die Maßzahlen der Seitenlängen ganze Zahlen sind.
Wie viele Möglichkeiten gibt es?

Teiler und Primzahlen

1 a) Die Maßzahlen der Seitenlängen eines Rechtecks sollen ganze Zahlen sein. Begründe, dass es nur ein einziges Rechteck gibt, dessen Flächeninhalt 5 cm² (7 cm², 11 cm²) beträgt.

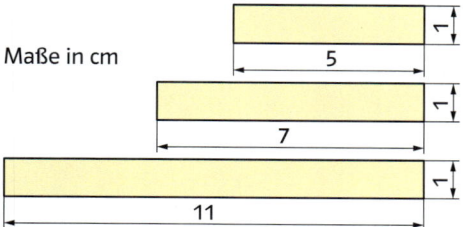

Maße in cm

b) Gib weitere Maßzahlen für den Flächeninhalt an, so dass es nur ein einziges Rechteck gibt, dessen Seitenlängen ganze Maßzahlen haben.

> Natürliche Zahlen, die genau zwei Teiler haben, heißen **Primzahlen.**
> Sie sind nur durch 1 und durch sich selbst teilbar.
> Die Zahl 1 hat nur einen Teiler. Deshalb ist sie keine Primzahl.

2 Auf der Tafel siehst du alle Primzahlen, die kleiner als 100 sind.

Welche Aussage ist wahr, welche falsch?
a) Es gibt nur eine gerade Primzahl.
b) Zwischen 30 und 40 gibt es drei Primzahlen.
c) Es gibt fünf zweistellige Primzahlen, deren letzte Ziffer eine 9 ist.
d) Es gibt nur eine Primzahl, deren letzte Ziffer eine 5 ist.

3 a) Warum gibt es keine zweistellige Primzahl, deren letzte Ziffer eine 2 (eine 8, eine 5) ist?
b) Welche Endziffern können bei zweistelligen Primzahlen auftreten?

4 In den Beispielen werden die Zahlen 15 und 18 als Produkt von Primzahlen dargestellt.

$$15 = 3 \cdot 5 \qquad 18 = 2 \cdot 3 \cdot 3$$

Schreibe wie in den Beispielen als Produkt von Primzahlen.
a) 21 = ■ · ■   b) 12 = ■ · ■ · ■
    22 = ■ · ■   20 = ■ · ■ · ■
    26 = ■ · ■   66 = ■ · ■ · ■

5 Große Zahlen kannst du mithilfe eines Teilerbaums in ein Produkt von Primzahlen zerlegen.
Im Beispiel wird die Zahl 90 zunächst in zwei Partnerteiler zerlegt, dann wird jeder Teiler weiter zerlegt, bis nur noch Primzahlen auftreten. Dabei gibt es mehrere Möglichkeiten.

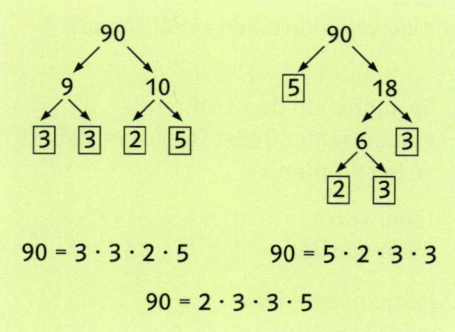

$$90 = 3 \cdot 3 \cdot 2 \cdot 5 \qquad 90 = 5 \cdot 2 \cdot 3 \cdot 3$$
$$90 = 2 \cdot 3 \cdot 3 \cdot 5$$

Zeichne einen weiteren Teilerbaum für die Zahl 90.

6 Zeichne für die Zahlen jeweils einen Teilerbaum und schreibe sie als Produkt von Primzahlen.

a) 24	b) 80	c) 120	d) 320
30	81	136	400
32	100	176	1000

> Jede natürliche Zahl, die selbst keine Primzahl ist, kann in ein Produkt von Primzahlen zerlegt werden.
>
> Bei der Zerlegung sind verschiedene Wege möglich, die alle zu demselben Ergebnis führen.
>
> $28 = 2 \cdot 2 \cdot 7 \qquad 650 = 2 \cdot 5 \cdot 5 \cdot 13$

1 Alina stellt aus einem farbigen Pappkarton quadratische Kärtchen her.

Der Karton ist 56 cm lang und 40 cm breit. Die Kärtchen sollen so groß wie möglich werden. Vom Karton soll kein Rest übrig bleiben.
a) Wie lang ist die Seite eines Kärtchens?
b) Wie viele Kärtchen erhält Alina?

> So kannst du den größten gemeinsamen Teiler (ggT) von 12 und 16 bestimmen:
>
> Teiler von 12:   <u>1</u>, <u>2</u>, 3, <u>4</u>, 6, 12
> Teiler von 16:   <u>1</u>, <u>2</u>, <u>4</u>, 8, 16
>
> gemeinsame Teiler
> von 12 und 16:   1, 2, 4
>
> größter gemeinsamer
> Teiler von 12 und 16: ggT (12, 16) = 4

2 Bestimme jeweils den größten gemeinsamen Teiler von
a) 8 und 12   b) 28 und 42
   25 und 30   10 und 35
   22 und 33   16 und 40

c) 32 und 44   d) 15, 25 und 35
   45 und 75   18, 24 und 42
   28 und 56   10, 15, 45 und 60

3 Ersetze den Platzhalter. Gib jeweils zwei Möglichkeiten an.
a) ggT (12, ▦) = 4   b) ggT (21, ▦) = 7
   ggT (10, ▦) = 5   ggT (36, ▦) = 18
   ggT (▦, 66) = 11   ggT (12, ▦) = 1

4 Am Hauptbahnhof fahren um 8.10 Uhr gleichzeitig eine Straßenbahn der Linie 5 und eine Straßenbahn der Linie 8 ab. Die Bahnen der Linie 5 verkehren im Abstand von neun Minuten, die der Linie 8 im Abstand von sechs Minuten. Zu welchen Zeiten fahren die Straßenbahnen beider Linien wieder gleichzeitig am Hauptbahnhof ab?

> So kannst du das kleinste gemeinsame Vielfache (kgV) von 8 und 12 bestimmen:
>
> Vielfache von 8:   8, 16, <u>24</u>, 32, 40, <u>48</u>, …
> Vielfache von 12:   12, <u>24</u>, 36, <u>48</u>, 60, …
>
> gemeinsame Vielfache von 8 und 12:   24, 48, 72, …
>
> kleinstes gemeinsames Vielfaches
> von 8 und 12:   kgV (8, 12) = 24

5 Bestimme jeweils das kleinste gemeinsame Vielfache von
a) 4 und 6   b) 12 und 16   c) 6 und 14
   6 und 9   15 und 25   9 und 11
   6 und 8   12 und 18   22 und 55

6 Beim Schwimmen im 25-Meter-Becken benötigt Lena für eine Bahn 30 s, Marie 25 s. Sie starten gleichzeitig. Nach wie vielen Sekunden schlagen beide gleichzeitig am Beckenrand an? Wie viele Bahnen ist Lena geschwommen, wie viele Marie?

Teilbarkeitsregeln

1 Welche der abgebildeten Zahlen sind durch 2 (durch 5, durch 10) teilbar? Woran erkennst du die Teilbarkeit durch 2 (durch 5, durch 10)?

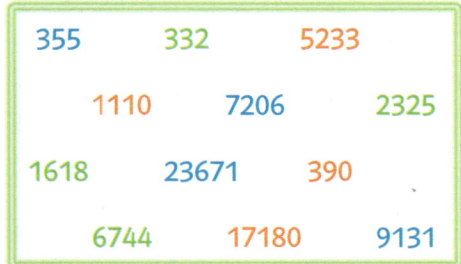

355	332	5233
1110	7206	2325
1618	23671	390
6744	17180	9131

2 Schreibe alle zweistelligen Zahlen auf,
a) die durch 2 und durch 5 teilbar sind,
b) die durch 5, aber nicht durch 2 teilbar sind.

3

Eine Zahl ist durch 4 teilbar, wenn die letzten beiden Ziffern eine durch 4 teilbare Zahl bilden.

a) Erläutere Pauls Behauptung mithilfe der Beispiele.

$$124 : 4 = (100 + 24) : 4$$
$$= 100 : 4 + 24 : 4$$
$$= \quad 25 \quad + \quad 6$$
$$= \quad 31$$

$$3248 : 4 = (3200 + 48) : 4$$
$$= 3200 : 4 + 48 : 4$$
$$= \quad 800 \quad + \quad 12$$
$$= \quad 812$$

b) Zeige ebenso, dass 216 und 1244 durch 4 teilbar sind.

4 Welche Zahlen sind durch 4 teilbar?

a) 148	b) 588	c) 3440	d) 11 610
312	650	8218	13 736
222	342	1111	99 904

5

Ich kenne einen ganz einfachen Trick, um auszurechnen, ob eine Zahl durch 3 teilbar ist.

4 + 1 + 5 + 2 + 6 = 18

Ist 41 526 durch 3 teilbar?

Ja, das ist möglich.

Wie hast du das gemacht?

Überprüfe durch eine schriftliche Division, ob Sara Recht hat.

6 In den Beispielen wird überprüft, ob 5781 und 2524 durch 3 teilbar sind.

> Quersumme von 5781:
> 5 + 7 + 8 + 1 = 21
> 21 ist durch 3 teilbar.
> also: 5781 ist durch 3 teilbar.

> Quersumme von 2524:
> 2 + 5 + 2 + 4 = 13
> 13 ist nicht durch 3 teilbar.
> also: 2524 ist nicht durch 3 teilbar.

Welche Zahlen sind durch 3 teilbar?

a) 567	b) 7359	c) 4287	d) 7685
405	5588	8697	6819
888	1577	7450	9943

7 Erläutere mithilfe des Beispiels, dass eine Zahl durch drei teilbar ist, wenn ihre Quersumme durch drei teilbar ist.

$$582 = 5 \cdot \quad 100 \quad + 8 \cdot \quad 10 \quad + 2$$
$$= 5 \cdot (99 + 1) \quad + 8 \cdot (9 + 1) \quad + 2$$
$$= 5 \cdot 99 + 5 \cdot 1 + 8 \cdot 9 + 8 \cdot 1 + 2$$
$$= 5 \cdot 99 + 5 \quad + 8 \cdot 9 + 8 \quad + 2$$
$$= 5 \cdot 99 + 8 \cdot 9 + (5 + 8 + 2)$$

durch 3	durch 3	Quersumme
teilbar	teilbar	durch 3 teilbar

Teilbarkeitsregeln

8 Begründe mithilfe von Beispielen, dass die Quersummenregel auch für die Teilbarkeit durch 9 gilt.

9 Welche Zahlen sind durch 9 teilbar?

a) 522	b) 7695	c) 2847	d) 16 857
648	9988	6976	85 968
242	2277	5705	29 954

> Eine Zahl ist durch 2 teilbar, wenn ihre letzte Ziffer eine 0, 2, 4, 6 oder 8 ist.
>
> Eine Zahl ist durch 5 teilbar, wenn ihre letzte Ziffer eine 0 oder 5 ist.
>
> Eine Zahl ist durch 10 teilbar, wenn ihre letzte Ziffer eine 0 ist.
>
> Eine Zahl ist durch 3 teilbar, wenn ihre Quersumme durch 3 teilbar ist.
>
> Eine Zahl ist durch 9 teilbar, wenn ihre Quersumme durch 9 teilbar ist.
>
> Eine Zahl ist durch 4 teilbar, wenn die beiden letzten Ziffern Nullen sind oder eine durch 4 teilbare Zahl bilden.

10  *Eine Zahl ist durch 6 teilbar, wenn sie durch 2 und durch 3 teilbar ist.*

Prüfe diese Regel für 42 (54, 60, 120).

11 Welche Zahlen sind durch 6 teilbar?

a) 428	b) 358	c) 5004	d) 6735
312	192	4734	6819
711	684	4550	7632

12 a) Welche Zahlen sind durch 5 **und** durch 9 teilbar?

225	450	1990	1404
325	558	1665	1890

b) Welche Zahlen sind durch 3 **und** durch 4 teilbar?

132	234	6522	3372
348	532	4512	2442

c) Welche Zahlen sind durch 4 **und** durch 9 teilbar?

756	450	2736	1152
692	864	2312	5562

13 a) Welche Zahlen sind durch 2, aber nicht durch 4 teilbar?

226	142	1204	6775
100	714	5000	9010

b) Welche Zahlen sind durch 3, aber nicht durch 9 teilbar?

513	672	1111	8070
606	777	2313	5679

c) Welche Zahlen sind durch 4, aber nicht durch 3 teilbar?

156	224	1314	2148
116	272	2532	3452

14 Wie viele zweistellige Zahlen sind durch 4 (durch 5, durch 6, durch 9) teilbar?

15 Bestimme die kleinste natürliche Zahl, die durch
a) 2, 3 und 5 teilbar ist,
b) 2, 6 und 7 teilbar ist,
c) 5, 6 und 9 teilbar ist,
d) 2, 3, 4 und 6 teilbar ist.

16 a) Ersetze jeweils den Platzhalter, so dass eine durch 9 teilbare Zahl entsteht.

45■7	23■88	8837■3
6■91	1■629	465■71
135■	123■2	7■3244

b) Ersetze jeweils den Platzhalter, so dass eine durch 4 teilbare Zahl entsteht.

11■	2■4	212■	1■12
23■	1■6	316■	2■10

17 a) Ben hat den Bruch $\frac{33}{39}$ gekürzt. Die Kürzungszahl hat er mithilfe der Teilbarkeitsregeln gefunden.

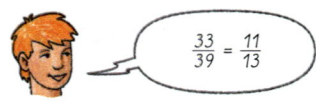 $\frac{33}{39} = \frac{11}{13}$

Welche Teilbarkeitsregel hat er verwendet?
b) Prüfe jeweils mithilfe der Teilbarkeitsregeln, durch welche Zahl du die Brüche kürzen kannst.
Gib dann den gekürzten Bruch an.

$$\frac{34}{38} \qquad \frac{70}{90} \qquad \frac{15}{25} \qquad \frac{87}{93} \qquad \frac{63}{99}$$

$$\frac{116}{124} \qquad \frac{477}{531} \qquad \frac{515}{595} \qquad \frac{604}{716} \qquad \frac{831}{921}$$

Teiler und Vielfache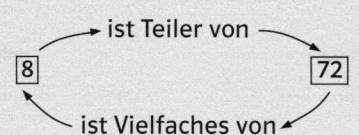

72 ist ohne Rest durch 8 teilbar.

8 ist Teiler von 72.
72 ist Vielfaches von 8.

72 ist nicht durch 5 teilbar.
Beim Teilen bleibt ein Rest.

5 ist nicht Teiler von 72.
72 ist nicht Vielfaches von 5.

```
                    ┌──→ ist Teiler von ──┐
                    │                     ↓
                   ┌─┐                  ┌──┐
                   │8│                  │72│
                   └─┘                  └──┘
                    ↑                     │
                    └── ist Vielfaches von ┘
```

Teiler von 16: 1, 2, 4, 8, 16
Teiler von 20: 1, 2, 4, 5, 10, 20

Vielfache von 6: 6, 12, 18, 24, 30, 36 …
Vielfache von 9: 9, 18, 27, 36, 45, 54 …

größter gemeinsamer Teiler:
ggT (16, 20) = 4

kleinstes gemeinsames Vielfaches:
kgV (6, 9) = 18

Natürliche Zahlen, die genau zwei
Teiler haben, heißen **Primzahlen.**
Sie sind nur durch 1 und durch sich
selbst teilbar.
1 ist keine Primzahl.

Primzahlen zwischen 1 und 100:

2	3	5	7	11	13	17
19	23	29	31	37	41	43
47	53	59	61	67	71	73
79	83	89	97			

Jede natürliche Zahl, die
selbst keine Primzahl ist,
kann in ein Produkt von
Primzahlen zerlegt werden.

Bei der Zerlegung sind
verschiedene Wege möglich,
die alle zu demselben
Ergebnis führen.

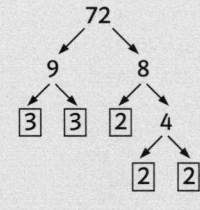

$$72 = 3 \cdot 3 \cdot 2 \cdot 2 \cdot 2$$

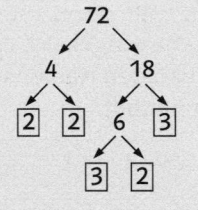

$$72 = 2 \cdot 2 \cdot 3 \cdot 2 \cdot 3$$

$$72 = 2 \cdot 2 \cdot 2 \cdot 3 \cdot 3$$

Eine Zahl ist durch 2 teilbar,
wenn ihre letzte Ziffer eine 0, 2, 4, 6 oder 8 ist.

658 ist durch 2 teilbar.
denn die letzte Ziffer ist 8.

Eine Zahl ist durch 5 teilbar,
wenn ihre letzte Ziffer eine 0 oder 5 ist.

3475 ist durch 5 teilbar,
denn die letzte Ziffer ist 5.

Eine Zahl ist durch 10 teilbar,
wenn ihre letzte Ziffer eine 0 ist.

170 ist durch 10 teilbar,
denn die letzte Ziffer ist 0.

Eine Zahl ist durch 3 teilbar,
wenn ihre Quersumme durch 3 teilbar ist.

582 ist durch 3 teilbar,
denn 5 + 8 + 2 = 15 ist durch 3 teilbar.

Eine Zahl ist durch 9 teilbar,
wenn ihre Quersumme durch 9 teilbar ist.

765 ist durch 9 teilbar,
denn 7 + 6 + 5 = 18 ist durch 9 teilbar.

Eine Zahl ist durch 4 teilbar,
wenn die beiden letzten Ziffern Nullen
sind oder eine durch 4 teilbare Zahl bilden.

1324 ist durch 4 teilbar,
denn 24 ist durch 4 teilbar.

Üben und Vertiefen

1 Bestimme die Teiler von 9 (10, 15, 33, 50, 77). Du erhältst jeweils ein Lösungswort.

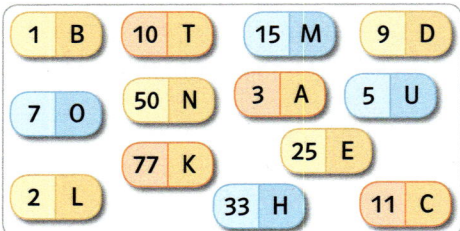

1 B	10 T	15 M	9 D
7 O	50 N	3 A	5 U
	77 K	25 E	
2 L	33 H		11 C

2 a) Die Klasse 6c besteht aus 27 Schülerinnen und Schülern. Für eine Gruppenarbeit sollen Vierergruppen gebildet werden. Welches Problem entsteht?
b) Die Klasse 6c soll in gleich große Gruppen aufgeteilt werden. Welche Gruppengrößen sind möglich?
c) Eine Klasse mit 30 (32, 28, 29) Schülerinnen und Schülern soll in gleich große Gruppen aufgeteilt werden.
Welche Gruppengrößen sind möglich?

3 Suche die Primzahlen heraus. Richtig zusammengesetzt ergeben die Buchstaben den Namen einer europäischen Hauptstadt.

a)
29 L	37 D	33 A	42 P
49 S	39 T	38 E	23 O
27 U	19 N	43 N	41 O

b)
93 E	51 S	57 T	43 P
81 G	97 R	61 S	69 F
73 I	67 A	87 U	63 O

4 Gib eine Zahl an, die genau vier (sechs, drei) Teiler hat.

5 Bestimme jeweils die Teiler der angegebenen Zahlen.
Wenn du die Zahlen nach der Anzahl ihrer Teiler ordnest, ergeben die Buchstaben hinter den Zahlen ein Lösungswort.

16 [M]   36 [L]   42 [H]   43 [P]

45 [Z]   49 [R]   64 [A]   55 [I]

6 Für den Ausflug zum Freizeitpark hat Leon von jeder Schülerin und jedem Schüler der Klasse 6 € eingesammelt.

Insgesamt habe ich 176 €.

Das kann nicht stimmen.

7 Bestimme jeweils den größten gemeinsamen Teiler von
a) 45 und 60   b) 75 und 100
   8 und 42   16 und 52
   10 und 35   18 und 63

c) 12, 24 und 30   d) 24, 36 und 60
   12, 15 und 21   18, 36 und 54
   14, 35 und 77   32, 64 und 80

Lösungen zu Aufgabe 7:
2, 3, 4, 5, 6, 7, 9, 12, 15, 16, 18, 25

8 Bestimme jeweils das kleinste gemeinsame Vielfache von
a) 16 und 24   b) 12 und 30
   9 und 15   22 und 55
   20 und 25   14 und 35

c) 4, 6 und 8   d) 8, 12 und 20
   2, 3 und 7   9, 15 und 30
   3, 4 und 9   10, 15 und 25

Lösungen zu Aufgabe 8:
24, 36, 42, 45, 48, 60, 70, 90, 100, 110, 120, 150

9 Vervollständige den Teilerbaum in deinem Heft.
a)
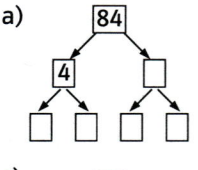
b)
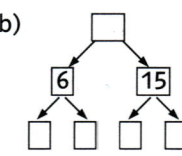

c)
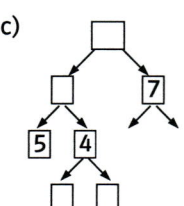
d)
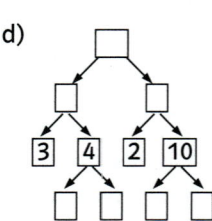

Üben und Vertiefen

10 Zeichne für die Zahlen jeweils einen Teilerbaum und schreibe sie als Produkt von Primzahlen.

a) 18   b) 60   c) 110   d) 200
    36   81   144   250
    48   72   150   800

11 Zwei Zahlen, deren größter gemeinsamer Teiler gleich 1 ist, heißen **teilerfremd.** Überprüfe, welche Zahlenpaare teilerfremd sind.

a) 25 und 32   b) 81 und 100
    45 und 56   24 und 42
    33 und 39   16 und 27

12 Ersetze jeweils den Platzhalter. Es gibt mehrere Möglichkeiten.

a) kgV(3, ■) = 12   b) kgV(9, ■) = 36
    kgV(■, 8) = 24   kgV(14, ■) = 42
    kgV(5, ■) = 50   kgV(10, ■) = 30

13 a) Gib die größte dreistellige (vierstellige) Zahl an, die durch 4 teilbar ist.
b) Gib die kleinste vierstellige (fünfstellige) Zahl an, die durch 9 teilbar ist.

14 a) Bilde aus den Ziffern 2, 4, 5 und 8 vierstellige Zahlen, die durch 4 teilbar sind.
b) Bilde aus den Ziffern 3, 5, 7 und 0 vierstellige Zahlen, die durch 5 teilbar sind.

Es gibt jedes Mal zehn Möglichkeiten.

15

Nach jedem Vielfachen von 6 folgt immer eine Primzahl.

Hat Kim Recht?

16 a) Gib zwei dreistellige Primzahlen an.
b) Suche dreistellige (vierstellige, fünfstellige) Primzahlen. Benutze das Internet.

17 Finde jeweils alle Teiler. Die Buchstaben unter den Teilern ergeben zeilenweise gelesen einen Satz.

die Zahl hat die Teiler	2	3	4	5	9
11 142	M	A	T	H	N
15 120	S	I	E	H	T
32 720	N	E	U	R	O
12 465	A	M	F	I	T
11 130	D	E	S	M	U
32 412	H	E	R	B	L
46 845	U	Z	D	E	N
21 380	G	L	U	T	A

die Zahl hat die Teiler	2	3	4	5	6	9	10
28 812	E	G	A	R	L	T	U
22 218	W	I	R	T	E	N	S
11 466	W	E	S	T	I	T	A
27 090	D	E	U	R	W	E	G
17 220	I	S	T	M	A	L	N
18 540	M	U	S	S	D	E	N
40 020	E	R	S	T	E	R	N
21 780	S	C	H	R	I	T	T
18 315	S	T	A	U	B	N	E

18 Wer hat Recht, wer nicht?

Wenn eine gerade Zahl durch 3 teilbar ist, dann ist sie auch durch 6 teilbar.

Wenn eine ungerade Zahl durch 3 teilbar ist, dann ist sie auch durch 9 teilbar.

Wenn eine gerade Zahl durch 5 teilbar ist, dann ist sie auch durch 10 teilbar.

Wenn eine Zahl durch 4 teilbar ist, dann ist ihre letzte Ziffer eine gerade Zahl.

1

Unter den Zahlen ist nur eine einzige Primzahl.

a) Begründe, dass 1342 (1235) keine Primzahl ist. Woran erkennst du das?
b) Betrachte jeweils die letzte Ziffer der übrigen Zahlen. Welche könnten Primzahlen sein?

Bei mehrstelligen Primzahlen ist die letzte Ziffer immer 1, 3, 7 oder 9.

c) Suche die Zahlen heraus, die durch 3 teilbar sind, indem du die Quersumme überprüfst.
d) 1421 ist nicht durch 2, 3 oder 5 teilbar. Erkläre mithilfe der Rechnung, dass 1421 durch 7 teilbar ist.

$$
\begin{aligned}
&\quad 1421 : 7 \\
&= (1400 + 21) : 7 \\
&= 1400 : 7 + 21 : 7 \\
&= \quad 200 \quad + \quad 3 \\
&= \quad 203
\end{aligned}
$$

e) Zerlege 1199 in zwei geeignete Summanden und zeige, dass diese Zahl durch 11 teilbar ist.

f) Die Rechnung zeigt, dass 1589 durch 7 teilbar ist.

$$
\begin{aligned}
&\quad 1589 : 7 \\
&= (1400 + 140 + 49) : 7 \\
&= 1400 : 7 + 140 : 7 + 49 : 7 \\
&= \quad 200 \quad + \quad 20 \quad + \quad 7 \\
&= 227
\end{aligned}
$$

Zeige mithilfe einer ähnlichen Zerlegung, dass 1631 auch durch 7 teilbar ist.
g) Begründe mithilfe einer geeigneten Zerlegung, dass 1243 durch 11 (1469 durch 13) teilbar ist.
h)

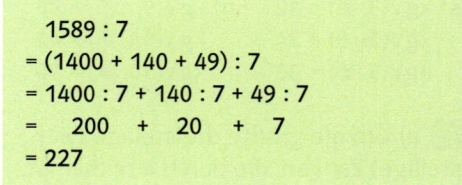

Ich habe die Primzahl gefunden.

Welche Zahl ist es?

2 Suche die einzige Primzahl heraus.
a)

2570	2241	2177
2451	2318	2739
2693	2367	2849	2245

b)

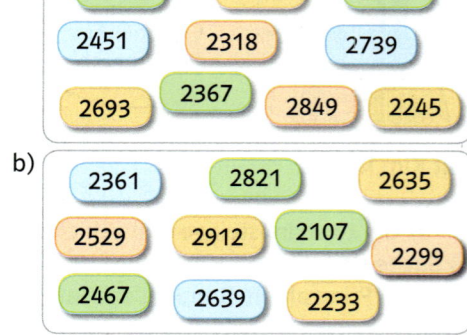

2361	2821	2635
2529	2912	2107	2299
2467	2639	2233

Tüftelaufgaben

1 Nach wie vielen Umdrehungen des kleinen Zahnrads treffen die beiden Markierungen wieder genau aufeinander?
Wie oft hat sich das große Zahnrad in dieser Zeit gedreht?

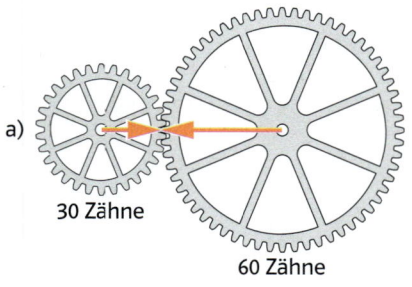

a)
30 Zähne
60 Zähne

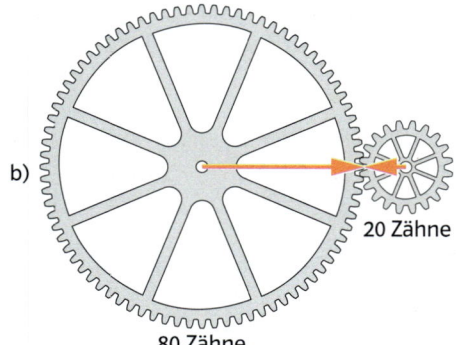

b)
20 Zähne
80 Zähne

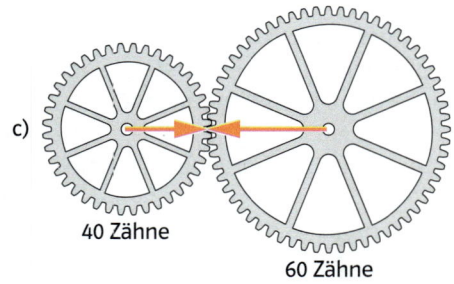

c)
40 Zähne
60 Zähne

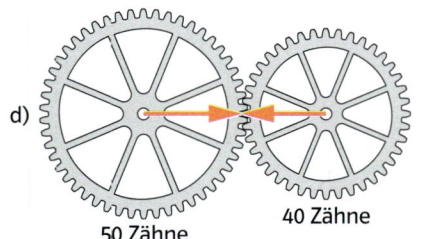

d)
50 Zähne
40 Zähne

2 Am Freitag, den 13. März, treffen sich Jim, Jonny und Jonas in Pits Kneipe. Jim kommt an jedem zweiten Tag in diese Kneipe, Jonny an jedem dritten und Jonas immer nur freitags.
An welchem Tag treffen sich alle drei bei Pit wieder?

3 Lisa hat ein Gefäß, das drei Liter fasst, und ein Gefäß, das sieben Liter fasst. Damit misst sie ein Liter Wasser ab.

a) Erkläre, wie Lisa ein Liter Wasser abgemessen hat.
b) Gib eine andere Möglichkeit an, mit einem Drei- und einem Sieben-Liter-Gefäß ein Liter Wasser abzumessen.
c) Überlege, wie du mit einem Drei- und einem Fünf-Liter-Gefäß (mit einem Fünf- und einem Sieben-Liter-Gefäß) ein Liter Wasser abmessen kannst.
d) Begründe, dass du mit einem Vier- und einem Sechs-Liter-Gefäß (mit einem Sechs- und einem Neun-Liter-Gefäß) ein Liter Wasser nicht abmessen kannst.
e) Gib zwei weitere Paare von Gefäßen an, mit denen du ein Liter Wasser nicht abmessen kannst.

4 Drei Uhren schlagen nur zur vollen Stunde. Um 8 Uhr schlagen sie gleichzeitig. Die erste Uhr geht pro Stunde drei Minuten vor, die zweite sechs Minuten nach. Die dritte geht genau richtig. Nach wie vielen Stunden schlagen alle drei Uhren wieder gemeinsam?

I    II    III

Ausgangstest 1

1 Gib fünf Vielfache von 12 an.

2 Bestimme alle Teiler von
a) 18 b) 20 c) 24 d) 30

3 Vervollständige die Tabelle in deinem Heft.

Teiler von 72		
1	▩	$1 \cdot ▩ = 72$
2	▩	$2 \cdot ▩ = 72$
3	▩	$3 \cdot ▩ = 72$
4	▩	$4 \cdot ▩ = 72$
6	▩	$6 \cdot ▩ = 72$
8	▩	$8 \cdot ▩ = 72$

4 Bestimme den größten gemeinsamen Teiler von
a) 18 und 30 b) 15 und 55
c) 16 und 40 d) 27 und 45

5 Bestimme das kleinste gemeinsame Vielfache von
a) 6 und 9 b) 16 und 20
c) 5 und 7 d) 12 und 18

6 Zeichne alle Rechtecke mit einem Flächeninhalt von 10 cm², bei denen die Seitenlänge ganze Maßzahlen haben.
Wie viele Möglichkeiten gibt es?

7 Vervollständige den Teilerbaum in deinem Heft.
a)   b)

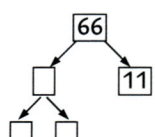
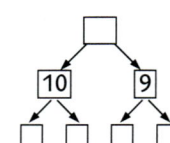

8 Suche die Primzahlen heraus.

7	22	19	34	23
	11	41	33	27
17	38	13	39	21

9 Suche die Zahlen heraus,
a) die durch 3 teilbar sind.

| 76 | 123 | 422 | 1377 |
| 62 | 144 | 352 | 1497 |

b) die durch 4 teilbar sind.

| 104 | 210 | 448 | 1180 |
| 122 | 200 | 452 | 1250 |

c) die durch 2 und durch 3 teilbar sind.

| 78 | 152 | 690 | 1678 |
| 42 | 333 | 488 | 3444 |

d) die durch 5, aber nicht durch 2 teilbar sind.

| 55 | 560 | 1265 | 2240 |
| 70 | 265 | 1500 | 2185 |

10 Ergänze jeweils eine Ziffer, so dass die Zahl durch 9 teilbar ist.
1 ▨ 43   247 ▨ 0   22 ▨ 33

11 Die Omnibusse der Linie 8 fahren im Abstand von 15 Minuten, die der Linie 11 im Abstand von 20 Minuten und die der Linie 13 im Abstand von 40 Minuten.
Um 10 Uhr fährt ein Omnibus von jeder Linie am Rathaus ab.
Wann fahren die Omnibusse aller drei Linien wieder gemeinsam am Rathaus ab?

Ich kann	Aufgabe	Hilfen und Aufgaben
Vielfache einer natürlichen Zahl angeben.	1	Seite 190
die Teiler einer natürlichen Zahl angeben.	2, 3, 6	Seite 190, 191
den größten gemeinsamen Teiler von natürlichen Zahlen bestimmen.	4	Seite 192
das kleinste gemeinsame Vielfache von natürlichen Zahlen bestimmen.	5, 11	Seite 192
den Teilerbaum einer natürlichen Zahl vervollständigen.	7	Seite 191
Primzahlen, die kleiner als 100 sind, erkennen.	8	Seite 191
die Teilbarkeitsregeln für natürliche Zahlen anwenden.	9, 11	Seite 193, 194

Ausgangstest 2

1 Welche Zahlen fehlen hier. Ersetze die Platzhalter.
a) Teiler von ■: 1, 2, ■, ■, 16
b) Teiler von ■: ■, ■, 4, ■, 14 , 28
c) Teiler von ■: ■, ■, 4, ■, 16, ■
d) Teiler von ■: ■, 2, ■, 6, 7, ■, 21, ■

2 Bestimme den größten gemeinsamen Teiler von
a) 24 und 32   b) 18 und 63
c) 30 und 36   d) 15, 25 und 40

3 Bestimme das kleinste gemeinsame Vielfache von
a) 15 und 20   b) 16 und 24
c) 22 und 55   d) 12, 18 und 60

4 Ersetze die Platzhalter.
a) ggT (16, ■) = 4   b) ggT (12, ■) = 6
c) kgV (3, ■) = 24   d) kgV (4, ■) = 20

5 Suche die Zahlen heraus,
a) die durch 5 und durch 9 teilbar sind.

3465	1565	9603	8955
6820	2970	1555	8370

b) die durch 3 und durch 4 teilbar sind.

222	2112	2700	2772
104	1524	3150	2562

c) die durch 2, aber nicht durch 4 teilbar sind.

530	1226	1386	1448
332	1513	2558	2500

d) die durch 3, aber nicht durch 9 teilbar sind.

672	1422	2532	2868
795	1576	2799	5979

6 Ergänze jeweils eine Ziffer, so dass die Zahl
a) durch 9 teilbar ist.
1■43   247■0   22■33
b) durch 4 teilbar ist.
1■4   247■0   23■

7 Zeichne den Teilerbaum und schreibe als Produkt von Primfaktoren.
a) 63   b) 88   c) 450

8 a) Gib die kleinste vierstellige Zahl an, die durch 9 teilbar ist.
b) Gib die größte vierstellige Zahl an, die durch 4 teilbar ist.

9 Welche Aussagen sind wahr, welche falsch.
a) Es gibt sieben Primzahlen, die kleiner als 20 sind.
b) Zwischen 20 und 30 gibt es drei Primzahlen.
c) Zwischen 20 und 40 gibt es keine Primzahl, deren letzte Ziffer eine 7 ist.
d) Es gibt fünf zweistellige Primzahlen, deren letzte Ziffer eine 9 ist.

10 Begründe: Der größte gemeinsame Teiler von zwei verschiedenen Primzahlen ist gleich 1.

11 Suche die einzige Primzahl heraus.

125	136	105	127
147	117	119	141

12 Ein 468 cm langes und 195 cm breites Rechteck soll mit Quadraten ausgelegt werden. Bestimme die Seitenlänge des größtmöglichen Quadrats.

Ich kann	Aufgabe	Hilfen und Aufgaben
die Teiler einer natürlichen Zahl angeben.	1	Seite 190, 191
den größten gemeinsamen Teiler von natürlichen Zahlen bestimmen.	2, 4, 10, 12	Seite 192
das kleinste gemeinsame Vielfache von natürlichen Zahlen bestimmen.	3, 4	Seite 192
die Teilbarkeitsregeln für natürliche Zahlen anwenden.	5, 6, 8	Seite 193, 194
den Teilerbaum einer natürlichen Zahl zeichnen und ihre Primfaktorzerlegung angeben.	7	Seite 191
Primzahlen erkennen.	9, 11	Seite 191, 198

Primzahlen

1 Schon seit Jahrtausenden interessieren sich Mathematiker besonders für Primzahlen. Sie versuchen, möglichst viele und möglichst große Primzahlen zu entdecken.

Ein altes Verfahren, um Primzahlen zu finden, ist das **Sieb des Eratosthenes.**

Dieser griechische Gelehrte lebte von 284 bis 202 v. Chr. Er war Direktor der damals größten Bibliothek der Welt in Alexandria.

So kannst du mit dem Verfahren des Eratosthenes die Primzahlen zwischen 1 und 100 bestimmen:

- Schreibe alle natürlichen Zahlen von 1 bis 100 auf.
- 1 ist keine Primzahl und wird deshalb gestrichen.
- Kreise die Zahl 2 ein. Streiche alle Vielfachen von 2.
- Die Zahl 3 ist die kleinste nicht durchgestrichene Zahl. Kreise sie ein und streiche alle Vielfachen von 3.
- Kreise die kleinste nicht durchgestrichene Zahl ein und streiche alle ihre Vielfachen.
- Setze das Verfahren weiter fort.

Warum sind die eingekreisten Zahlen Primzahlen?

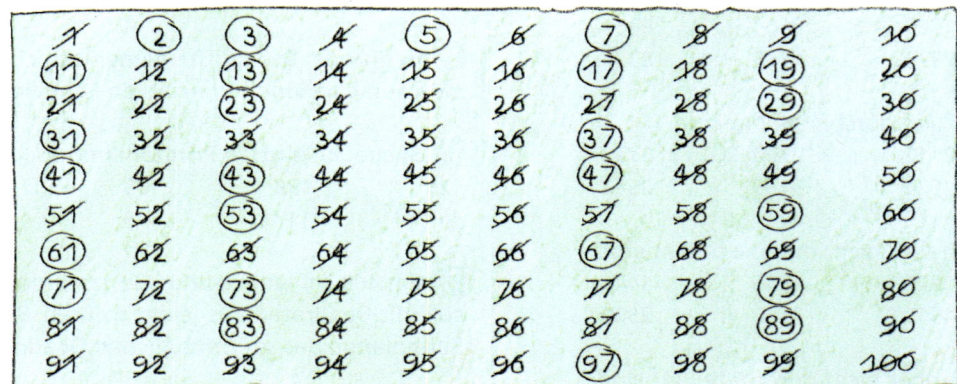

2 Bevor es Computer gab, war es sehr mühsam, herauszufinden, ob eine große Zahl eine Primzahl ist oder nicht.

Heute werden mithilfe von Computern immer größere Primzahlen entdeckt.

Im Jahr 2008 fanden amerikanische Mathematiker die erste Primzahl mit mehr als zehn Millionen Stellen und erhielten dafür ein Preisgeld von 100 000 Dollar.

Inzwischen ist eine Primzahl mit 17 425 170 Stellen bekannt. Wenn man auf Karopapier in jedes Rechenkästchen eine Ziffer dieser Zahl schreiben will, muss der Papierstreifen über 87 Kilometer lang sein. Informiere dich im Internet, wie viele Ziffern die größte bisher entdeckte Primzahl hat.

3 Nach Marin Mersenne (1588–1648), einem französischen Mönch, ist ein Verfahren benannt, mit dessen Hilfe Mathematiker große Primzahlen suchen.

Mersennesches Verfahren:
1. Wähle eine Primzahl.
2. Nimm diese Primzahl als Exponent von 2.
3. Berechne die Potenz.
4. Subtrahiere 1.
5. Du erhältst meistens eine Primzahl.

Gewählte Primzahl: 13
Rechnung:
$2^{13} - 1$
$= \underbrace{2 \cdot 2 \cdot 2 \cdot 2 \cdot 2 \cdot 2 \cdot 2 \cdot 2 \cdot 2 \cdot 2 \cdot 2 \cdot 2 \cdot 2}_{13 \text{ Mal}} - 1$
$= 8192 - 1$
$= 8191$
8191 ist eine Primzahl.

Je größer die Primzahl ist, die zu Beginn gewählt wird, desto größer ist die Primzahl, die mithilfe des Verfahrens von Mersenne berechnet wird. Wählt man zu Beginn zum Beispiel die Primzahl 31, dann liefert das Verfahren als Ergebnis die Primzahl 2 147 483 647.

Beginnt man aber mit der Primzahl 11, dann ist das Ergebnis des Verfahrens von Mersenne die Zahl 2047. Diese Zahl ist keine Primzahl, sie ist durch 23 teilbar.

Wählt man zu Beginn die Primzahl 67, dann ist das Ergebnis des Verfahrens die Zahl 147 573 952 589 676 412 927.
Im Jahr 1903 fand der Amerikaner Nelson Cole natürlich ohne Hilfe von Computern heraus, dass diese Zahl teilbar ist.

147 573 952 589 676 412 927
ist durch 193 707 721 teilbar.

Prüfe, ob das Verfahren von Mersenne eine Primzahl ergibt, wenn du mit 2 (3, 5, 7) beginnst.

Zwei Primzahlen, deren Differenz 2 ist, heißen Primzahlzwillinge.

4 Zwischen 1 und 100 gibt es acht Primzahlzwillinge, zwischen 100 und 200 sind es sieben. Zwischen 900 und 1000 gibt es gar keine Zwillingspaare, zwischen 1000 und 1100 aber wieder fünf.
Wahrscheinlich kommen unter den Primzahlen unendlich viele Zwillinge vor, bewiesen ist dies aber bis heute nicht.
a) Schreibe alle Primzahlzwillinge zwischen 1 und 100 auf.
b) Suche zwei Zwillingspaare, die größer als 100 sind.

5 Christian Goldbach (1707–1783) vermutete, dass jede gerade Zahl größer als 2 die Summe von zwei Primzahlen ist.

$10 = 7 + 3$
$12 = 7 + 5$
$14 = 11 + 3$
$16 = 13 + 3 = 11 + 5$
$18 = 13 + 5 = 11 + 7$

Für alle geraden Zahlen, die kleiner als 400 000 000 000 000 sind, ist diese Vermutung bestätigt worden. Ein Beweis ist aber bis heute noch nicht gelungen.
Schreibe alle geraden Zahlen von 20 bis 40 als Summe von zwei Primzahlen. Überlege auch, ob es mehrere Möglichkeiten gibt.

Sachprobleme lösen

Möwe

Die Klasse 6 a macht eine Klassenfahrt auf die Insel Langeoog.
Überlege dir zu jeder Abbildung auf dieser Doppelseite eine Rechenaufgabe.

Nationalpark Niedersächsisches Wattenmeer

Wangerooge

Großer Knechtsand

Spiekeroog

Langeoog

Baltrum

Norderney

Mellum

Juist

Harlesiel

Neuharlingersiel

Borkum

Dornumersiel

Hohenkirchen

Memmert

Norddeich

Esens

Großheide

Jever

Norden

Wittmund

Voslapp

Burhave

Marienhafe

Wilhelmshaven

Greetsiel

Aurich

Sande

Jadebusen

Pewsum

Ems-Jade-Kanal

Ostfriesland

Friedeburg

Hinte

Emden

Delfzijl

Hesel

Niederlande

Dollart

Jemgum

Leer

Slochteren

Bunde

Ruhezone
In der Ruhezone gelten die strengsten Schutzbestimmungen, da sich hier die empfindlichsten Pflanzen- und Tierarten befinden. Das Betreten der Ruhezone ist nur auf den dafür vorgesehenen Wegen und Flächen erlaubt.

Zwischenzone
Die Zwischenzone ist gegenüber der Ruhezone nicht so streng geschützt. Die Brutstätten der Tiere dürfen nicht gestört werden.

Erholungszone
Die Erholungszone ist freigestellt für den Erholungs- und Kurbetrieb.

········· Nationalparkgrenze

© westermann

Wer baut die schönste Sandburg?

Lebewesen im Wattenmeer

Auf Fischfang

Langeoog ist eine Insel in der Nordsee und gehört zu den Ostfriesischen Inseln.
Die Insel ist 19,67 km² groß und hat einen 14 km langen Sandstrand. Dem Strand schließt sich eine Dünenlandschaft mit bis zu 20 m hohen Dünen an. Auf der Insel leben 2028 Einwohner.

Der Wasserturm auf der Kaapdüne aus dem Jahre 1909 ist das Wahrzeichen Langeoogs. Es ist gleichzeitig eine Aussichtsplattform in 32 m Höhe. Zu sehen ist das Dorf und bei guter Sicht das Festland. Vor dem Bau des Wasserturms befand sich ein sogenanntes Kaap als Seezeichen für die Schifffahrt auf der Düne.

Schullandheim
85 Betten, 6 Einzelzimmer, ein Doppelzimmer, drei Vierer-, ein Fünfer-, zehn Sechserzimmer, drei Tagungsräume, Vollpension pro Tag für Schülerinnen und Schüler: 20,70 €

Fahrtkosten
pro Schüler:
Bus: 55,00 €
Fähre: 12,50 €
Gepäckbeförderung: 5,00 €

Die Klassenfahrt beginnt an einem Samstagmorgen und endet am darauf folgenden Freitagnachmittag.
Die vierzehn Mädchen und vierzehn Jungen der Klasse 6a haben im Schullandheim drei Sechserzimmer, ein Fünfer- und zwei Viererzimmer zugewiesen bekommen.

Dauer der Busfahrt: 4 h 20 min
Übersetzen mit der Fähre: 35 min
Fahrt mit der Inselbahn: 10 min

Langeoog liegt im Nationalpark
Niedersächsisches Wattenmeer.

Das Watt

Das Watt ist der Teil des Wattenmee-
res, der im Wechsel der Gezeiten
regelmäßig überflutet wird und
wieder trockenfällt. Es ist von Prie-
len und Rinnen durchzogen, die das
Wasser aus der Nordsee heran- und
wieder hinausführen.
Auf und unter der Wattoberfläche
leben zahllose kleine Lebewesen.
Sie nehmen aus dem Wasser und
dem Boden die Nährstoffe, aber
auch Schadstoffe auf, die mit der
Flut herangespült werden.
Ein wichtiger Bewohner des Watts
ist der Wattwurm. Wattwürmer sind
meist 20 cm, selten 40 cm lang und
werden im Durchschnitt 5 Jahre alt.
Jeder Wurm frisst täglich etwa 70 g
Watt. Im Durchschnitt leben 20 Wür-
mer auf einem Quadratmeter.

Einrichtung des Nationalparks: 1.1.1986
Die Gesamtfläche des Nationalparks beträgt 2777 km². Davon
sind 1368 km² (49 %) Wattfläche, 1 220 km² (44 %) perma-
nente Wasserfläche und 189 km² (7 %) Landflächen (Inseln
und Küste).

1 Welche Mathematikaufgaben müssen im Zusammenhang mit der Vorbe-
reitung und der Durchführung der Klassenfahrt gelöst werden?
Formuliert in Gruppen mindestens drei
unterschiedliche Aufgaben. Überlegt,
welche Angaben nötig sind, um die Aufgaben auch lösen zu können.

Problemlösen

Probleme erfassen und erkunden

1. Stelle fest, welche Informationen im Text, im Bild oder Diagramm enthalten
   sind.

2. Überlege, welche mathematische Fragestellung in diesem Zusammenhang
   sinnvoll ist.

3. Formuliere eine Aufgabe.

4. Stelle alle Informationen zusammen, die du zur Lösung der Aufgabe brauchst.
   Wenn nötig, suche weitere Informationen in Lexika, im Internet oder frage
   deine Lehrerin oder deinen Lehrer.

Hier geht es
zunächst um
das Erfassen
und Erkunden
von Problemen,
noch nicht um
das Lösen.

Der Wattwurm wird im Durchschnitt 5 Jahre alt. Jeder Wurm frisst täglich rund 70 g Watt. Ein Kubikmeter Wattboden wiegt ungefähr 2,5 Tonnen.

1 Isabel und Tim haben auf ihrer Wattwanderung mehrere Wattwürmer gefunden.
Im Schullandheim überlegen sie, wie viele Wattwürmer wohl im ganzen Nationalpark leben.
Dazu wollen sie eine Schätzung vornehmen. Sie sammeln zunächst alle Angaben, die sie für ihre Rechnung brauchen.

20 Wattwürmer leben im Durchschnitt auf einem Quadratmeter Wattfläche. Die Wattfläche im Niedersächsischen Nationalpark ist 1368 km² groß.

Dann führen sie ihre Überschlagsrechnung durch:

$$20 \cdot 1368 \cdot 1\,000\,000$$
$$= 27\,360\,000\,000$$
$$\approx 27\,000\,000\,000$$

a) Erkläre die Rechnung von Isabel und Tim. Kann es wirklich sein, dass 27 Milliarden Wattwürmer im Nationalpark leben?
b) Wie viel Kilogramm Watt frisst ein Wattwurm in seinem Leben?
c) Wie viel Tonnen Watt fressen alle Wattwürmer im Niedersächsischen Nationalpark in einem Jahr?

2 Auf einem Quadratmeter Wattboden können bis zu 20 000 Wattschnecken leben. Wie viele Wattschnecken leben dann im ganzen Nationalpark?

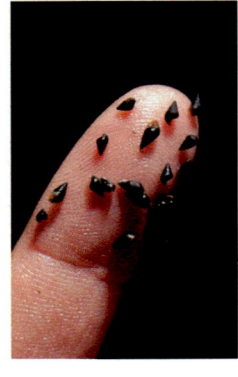

3 In einem Biologiebuch findest du die unten zusammengefassten Informationen über Miesmuscheln.

Die Miesmuschel ist eines der bedeutendsten Tiere im Wattenmeer, denn sie macht ein Viertel der gesamten Biomasse aus.
Die Miesmuschel (Mytilus edulis) hat eine tropfenförmige, glatte Schale mit brauner oder blauer Außenhaut, an der Innenseite perlmuttglänzend. Miesmuscheln ernähren sich von eingestrudeltem Plankton. Pro Stunde filtrieren ausgewachsene Tiere bis zu 2 *l* Wasser; unter Berücksichtigung der Trockenzeiten im Watt also 10–20 *l* täglich. Die Jungmuscheln kleben sich an Miesmuschelbänke oder anderen harten Untergrund an und leben dort maximal 8–10 Jahre.

Bestimme mithilfe einer Überschlagsrechnung, wie viel Liter Wasser eine Miesmuschel in ihrem Leben filtert.

4 Ein Austernfischer wird im Durchschnitt 10 bis 15 Jahre alt. Er ernährt sich unter anderem auch von Miesmuscheln und vertilgt täglich zwischen 8 und 14 Stück.
In Deutschland leben von den Austernfischern ungefähr 13 000 Paare. Schätze, wie viele Miesmuscheln von allen Austernfischern in Deutschland pro Jahr gefressen werden.

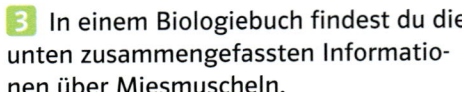

Sachprobleme durch Schätzen, Messen und Überschlagen lösen

5 Kannst du berechnen, wie viel Kraftstoff alle im Jahr 2014 in der Bundesrepublik Deutschland zugelassenen Pkw und Lkw in diesem Jahr verbraucht haben?

Im Jahr 2014 waren in der Bundesrepublik Deutschland 43 900 000 Pkws und 2 620 000 Lkws zugelassen. Ein Pkw legte im Durchschnitt 15 000 km im Jahr zurück, ein Lkw 50 000 km. Der durchschnittliche Verbrauch beim Pkw beträgt 8,2 *l* auf 100 km, beim Lkw sind es 35 *l* auf 100 km.

6 Wie viel Kilogramm wiegen alle Schülerinnen und Schüler, alle Lehrerinnen und Lehrer, Sekretärinnen und Hausmeister deiner Schule? Überlege zunächst, welche Angaben du brauchst, um eine sinnvolle Schätzung machen zu können.

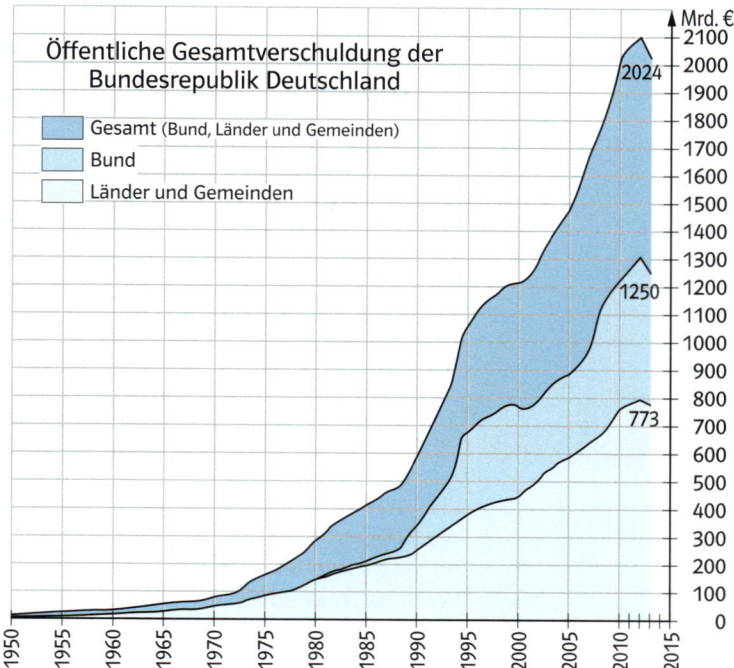

Öffentliche Gesamtverschuldung der Bundesrepublik Deutschland

- Gesamt (Bund, Länder und Gemeinden)
- Bund
- Länder und Gemeinden

7 Im September 2013 betrug die Staatsverschuldung der Bundesrepublik Deutschland 2024 Milliarden Euro. Johanna und Janosch wollen wissen, wie hoch ein Turm aus 1-Euro-Münzen über diesen Betrag wäre.
Sie haben dazu zehn 1-Euro-Münzen übereinander gestapelt und die Höhe des Stapels gemessen.
a) Beantworte die Frage von Johanna und Janosch mithilfe einer Überschlagsrechnung.
b) Würde dieser Turm bis zum Mond (bis zur Sonne) reichen?
Um diese Frage beantworten zu können, brauchst du weitere Informationen.

Ein Stapel aus zehn 1-Euro-Münzen ist 2,3 cm hoch.

Problemlösen | Schätzen, Messen und Überschlagen

1. Überlege, welche Angaben du für eine Überschlagsrechnung benötigst.

2. Prüfe, ob du alle Angaben den vorhandenen Informationen entnehmen kannst.
   Wenn nötig, verschaffe dir weitere Angaben, zum Beispiel durch eine Messung oder eine Schätzung.

3. Führe die Überschlagsrechnung aus. Wähle dazu ein geeignetes Rechenverfahren.

4. Überlege, ob das Ergebnis deiner Rechnung sinnvoll ist.

Sachprobleme durch Schätzen, Messen und Überschlagen lösen

8 Im Mathematikunterricht werden die Schülerinnen und Schüler gefragt, ob sie ausrechnen können, wie viele Weizenkörner auf einem Weizenfeld wachsen.
Lydia und Oliver überlegen, welche Informationen sie brauchen, um diese Frage beantworten zu können.

1 dt (Dezitonne)
= 0,1 t
= 100 kg

Landwirtschaftliche Ertragsangaben werden häufig in Dezitonnen gemacht.

| Größe des Feldes: | 4,8 ha |
| Ertrag pro ha: | 90 dt |

„Damit können wir nun ausrechnen, wie viel Kilogramm Weizen auf dem Feld geerntet werden können", sagt Oliver. „Aber wie viele Körner sind das?"
Lydia hat eine Idee. Sie kauft aus dem Bioladen Weizenkörner und bestimmt die Masse von 100 Körnern.

100 Weizenkörner wiegen 5 g.

a) Erläutere die einzelnen Lösungsschritte.
b) Berechne die Lösung.

9 60 % der Menschheit ernährt sich hauptsächlich von Reis. Der Tagesbedarf eines erwachsenen Indonesiers liegt bei ungefähr 200 g. Berechne, wie viele Reiskörner ein erwachsener Indonesier in einem Jahr zu sich nimmt.

10 Löse die Aufgabe nach der Ich-Du-Wir-Methode.
Beachte dazu die Hinweise auf der nächsten Seite.
a) Wie teuer ist es, einen Quadratmeter (einen Hektar) mit 5-Euro-Scheinen zu bedecken?
b) Wie teuer ist eine Tonne 1-Cent-Münzen (5-Cent-Münzen, 1-Euro-Münzen)?
c) Wie teuer ist ein Stapel 50-Euro-Scheine von 1 m Höhe?
d) Wie schwer ist eine Milliarde Euro in 2-Euro-Münzen?

11 Wie viele Erbsen passen in einen 10-Liter-Eimer?

Sachprobleme durch Schätzen, Messen und Überschlagen lösen

12 Marina und Robin wollen wissen, wie schwer der abgebildete Findling ist. Dazu bestimmen sie zunächst sein Volumen. Der Findling hat ungefähr die Gestalt eines Quaders und ist rund 3,0 m breit, 6,0 m lang und 2,6 m hoch. Marina hat in einem Lexikon gelesen, dass ein Kubikdezimeter Granit eine Masse von 2,8 kg hat.

Ayers-Rock (Uluru) in Australien
3,4 km lang, bis zu 2 km breit, 350 m hoch

13 Bestimme die Masse der Felsformation, die aus der Erde herausragt. Führe dazu eine Überschlagsrechnung durch.

14 Lenas Eltern haben in ihrem Garten einen Teich angelegt. Lena möchte wissen, wie viel Liter Wasser der Teich enthält.

Der Gartenteich ist an der breitesten Stelle 2,5 m breit und höchstens 4,6 m lang. Er ist in der Mitte 1,1 m tief, am Rand 0,5 m.

15 Wie viel Kubikmeter Wasser enthält das Steinhuder Meer (die Edertalsperre, der Bodensee)?
Verschaffe dir dazu im Atlas, im Lexikon oder im Internet Informationen über die Abmessungen und die Wassertiefe.

Kommunizieren — Ich-du-wir-Aufgaben

Ich: Höre dir die Aufgabenstellung genau an, lies die Aufgabenstellung sorgfältig durch. Überlege, in welchen Schritten du die Aufgabe lösen kannst. Stelle fest, welche Informationen du durch Messen und Schätzen beschaffen musst.

Du: Sprich mit deinem Partner über die Aufgabe. Stelle ihm deinen Lösungsweg vor.

Wir: Informiere deine Klasse in einem kurzen Vortrag über die Aufgabe und deinen Lösungsweg.

Aus allen Beiträgen wird dann ein gemeinsames Ergebnis erarbeitet.

Sachprobleme durch Vorwärts- und Rückwärtsrechnen lösen

zulässige
Gesamtmasse:
2050 kg
Leermasse:
1565 kg

1 Familie Müller hat für die Ferien ein Ferienhaus gemietet.
Sarah und René überlegen, wie viel Gepäck sie insgesamt mitnehmen dürfen. Dazu fragen sie zunächst alle Mitreisenden nach ihrem Körpergewicht (mit Kleidung und Schuhen).

Körpergewicht:
Papa 85 kg, Mama 69 kg,
Oma 75 kg, Sarah 52 kg,
Rene 44 kg

Der eingekaufte Proviant wiegt 45 kg. Jeder nimmt einen Koffer mit eigenen Sachen mit. Sarah und René wollen berechnen, wie viel Kilogramm jeder Koffer dann höchstens wiegen darf.

2 Marcel, Tina und Mareike wollen für ihren Wandertag einkaufen. Jedes Kind kauft Multivitaminsaft und ein Kaugummi. Marcel kauft noch vier Müsliriegel, Tina einen und Mareike drei. Sie bezahlen jeweils mit einem 10-Euro-Schein.

0,80 €

1,08 €

0,40 €

0,60 €

1,40 €

0,30 €

a) Berechne, wie viel Euro jedes Kind zurückbekommt.
b) Wie viele Müsliriegel kann Marcel höchstens kaufen, wenn er für Multivitaminsaft, Kaugummi und Müsliriegel insgesamt höchstens 5,00 € ausgeben will?

3 Auf einem Wandertag soll für alle 28 Kinder der Klasse Eis gekauft werden. Es sind noch 130 € übrig, um den Museumsbesuch (1,80 €), die Schlossbesichtigung (1,10 €) und das Eis (0,50 € die Kugel) zu bezahlen.
Wie viele Eiskugeln können höchstens für jedes Kind gekauft werden?

4 Für den Mathematikunterricht wollen die 29 Schülerinnen und Schüler der Klasse 6b ihre Zirkel und Geodreiecke gemeinsam bestellen.
Zwei unterschiedliche Geo-Dreiecke und zwei verschiedene Zirkel stehen zur Auswahl.

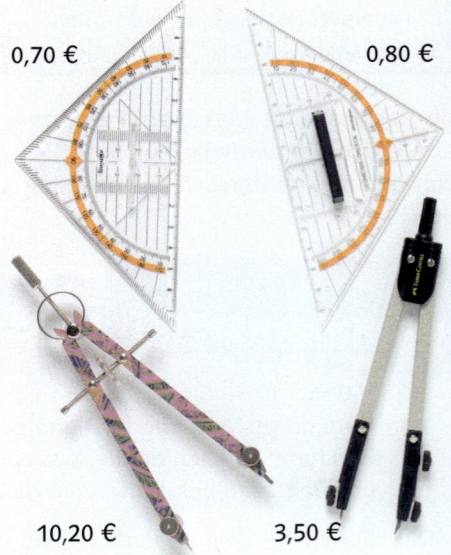

0,70 €　　　　　0,80 €

10,20 €　　　　3,50 €

Nenne Vor- und Nachteile der einzelnen Modelle. Berechne die möglichen Gesamtpreise für die ganze Klasse.

5 Auf dem Flohmarkt hat Melina mehrere Comic-Hefte zu jeweils 0,50 € und eine DVD für 3,50 € gekauft. Sie hat insgesamt 6,00 € bezahlt. Melina überlegt, ob sie auch die richtige Anzahl an Heften erhalten hat. Sie geht vom Ergebnis aus und rechnet zurück.

Gesamtkosten: 6,00 €
Preis für die DVD: 3,50 €
Preis für die Comic-Hefte:
6,00 € − 3,50 € = 2,50 €
Preis pro Heft: 0,50 €
Anzahl der Hefte: 2,50 € : 0,50 € = 5

Melina hat fünf Comic-Hefte gekauft.

Theresa kauft zwei DVDs und mehrere Comic-Hefte für 10,50 €.

6 Ein Kleintransporter darf mit 960 kg beladen werden. Zwei Kisten, die jeweils 120 kg schwer sind, stehen schon auf der Ladefläche. Es sollen noch Kisten mit einem Gewicht von jeweils 80 kg transportiert werden.

7 a) Erkläre, wie du die Aufgabe durch Umkehren lösen kannst.

Philipp kauft acht Schnellhefter und bezahlt mit einem 5-Euro-Stück. Er erhält 2,20 € zurück.

$\square \xrightarrow{\cdot 8} \square \xrightarrow{+ 2,20} 5,00$

$\boxed{0,35} \xleftarrow{: 8} \boxed{2,80} \xleftarrow{- 2,20} 5,00$

b) Nancy kauft sieben Hefte und bezahlt mit einem 10-Euro-Schein. Sie erhält 7,20 € zurück.
c) Maximilian kauft ein Ringbuch für 2,95 € und vier Gelschreiber. Er muss insgesamt 7,75 € bezahlen.
d) Fabian bezahlt acht Batterien mit einem 20-Euro-Schein und erhält 4,08 € zurück.

8 Hendrik kauft Briefmarken zu 0,55 € und vier Briefmarken zu je 1,45 €. Er bezahlt 8,55 €.

9 Daniel spart für Inline-Skates. Jeden Monat legt er von seinem Taschengeld 8 € zurück. Zum Geburtstag erhält er von seinen Großeltern den Restbetrag von 77 €.

149,00 €

Problemlösen Rückwärtsrechnen

1. Wird das Ergebnis einer Rechnung angegeben und nach einer anderen Größe gefragt, überlege, welche Rechenoperationen zum Ergebnis geführt haben.

2. Gehe vom Ergebnis aus und führe in umgekehrter Reihenfolge die zugehörigen Umkehroperationen durch.

3. Bestimme die gesuchte Größe und überlege, ob das Ergebnis sinnvoll ist.

Sachprobleme durch Probieren lösen

1 Die Klasse 6b hat für ihren Wandertag einen Bus gemietet. Die Kosten dafür betragen 300 €. Der Eintritt in ein Museum kostet pro Schüler 1,50 €, der Besuch des Planetariums 2,10 €. Begleitpersonen zahlen keinen Eintritt. Der Klassenlehrer der 6b hat ausgerechnet, dass die Gesamtkosten für den Wandertag 404,40 € betragen.

Sein Sohn Tobias möchte wissen, wie viele Schülerinnen und Schüler in der Klasse 6b sind. Er hat einen Rechenausdruck **(Term)** für die Berechnung der Gesamtkosten aufgestellt.

Probieren geht über Studieren!

> **Term** zur Berechnung der Gesamtkosten:
>
> 300 € + ■ · (1,50 € + 2,10 €)
> 300 € + x · (1,50 € + 2,10 €)
>
> Anstelle von ■ als Platzhalter kannst du auch die **Variablen** x, y, z benutzen.

Er vermutet, dass die Klassenstärke zwischen 27 und 30 liegt. Deshalb setzt Tobias zunächst für den Platzhalter (die Variable x) 30 ein und berechnet den Wert des Terms.

> 300 € + 30 · (1,50 € + 2,10 €) = 408 €

Sein Wert liegt über den Gesamtkosten, die der Klassenlehrer berechnet hat, deshalb muss die Klassenstärke kleiner als 30 sein. Bestimme die Klassenstärke der 6b.

2 Frau Müller geht mit den Kindern aus der Nachbarschaft ins Spaßbad. Der Eintritt kostet 3,50 € für Kinder und 6,50 € für Erwachsene. Frau Müller bezahlt insgesamt 20,50 €.
a) Begründe, warum du mit dem folgenden Term die Gesamtkosten berechnen kannst.

> 6,50 € + x · 3,50 €

b) Bestimme die Anzahl der Kinder durch Probieren.

3 Nadine unternimmt mit ihrer Familie eine dreitägige Fahrradtour. Am zweiten Tag schaffen sie 18 km mehr als am ersten und am dritten noch 3 km mehr als am zweiten. Insgesamt haben sie 219 km zurückgelegt.

4 Herr Peters hat sich für zwei Tage einen Transporter geliehen. Er bezahlt insgesamt 182,00 €.

Tagespreis: 55 €
Kilometerpreis: 0,60 €

5 Drei Kisten wiegen zusammen 42 kg. Die zweite Kiste ist doppelt so schwer wie die erste. Die dritte ist doppelt so schwer wie die zweite. Wie schwer ist jede Kiste?

5 Auf der Kirmes ist Janosch mit dem Autoscooter und in der Raupe gefahren. Eine Fahrt mit dem Autoscooter kostet 2,00 €, die Fahrt in der Raupe 1,80 €. Janosch bezahlt insgesamt 9,40 €.

6 Kristin möchte sich ein Gliederarmband kaufen. Beim Kauf von mehr als drei Kettengliedern erhält sie das Grundarmband gratis. Kristin möchte Kettenglieder mit und ohne Schmuckstein kombinieren. Sie gibt 26,60 € aus.

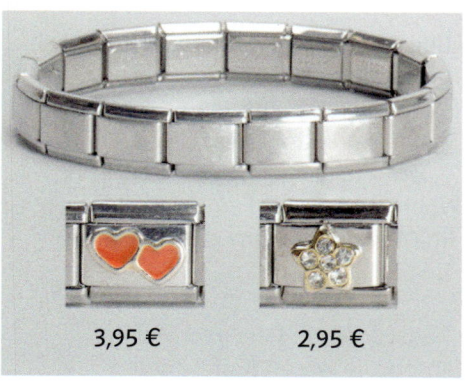

3,95 €   2,95 €

7 Stefans Mutter möchte im Garten ein Beet anlegen und es wie früher in Bauerngärten mit einer Buchsbaumhecke umgeben.

Das Beet soll die Form eines Rechtecks haben und insgesamt eine Fläche von 16 m^2 einnehmen.
Für die Buchsbaumhecke rechnet der Gärtner mit fünf Pflanzen pro Meter Hecke. Eine Buchsbaumpflanze kostet 3,00 €.
a) Gib mehrere Möglichkeiten für die Länge und Breite des Beetes an. Berechne dazu jeweils die Kosten für die Buchsbaumhecke.
b) Bei welcher Länge und Breite sind die Kosten am geringsten? Begründe.

Problemlösen   Systematisches Probieren

1. Überlege, welche Werte für die gesuchte Größe sinnvoll sind. Stelle, wenn möglich, einen Rechenausdruck (Term) zur Berechnung auf.

2. Setze systematisch die möglichen Werte in deinen Term ein. Überprüfe, ob du das richtige Ergebnis erhältst.

Zu den Kapiteln 1 bis 9 in diesem Buch wird jeweils ein Eingangstest angeboten.
Damit kannst du überprüfen, ob du die mathematischen Fähigkeiten hast, die bei der Bearbeitung des jeweiligen Kapitels vorausgesetzt werden. Die Ergebnisse der Aufgaben findest du auf der Seite 233.

Die Tabelle zur Selbsteinschätzung hilft dir zu entscheiden, welche Kompetenzen du bereits hast und welche du noch erwerben musst. Kommst du mithilfe der Tabelle zu dem Ergebnis, dass dir bestimmte Voraussetzungen fehlen, benutze die angegebenen Hilfen und bearbeite die angegebenen Aufgaben.

1 Dezimalzahlen

1 Ordne der Größe nach. Verwende das <-Zeichen.
a) 1221, 1122, 2112, 2211, 2121
b) 6006, 6606, 6600, 6060, 6066

2 Runde auf Hunderter.
a) 34 522   b) 7871   c) 324 034

3 Berechne im Kopf.
a) 67 + 23   b) 66 − 14   c) 3 · 12
   51 + 34   31 − 19   5 · 13
   112 + 46   100 − 63   11 · 7

d) 48 : 6   e) 15 · 10   f) 3 · 6 + 9
   72 : 8   31 · 100   30 − 3 · 7
   54 : 9   11 · 1000   2 + 8 · 5

4 Berechne schriftlich.
a) 56 701 + 580   b) 13 070 − 5688
c) 3461 · 41   d) 25 817 : 11

5 Schreibe den Rechenweg auf und bestimme die Lösung.
a) Multipliziere die Summe aus 14 und 23 mit 3.
b) Addiere 15 zum Produkt aus 8 und 6.

6 Für ihre Wohnung bezahlt Familie Gärtner 524 € Miete im Monat. Berechne die Miete für ein Jahr.

7 Bei ihrer Radtour sind Elena und Melina 34 480 m gefahren. Sie waren fünf Stunden unterwegs. Wie viele Meter haben sie durchschnittlich in einer Stunde zurückgelegt?

Ich kann	Aufgabe	Hilfen und Aufgaben
natürliche Zahlen der Größe nach ordnen.	1	Seite 222
natürliche Zahlen runden.	2	Seite 222
einfache Aufgaben zu den Grundrechenarten bei natürlichen Zahlen im Kopf ausführen.	3, 5	Seite 223, 225
die Grundrechenarten bei natürlichen Zahlen schriftlich ausführen.	4, 6, 7	Seite 224, 226
einfache Aufgaben mit natürlichen Zahlen aus der Wortform in die Zahlform übertragen.	5	Seite 223, 225
einfache Sachaufgaben mit natürlichen Zahlen lösen.	6, 7	Seite 223, 225

2 Kreis und Winkel

1 Zeichne ein Quadrat mit der Seitenlänge 6 cm.

2 Zeichne eine Gerade g schräg in dein Heft. Zeichne zu g eine Parallele h.

3 Wandle in die Einheit um, die in Klammern steht.
a) 45 m (cm)   b) 7,80 m (cm)   c) 955 cm (m)

4 Eine Landkarte hat den Maßstab 1 : 100. Auf der Karte ist eine Strecke 1 cm (3 cm) lang. Wie lang ist die Strecke in Wirklichkeit?

5 Zeichne die ebene Figur ABCD mit den angegebenen Eckpunkten in ein Koordinatensystem (Einheit 1 cm). Gib auch an, welche Figur du erhältst.
A (2 | 2)   B (6 | 1)   C (7 | 5)   D (3 | 6)

Ich kann	Aufgabe	Hilfen und Aufgaben
ein Quadrat mit angegebener Seitenlänge zeichnen.	1	Seite 231
zu einer Geraden eine Parallele zeichnen.	2	Seite 231
Längeneinheiten umwandeln.	3	Seite 228
Längen mithilfe eines Maßstabs bestimmen.	4	Seite 228
ebene Figuren in ein Koordinatensystem einzeichnen und benennen.	5	Seite 230

3 Brüche

1 Welcher Bruchteil ist gefärbt?

a) 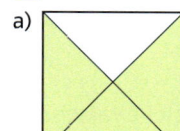   b)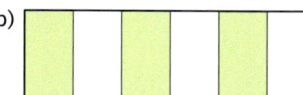

c) 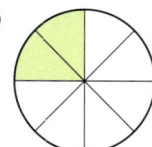   d)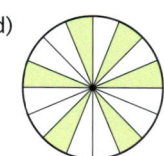

2 Stelle die folgenden Brüche zeichnerisch dar.
a) $\frac{1}{5}$ b) $\frac{5}{8}$ c) $\frac{7}{12}$

3 Ergänze zu einem Ganzen.

a) 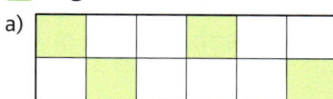   b)

4 Kürze soweit wie möglich.
a) $\frac{6}{8}$ b) $\frac{12}{36}$ c) $\frac{40}{60}$

5 Erweitere mit 3.
a) $\frac{2}{5}$ b) $\frac{3}{11}$ c) $\frac{11}{15}$

6 Vergleiche.
a) $\frac{1}{7}$ und $\frac{1}{6}$ b) $\frac{5}{9}$ und $\frac{4}{9}$ c) $\frac{2}{3}$ und $\frac{4}{7}$

Ich kann	Aufgabe	Hilfen und Aufgaben
Bruchteile mit Brüchen beschreiben.	1	Seite 65, 227
Brüche zeichnerisch darstellen.	2	Seite 65, 227
Bruchteile zu einem Ganzen ergänzen.	3	Seite 65
Brüche kürzen.	4	Seite 66, 227
Brüche erweitern.	5	Seite 66, 227
Brüche vergleichen.	6	Seite 67, 227

4 Daten und Zufall

1 Gib den Anteil als Bruch an.
a) 15 von 20 gleichartigen Kugeln
b) 12 von 60 gleichartigen Kugeln
c) 150 von 700 Fahrrädern

2 Bestimme den Anteil.
a) $\frac{1}{3}$ von 60 gleichartigen Kugeln
b) $\frac{1}{4}$ von 920 Schülerinnen und Schülern
c) $\frac{2}{5}$ von 200 gleichartigen Spielsteinen.

3 Berechne das Ganze.
a) $\frac{1}{5}$ einer Anzahl von Kugeln sind 4 Kugeln.
b) $\frac{2}{3}$ eines Jahrgangs sind 80 Schülerinnen und Schüler.
c) $\frac{5}{6}$ aller getesteten Fahrräder sind 700 Fahrräder.

4 Schreibe als Dezimalzahl.
a) $\frac{1}{5}$ b) $\frac{4}{5}$ c) $\frac{3}{8}$
   $\frac{1}{4}$ $\frac{3}{4}$ $\frac{5}{16}$

Ich kann	Aufgabe	Hilfen und Aufgaben
Anteile als Brüche angeben.	1	Seite 227
zu angegebenen Brüchen den zugehörigen Anteil bestimmen.	2	Seite 70
zu Bruchteilen das zugehörige Ganze bestimmen.	3	Seite 71
Brüche in Dezimalzahlen umwandeln.	4	Seite 74

5 Brüche addieren und subtrahieren

1 Welche Brüche sind dargestellt?
a) 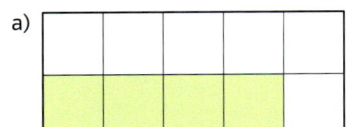   b)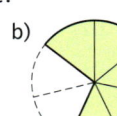

2 Kürze so weit wie möglich.
a) $\frac{40}{45}$ b) $\frac{18}{30}$ c) $\frac{17}{51}$ d) $\frac{5}{250}$

3 Suche die Erweiterungszahl und berechne den Platzhalter.
a) $\frac{5}{6} = \frac{\blacksquare}{30}$ b) $\frac{11}{16} = \frac{55}{\blacksquare}$

4 Welche Aussagen sind wahr, welche falsch?
a) Die Zahl auf dem Bruchstrich heißt Zähler.
b) Der Nenner gibt an, wie viele Teile betrachtet werden.
c) Die Zahl unter dem Bruchstrich beschreibt, in wie viele gleich große Teile das Ganze geteilt wird.
d) Wenn der Zähler größer als der Nenner ist, dann ist der Bruch größer als 1.
e) Durch Erweitern vergrößert sich der Wert des Bruches.

Ich kann	Aufgabe	Hilfen und Aufgaben
Bruchteile mit Brüchen beschreiben.	1	Seite 65, 227
Brüche kürzen.	2	Seite 66, 227
Brüche erweitern.	3	Seite 66, 227
Aussagen zu Brüchen beurteilen.	4	Seite 65, 227

6 Oberflächeninhalt und Volumen

1 Berechne den Flächeninhalt des Rechtecks.

2 Schreibe in der Einheit, die in Klammern steht.

a) 4 dm² (cm²)
   5 m² (dm²)

b) 6 cm² (mm²)
   100 cm² (dm²)

c) 200 dm² (m²)
   9 000 mm² (cm²)

3 Berechne.

a) $2 \cdot (3 \cdot 4 + 3 \cdot 5)$

b) $2 \cdot 3 \cdot 4 + 2 \cdot 3 \cdot 5 + 8$

Ich kann	Aufgabe	Hilfen und Aufgaben
den Flächeninhalt eines Rechtecks berechnen.	1	Seite 229
Flächeninhalte in unterschiedlichen Einheiten schreiben.	2	Seite 229
die Regeln „Punkt- vor Strichrechnung" und „Klammern zuerst" anwenden.	3	Seite 225

7 Symmetrien und Muster

1 Zeichne einen Kreis mit dem Mittelpunkt Z, der durch den Punkt A verläuft.

2 Zeichne einen Winkel von 45° (60°, 90°, 180°).

3 Zeichne die Punkte A, B und C mit den Koordinaten A (3 | 5), B (0 | 4), C (2 | 0) in ein Koordinatensystem (Einheit 0,5 cm).

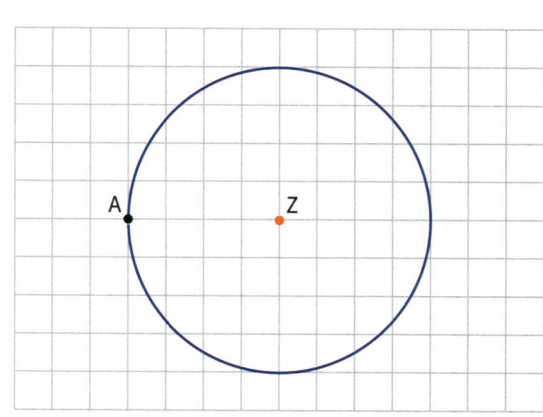

Ich kann	Aufgabe	Hilfen und Aufgaben
einen Kreis zeichnen, der durch einen bestimmten Punkt verläuft.	1	Seite 45
Winkel zeichnen.	2	Seite 48
Punkte in ein Koordinatensystem zeichnen.	3	Seite 230

8 Brüche multiplizieren und dividieren

1 Kürze soweit wie möglich.

a) $\frac{16}{24}$ b) $\frac{36}{54}$ c) $\frac{49}{84}$

2 Erweitere den Bruch mit 5.

a) $\frac{3}{5}$ b) $\frac{8}{11}$ c) $\frac{4}{9}$

3 Schreibe als natürliche oder gemischte Zahl.

a) $\frac{19}{7}$ b) $\frac{36}{3}$ c) $\frac{65}{4}$

4 Schreibe als Bruch.

a) $4\frac{3}{6}$ b) $3\frac{9}{11}$

5 Berechne.

a) $\frac{2}{7} + \frac{1}{7}$ b) $\frac{4}{5} - \frac{2}{5}$ c) $\frac{1}{2} + \frac{1}{3}$

d) $\frac{3}{4} - \frac{1}{6}$ e) $3\frac{1}{6} - \frac{7}{12}$

Ich kann	Aufgabe	Hilfen und Aufgaben
Brüche kürzen.	1	Seite 227, 66
Brüche erweitern.	2	Seite 227, 66
Brüche, bei dem der Zähler größer ist als der Nenner, in eine natürliche oder gemischte Zahl umwandeln.	3	Seite 68
gemischte Zahlen in Brüche umwandeln.	4, 5e	Seite 68
gleichnamige Brüche addieren und subtrahieren.	5a, b	Seite 113, 114
ungleichnamige Brüche addieren und subtrahieren.	5c, d, e	Seite 115, 116

9 Teiler und Vielfache

1 Bestimme das Ergebnis im Kopf.

a) $8 \cdot 12$ b) $6 \cdot 15$ c) $54 : 9$
    $16 \cdot 5$ $13 \cdot 3$ $63 : 7$

d) $38 : 2$ e) $4 \cdot 24$ f) $96 : 8$
    $72 : 8$ $77 : 7$ $6 \cdot 18$

2 Bestimme den Platzhalter.

a) $6 \cdot \blacksquare = 48$ b) $52 : \blacksquare = 4$
    $\blacksquare \cdot 14 = 84$ $\blacksquare : 12 = 5$

3 a) Setze die Dreierreihe 3, 6, 9, 12 … um zehn weitere Zahlen fort.
b) Setze die Elferreihe 11, 22, 33, 44 … um acht weitere Zahlen fort.

4 Gib wie im Beispiel zu jeder Multiplikationsaufgabe die entsprechenden Divisionsaufgaben an.

> Multiplikationsaufgabe: $7 \cdot 4 = 28$
> Divisionsaufgaben: $28 : 4 = 7$ $28 : 7 = 4$

a) $12 \cdot 7 = 84$ b) $24 \cdot 5 = 120$

5 Notiere wie im Beispiel drei unterschiedliche Multiplikationsaufgaben mit dem angegebenen Ergebnis.

> $4 \cdot 9 = 36$ $3 \cdot 12 = 36$ $6 \cdot 6 = 36$

a) 24   b) 30   c) 54

6 Zeichne zwei unterschiedliche Rechtecke, deren Flächeninhalt jeweils 12 cm² beträgt.

Ich kann	Aufgabe	Hilfen und Aufgaben
einfache Multiplikations- und Divisionsaufgaben mit natürlichen Zahlen im Kopf lösen.	1, 2	Seite 225
zu Multiplikations- und Divisionsaufgaben die entsprechenden Umkehraufgaben angeben.	2, 4	Seite 225
Vielfache einer natürlichen Zahl bestimmen.	3	Seite 225
unterschiedliche Multiplikationsaufgaben mit demselben Ergebnis angeben.	5, 6	Seite 225, 228

Natürliche Zahlen

Die Namen sehr großer Zahlen

eine Million	1 000 000
eine Milliarde	1 000 000 000
eine Billion	1 000 000 000 000
eine Billiarde	1 000 000 000 000 000
eine Trillion	1 000 000 000 000 000 000

Die Menge der natürlichen Zahlen

Die Menge der natürlichen Zahlen wird mit $\mathbb{N}$ bezeichnet. $\mathbb{N} = \{0, 1, 2, 3, 4, \ldots\}$

Zahlen anordnen

Die natürlichen Zahlen werden in gleichen Abständen auf dem **Zahlenstrahl** angeordnet.
Alle natürlichen Zahlen haben einen **Nachfolger.** Alle natürlichen Zahlen außer 0 (Null) haben einen **Vorgänger.**

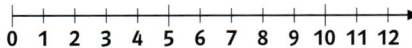

```
0  1  2  3  4  5  6  7  8  9  10 11 12
```

Auf dem Zahlenstrahl steht:

3 links von 7	7 rechts von 3
3 ist kleiner als 7	7 ist größer als 3
3 < 7	7 > 3

Zahlen runden

Bei den Ziffern **0 1 2 3 4** runde **ab**!

Bei den Ziffern **5 6 7 8 9** runde **auf**!

Runde 3 6 2 8̲ 4̲ 9 auf Hunderter.

— Diese Stelle gibt an, ob auf- oder abgerundet wird.

— Auf diese Stelle soll gerundet werden.

362 849 ≈ 362 800
362 849 auf Tausender gerundet:
362 849 ≈ 363 000

---

1 Schreibe in Ziffern.
a) 6 Millionen 453 Tausend 520
456 Millionen 23 Tausend 8
45 Millionen 8 Tausend 14

b) 5 Milliarden 25 Millionen 5 Tausend
23 Milliarden 111 Millionen 461 Tausend 300
765 Milliarden 3 Millionen 5 Tausend 4

2 Lass dir die Zahlen vorlesen und schreibe sie in dein Heft.

a)	b)	c)
47 000	53 007	5 670 300
8 700	870 495	12 350 555
350 000	3 525 007	444 000 850

3 Schreibe die Zahlen in Worten.

a)	b)	c)	d)
380	5400	40 000	800 000
614	3200	53 000	350 000
703	9900	61 500	780 000

4 Ordne in einer Kette nach der Beziehung „ist kleiner"
(5 < 6 < 7).
a) 101, 111, 99, 110, 98, 102   b) 1010, 1000, 1012, 1100, 1009, 1001
c) 100 010, 100 100, 110 010, 100 110, 100 001, 110 000

5 Gib alle natürlichen Zahlen an, die zwischen den beiden angegebenen Zahlen liegen.
a) 1 888 889 und 1 888 894   b) 999 998 und 1 000 005
c) 5 679 997 und 5 680 002   d) 345 002 und 344 996

6 Wie viele natürliche Zahlen liegen zwischen den beiden angegebenen Zahlen?
a) 48 und 53   b) 87 und 111   c) 450 und 570   d) 6000 und 8000

7 Runde

a) auf Hunderter	b) auf Tausender	c) auf Millionen
214 561	823 425	6 540 000
47 128	46 571	32 490 500
111 333	100 500	61 723 900

8 Die angegebene Zahl ist durch Runden auf Hunderter entstanden. Wie könnte die genaue Zahl lauten? Gib fünf Möglichkeiten an.
a) 4300   b) 24 800   c) 5800   d) 456 000   e) 400

9 a) Gib alle natürlichen Zahlen an, die du aus den Ziffern 3, 5, 9 (aus den Ziffern 0, 2, 7) bilden kannst.
b) Bestimme die größte (zweitkleinste) natürliche Zahl, die du aus den Ziffern 2, 4, 7, 9 bilden kannst.

Addieren und Subtrahieren

1 Notiere die Aufgabe und berechne.
a) Die Summanden heißen 305 und 85. Berechne die Summe.
b) Addiere zu der Zahl 24 die Summe der Zahlen 88 und 112.
c) Wie heißt die Differenz der Zahlen 314 und 108?
d) Subtrahiere von der Zahl 600 die Zahlen 480 und 95.

2 Der erste Summand ist 440, der zweite Summand ist um 34 größer als der erste Summand, der dritte Summand ist um 90 kleiner als der erste Summand. Wie groß ist die Summe?

3 Bestimme die fehlende Zahl.
a) $+ 48 = 120$ b) $145 - = 80$ c) $- 485 = 75$
$- 66 = 34$ $88 + = 250$ $124 + = 230$

4 Berechne.
a) $224 - (48 + 72)$ b) $126 - (35 - 25)$ c) $126 + 47 - 36$
$112 - (56 - 13)$ $(48 + 222) - 100$ $161 - 11 + 222$

5 Bei einigen Rechnungen fehlen die Klammern.
a) $56 - 28 - 12 = 40$ b) $130 - 45 + 48 = 133$
$115 - 28 + 13 = 100$ $87 - 11 + 33 = 43$

6 Schreibe den Rechenweg zu der folgenden Aufgabe auf. Benutze Klammern.
a) Subtrahiere von 250 die Summe der Zahlen 46 und 28.
b) Subtrahiere von 144 die Differenz aus 250 und 125.
c) Addiere zu der Summe der Zahlen 85 und 145 die Differenz aus 105 und 75.

7 Schreibe zu den folgenden Aufgaben zunächst einen Text. Berechne anschließend die Aufgabe.
a) $160 - (35 - 20)$ b) $85 - (120 - 65)$ c) $(56 + 24) - 45$
d) $(125 + 55) + (30 - 5)$ e) $(140 - 65) - (15 + 45)$

8 Vertausche die Zahlen und setze die Klammern so, dass du vorteilhaft rechnen kannst.
a) $33 + 208 + 67 + 72$ b) $15 + 34 + 21 + 85 + 66 + 119$
c) $220 + 74 + 326 + 80$ d) $123 + 3045 + 7 + 28 + 255 + 72$

9 Von einem 3 m langen Holzbrett sägt Frau Becker zunächst 50 cm und anschließend 175 cm ab. Wie lang ist jetzt das Brett?

10 Familie Schöder möchte um ihren 33 m langen und 24 m breiten Garten einen neuen Zaun ziehen.
Wie viel Meter Maschendraht müssen sie dafür kaufen, wenn sie auf einer der kürzeren Seiten den alten Zaun noch stehenlassen wollen?

Addition

Summand		Summand		Summe
48	+	16	=	64

Auch **48 + 16** wird als **Summe** der Zahlen 48 und 16 bezeichnet.

Subtraktion

Minuend		Subtrahend		Differenz
64	–	48	=	16

Auch **84 – 56** wird als **Differenz** der Zahlen 84 und 56 bezeichnet.

Addition und Subtraktion sind Umkehrungen voneinander.

$48 + 16 = 64$ $64 - 48 = 16$
$64 - 16 = 48$

Rechnen mit Klammern

Die Klammer wird zuerst berechnet.

$84 - (17 + 44) = 84 - 61 = 23$
$68 - (35 - 24) = 68 - 11 = 57$

Sind keine Klammern vorhanden, so rechnet man schrittweise von links nach rechts.

$84 - 17 + 44 = 67 + 44 = 111$
$68 - 35 - 24 = 33 - 24 = 9$

Rechengesetze

Bei der Addition darf man beliebig Klammern setzen. Das Ergebnis verändert sich dabei nicht (**Assoziativgesetz**).

$(35 + 14) + 26 = 49 + 26 = 75$
$35 + (14 + 26) = 35 + 40 = 75$

Bei der Addition darf man die Reihenfolge der Summanden beliebig vertauschen. Das Ergebnis verändert sich dabei nicht (**Kommutativgesetz**).

$5 + 3 = 3 + 5$ $5 + 57 + 65 = 5 + 65 + 57$

Schriftliches Addieren und Subtrahieren

Bei der schriftlichen **Addition** und **Subtraktion** müssen die Zahlen stellenrichtig untereinander geschrieben werden: Einer unter Einer, Zehner unter Zehner, …

439 + 4907 + 87 = ▨

Überschlag:
400 + 5000 + 100 = 5500

```
    439
+ 4907
+   87
  1 1 2
  5433
```

439 + 4907 + 87 = 5433

8045 – 2378 = ▨

Überschlag: 8000 – 2400 = 5600

```
  8045
– 2378
  1 1 1
  5667
```

8045 – 2378 = 5667

48 966 – 14 350 – 978 ▨

Überschlag:
49 000 – 14 000 – 1000 = 34 000

1. Lösungsweg

```
  14 350          48 966
+    978        – 15 328
   1 1                 1
  15 328          33 638
```

48 966 – 14 350 – 978 = 33 638

2. Lösungsweg:

```
   48 966
 – 14 350
 –    978
   1 1 1
   33 638
```

48 966 – 14 350 – 978 = 33 638

1 a)
```
   347
+ 2706
+   89
```
b)
```
  1673
+  962
+ 4056
```
c)
```
  63 527
+  5 493
+ 29 058
```
d)
```
      28
+  4 056
+ 21 301
```

2 a) 519 + 4623 + 383 b) 6783 + 941 + 5672
c) 7621 + 25 486 + 617 d) 51 896 + 4175 + 16 690

3 a)
```
  2874
–  237
```
b)
```
  78 456
–    789
```
c)
```
  276 305
–  58 746
```
d)
```
  5689
– 1289
```

4 a) 5689 – 1298 – 784 b) 189 456 – 6897 – 64 376
c) 67 894 – 456 – 1289 d) 3914 – 58 – 1345

5 Um wie viel Euro sind die Geräte reduziert?

2225 €   **1998 €**   999 €   **748 €**

6 Frau Weis kauft folgende Bekleidung ein: eine Hose für 39 € (herabgesetzt von 69 €), eine Jacke für 65 € (herabgesetzt von 95 €) und ein Kleid für 75 € (herabgesetzt von 115 €).

7 a) Addiere die größte zweistellige Zahl und die kleinste dreistellige Zahl.
b) Subtrahiere die größte vierstellige Zahl von der kleinsten sechsstelligen Zahl.
c) Subtrahiere vom Vorgänger der Zahl 1000 den Nachfolger der Zahl 888.

8 a) 496 – 371 + 52 + 854 – 79 b) 768 – (630 – 240) + 55
4006 – 1286 + 375 – 2421 (1380 – 565) – (350 – 178)

9 Wähle aus den angegebenen Zahlen zwei (drei) Summanden aus und bilde fünf Additionsaufgaben. Die Summe soll immer zwischen 900 und 1000 liegen.

84	397	268	409	127	283
414	511	161	97	132	

10 Wähle zwei Zahlen aus und subtrahiere. Die Differenz soll unter 1000 liegen. Bilde vier Aufgaben.

9306	7850	5093	4829	3735
5295	2646	2655	6879	8207

Multiplizieren und Dividieren

1 a) Die beiden Faktoren eines Produktes heißen 12 und 8. Berechne das Produkt.
b) Das Produkt ist 42. Der eine Faktor heißt 7. Wie groß ist der andere Faktor?
c) Nenne zwei Faktoren, deren Produkt 48 (84, 120, 144) ist.
d) Ein Produkt aus drei Faktoren hat den Wert 210. Der erste Faktor ist 6, der zweite Faktor ist 5. Bestimme den dritten Faktor.

2 a) Addiere zum Quotienten aus 96 und 8 die Zahl 88.
b) Dividiere das Produkt aus 5 und 24 durch 8.
c) Multipliziere die Zahl 40 mit dem Quotienten aus 72 und 8.
d) Der Quotient aus zwei Zahlen ist 9. Wie groß ist der Dividend, wie groß der Divisor? Gib vier unterschiedliche Möglichkeiten an.

3 Bestimme den Platzhalter.
a) $8 \cdot \square = 72$ b) $\square \cdot 12 = 60$ c) $\square : 6 = 9$ d) $\square : 7 = 12$

4 Berechne.
a) $125 : (29 - 4)$ b) $350 - 8 \cdot 12$ c) $(96 - 24) : 8$
  $7 \cdot 8 + 44$ $6 \cdot (45 + 25)$ $148 + 36 : 3$
  $11 \cdot (24 - 13)$ $235 + 5 \cdot 9$ $120 : (37 - 22)$

5 Bei einigen Aufgaben hat Vural vergessen, Klammern zu setzen. Schreibe die Aufgaben richtig in dein Heft.
a) $14 + 8 : 4 = 16$ b) $180 : 60 - 24 = 5$ c) $64 - 16 : 8 = 6$
  $54 : 9 - 6 = 18$ $36 + 18 : 3 = 42$ $120 : 12 + 12 = 5$

6 Rechne vorteilhaft.
a) $47 \cdot 50 \cdot 2$ b) $53 \cdot 50 \cdot 20$ c) $4 \cdot 11 \cdot 8 \cdot 25$
  $2 \cdot 340 \cdot 5$ $25 \cdot 17 \cdot 4$ $2 \cdot 13 \cdot 2 \cdot 25$
  $200 \cdot 43 \cdot 5$ $4 \cdot 55 \cdot 250$ $6 \cdot 8 \cdot 3 \cdot 125$

7 Der Fahrer eines Getränkemarktes liefert Wasser in Kisten zu je 24 Flaschen aus.
Familie Meyer erhält sechs Kisten, die Firma Timme 13 Kisten und Frau Germar eine Kiste. Nach der Auslieferung befinden sich noch fünf Kisten Wasser auf dem Lieferwagen. Wie viele Flaschen Wasser hatte der Fahrer insgesamt geladen?

8 Berechne möglichst einfach.
a) $5 \cdot 194 + 5 \cdot 6$ b) $397 \cdot 5 + 3 \cdot 5$ c) $92 \cdot 55 + 8 \cdot 55$
  $7 \cdot 104 - 7 \cdot 4$ $5008 \cdot 9 - 8 \cdot 9$ $16 \cdot 73 - 6 \cdot 73$

9 Schreibe als Potenz.
a) $7 \cdot 7 \cdot 7 \cdot 7 \cdot 7$ b) $11 \cdot 11 \cdot 11$ c) $6 \cdot 6 \cdot 6 \cdot 6 \cdot 6 \cdot 6 \cdot 6$

10 Schreibe als Produkt und berechne: 5^3 8^2 4^3 10^5

Multiplikation

Faktor		Faktor		Produkt
15	$\cdot$	13	$=$	195

Auch **15 · 13** wird als **Produkt** der Zahlen 15 und 13 bezeichnet.

Division

Dividend		Divisor		Quotient
195	$:$	13	$=$	15

Auch **195 : 13** wird als **Quotient** der Zahlen 195 und 13 bezeichnet.

Multiplikation und Division sind Umkehrungen voneinander.

$15 \cdot 13 = 195$ $195 : 15 = 13$
                          $195 : 13 = 15$

Verbindung der Grundrechenarten

Enthält eine Aufgabe Punkt- und Strichrechnung, dann gilt: Punktrechnung (**· und :**) geht vor Strichrechnung (**+ und −**).

$54 - 6 \cdot 5$ $63 + 18 : 9$
$= 54 - 30$ $= 63 + 2$
$= 24$ $= 65$

Enthält eine Aufgabe Klammern, dann gilt: Die Klammer wird zuerst berechnet.

$(16 - 5) \cdot 8$ $(34 + 8) : 7$
$= 11 \cdot 8$ $= 42 : 7$
$= 88$ $= 6$

Rechengesetze

Kommutativgesetz
$a \cdot b = b \cdot a$ $13 \cdot 5 = 5 \cdot 13$

Assoziativgesetz
$(a \cdot b) \cdot c = a \cdot (b \cdot c)$
$(8 \cdot 6) \cdot 5 = 8 \cdot (6 \cdot 5)$

Potenzen

Ein Produkt aus gleichen Faktoren kann als Potenz geschrieben werden.

$4 \cdot 4 \cdot 4 \cdot 4 \cdot 4 = 4^5$
(lies: 4 hoch 5) 4^5 Exponent   Basis

Schriftliches Multiplizieren und Dividieren

483 · 627 = ▨

Überschlag:
500 · 600 = 30 000

```
    483 · 627
   2898
    966
   3381
   1211
   302841
```

483 · 627 = 302 841

3888 : 8 = ▨

Überschlag:
4000 : 8 = 500

```
3888 : 8 = 486
32
 68
 64
 48
 48          Probe: 486 · 8
  0                   3888
```

3888 : 8 = 486

4937: 12 = ▨

Überschlag:
4800 : 12 = 400

```
4937 : 12 = 411   Rest 5
48
 13
 12
 17
 12
  5
```

```
Probe:  411 · 12        4932
        411          +     5
         822            4937
        4932
```

4937 : 12 = 411 Rest 5

---

1 Berechne. Manchmal ist es sinnvoll, die beiden Faktoren vorher zu vertauschen.
a) 345 · 24 b) 9 · 230 068 c) 66 · 7076 d) 12 · 89 456 e) 2464 · 135

2 Umut hat drei Aufgaben falsch gerechnet. Finde den Fehler und berichtige ihn.

68 · 70	864 · 43	234 · 234	468 · 203
6076	3456	468	936
	2592	702	1404
	36052	1 1 936	10764
		54756	

3 Berechne.
a)	b)	c)	d)
9 324 : 6	54 312 : 8	34 350 : 50	20 680 : 11
2 583 : 7	39 395 : 5	21 360 : 40	3 276 : 14
72 729 : 9	79 008 : 8	48 090 : 70	4 995 : 15

4 So kannst du das Alter einer Mitschülerin einfach bestimmen: Sie soll zunächst ihr Alter mit 259 multiplizieren und anschließend das Ergebnis mit 39. Hat sie richtig gerechnet, kannst du aus der Ergebniszahl leicht das gesuchte Alter ablesen.

5 Schreibe den Rechenweg auf und gib die Lösung an.
a) Multipliziere die Summe der Zahlen 89 und 126 mit 35.
b) Multipliziere den Quotienten aus 291 und 3 mit 1234.
c) Addiere die Zahl 1478 zu dem Produkt der Zahlen 83 und 29.
d) Subtrahiere von dem Produkt aus 23 und 32 den Quotienten aus 266 und 7.

6 Zu jedem Rest gehört ein Buchstabe. Die Buchstaben ergeben in der Reihenfolge der Aufgaben einen Satz mit drei Wörtern.

E = 7	I = 6	A = 4	H = 11	C = 9	D = 1	L = 5
	R = 3		T = 10	S = 2	W = 8	

a)	b)	c)	d)
1660 : 7	9 048 : 20	8288 : 11	4 692 : 21
5890 : 9	7 984 : 20	3103 : 12	17 464 : 31
3650 : 8	10 593 : 30	7221 : 13	3 801 : 17

7 Den größten Bahnhof der Welt in New York (USA) befahren im Durchschnitt 21 000 Züge im Monat (30 Tage) und etwa 18 Millionen Fahrgäste benutzen ihn monatlich. Wie viele Züge und wie viele Fahrgäste sind es im Durchschnitt pro Tag?

8
```
4  ·  ▨  = 48          ▨ : 540 = 560
   ·     ·    ·           :     :     :
▨  ·  ▨  = ▨          630 :  ▨  =  ▨
=     =     =            =     =     =
▨  · 72  = 2016         ▨  :  ▨  =  8
```

Brüche

1 Welcher Bruchteil ist gefärbt (weiß)?

a)   b)   c)

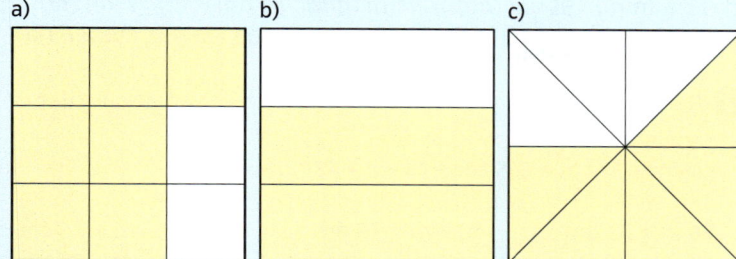

2 Zeichne zu jeder Aufgabe ein 4 cm langes und 3 cm breites Rechteck und färbe den angegebenen Bruchteil.

a) $\frac{7}{12}$ b) $\frac{13}{24}$ c) $\frac{3}{4}$ d) $\frac{2}{3}$ e) $\frac{5}{8}$

3 Gib den Anteil als Bruch an.
a) Von 28 Schülerinnen und Schülern kommen 11 mit dem Bus zur Schule.
b) Bei der Klassensprecherwahl erhält Paula 15 von 26 Stimmen.
c) In einer Lostrommel befinden sich 250 Lose, 231 davon sind Nieten.
d) Von 110 Kugeln sind 37 Kugeln rot.
e) An einer Straßenkreuzung fahren in drei Stunden 1200 Fahrzeuge vorbei. Davon sind 991 Pkws.

4 Erweitere mit 3 (4, 5).

a) $\frac{2}{5}$ b) $\frac{3}{10}$ c) $\frac{7}{9}$ d) $\frac{3}{4}$ e) $\frac{5}{12}$

5 Erweitere auf den angegebenen Nenner.

a) $\frac{1}{5}=\frac{\square}{20}$ b) $\frac{3}{4}=\frac{\square}{24}$ c) $\frac{2}{3}=\frac{\square}{18}$ d) $\frac{2}{7}=\frac{\square}{21}$ e) $\frac{5}{6}=\frac{\square}{36}$

f) $\frac{4}{9}=\frac{\square}{72}$ g) $\frac{5}{12}=\frac{\square}{84}$ h) $\frac{8}{11}=\frac{\square}{121}$ i) $\frac{7}{15}=\frac{\square}{90}$ k) $\frac{3}{16}=\frac{\square}{48}$

6 Durch welche Zahl wurde jeweils gekürzt?

a) $\frac{12}{28}=\frac{3}{7}$ b) $\frac{15}{20}=\frac{3}{4}$ c) $\frac{30}{36}=\frac{5}{6}$ d) $\frac{14}{63}=\frac{2}{9}$ e) $\frac{15}{24}=\frac{5}{8}$ f) $\frac{18}{27}=\frac{2}{3}$

g) $\frac{27}{72}=\frac{3}{8}$ h) $\frac{60}{108}=\frac{5}{9}$ i) $\frac{32}{56}=\frac{4}{7}$ k) $\frac{30}{45}=\frac{2}{3}$ l) $\frac{52}{65}=\frac{4}{5}$ m) $\frac{105}{135}=\frac{7}{9}$

7 Kürze jeweils so weit wie möglich.

a) $\frac{5}{10}$ $\frac{12}{18}$ $\frac{20}{25}$ $\frac{21}{28}$ $\frac{5}{30}$ $\frac{35}{63}$ $\frac{27}{72}$

b) $\frac{6}{42}$ $\frac{20}{45}$ $\frac{36}{40}$ $\frac{28}{44}$ $\frac{15}{18}$ $\frac{35}{60}$ $\frac{24}{32}$

c) $\frac{39}{65}$ $\frac{60}{72}$ $\frac{60}{144}$ $\frac{28}{32}$ $\frac{42}{112}$ $\frac{5}{85}$ $\frac{36}{54}$

Brüche

Der **Nenner** eines **Bruches** gibt an, in wie viele gleich große Teile das Ganze eingeteilt wird.
Der **Zähler** gibt an, wie viele Teile genommen werden.

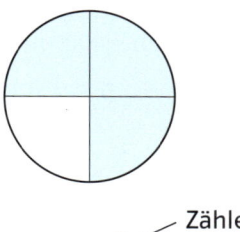

Bruch $\frac{3}{4}$
— Zähler
— Bruchstrich
— Nenner

Anteile

Eine Klasse hat 27 Schülerinnen und Schüler, 7 davon tragen eine Brille.

Der Nenner gibt die Anzahl aller Schülerinnen und Schüler an.
Nenner: 27

Der Zähler gibt die Anzahl der Schülerinnen und Schüler an, die eine Brille tragen.
Zähler: 7

Anteil der Schülerinnen und Schüler, die eine Brille tragen, als Bruch:

$$\frac{7}{27}$$

Erweitern von Brüchen

$$\frac{3}{4}=\frac{3\cdot3}{4\cdot3}=\frac{9}{12}$$

Zähler und Nenner werden mit der gleichen Zahl multipliziert.

Kürzen von Brüchen

$$\frac{9}{12}=\frac{9:3}{12:3}=\frac{3}{4}$$

Zähler und Nenner werden durch die gleiche Zahl dividiert.

Längen

Längeneinheiten

Die Umwandlungszahl für Längeneinheiten ist 10.

$$1\,m = 10\,dm$$
$$1\,dm = 10\,cm$$
$$1\,cm = 10\,mm$$

$$1\,km = 1000\,m$$

Maßstab

Der Maßstab **1 : 100** bedeutet:
1 cm in der Karte entspricht 100 cm in der Wirklichkeit.

1 cm ≙ 100 cm

Länge in der Zeichnung	Länge in der Wirklichkeit
4 cm	4 cm · 100 = 400 cm = 4 m
4 cm ≙ 4 m	

Umfang eines Rechtecks

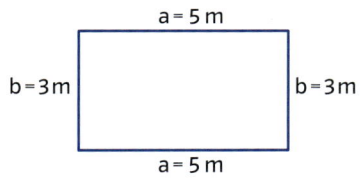

$$u = 2 \cdot 5\,m + 2 \cdot 3\,m$$
$$u = 10\,m + 6\,m$$
$$u = 16\,m$$

u = 2 · a + 2 · b

Umfang eines Quadrats

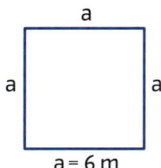

$$u = 4 \cdot 6\,m$$
$$u = 24\,m$$

u = 4 · a

1 Wandle in die Einheit um, die in Klammern steht.
a) 5 cm (mm); 55 cm (mm); 11 m (dm); 65 dm (cm); 7 km (m)
b) 60 cm (dm); 30 mm (cm); 60 dm (m); 4500 cm (m); 14 km (m)

2 Berechne.

$$6{,}45\,m + 38\,cm = 645\,cm + 38\,cm = 683\,cm = 6{,}83\,m$$

a) 56 m + 23 dm
11 dm − 8 cm
4 km + 670 m

b) 7 m − 45 dm
35 cm + 8 mm
5 m − 34 cm

c) 5,65 m + 25 cm
0,65 m + 85 cm
3,5 km − 800 m

3 Ergänze die Tabelle im Heft. Gib deine Ergebnisse in Metern an.

	Maßstab	Länge in der Zeichnung	Länge in der Wirklichkeit
a)	1 : 100	5 cm	
b)	1 : 100	6,5 cm	
c)	1 : 1000	5,3 cm	
d)	1 : 500	3 cm	
e)	1 : 100 000	8,5 cm	
f)	1 : 20 000	4,3 cm	

4 Berechne den Umfang des abgebildeten Rechtecks (Quadrats).

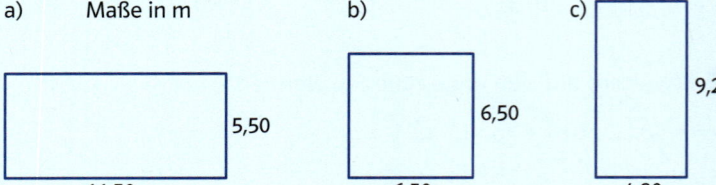

5 Berechne den Umfang. Achte auf die Einheiten.

	a)	b)	c)
Rechteck	a = 8,5 m b = 3,5 m	a = 7,20 m b = 175 cm	a = 56 cm b = 440 mm
Quadrat	a = 45 m	a = 4,50 m	a = 66 mm

6 Finde drei weitere Rechtecke mit dem Umfang u = 26 m (u = 50 m). Gib jeweils die Länge und die Breite des Rechtecks an.

u = 26 m

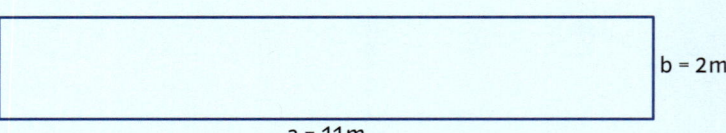

Flächen

1 Wandle in die Einheit um, die in Klammern steht.
a) 12 m² (dm²); 5 ha (a); 35 cm² (mm²); 8 km² (ha); 6 dm² (cm²)
b) 600 a (ha); 4500 dm² (m²); 2400 mm² (cm²); 8000 ha (km²)

2 Schreibe mit Komma in der größten genannten Einheit.
a) 18 m² 23 dm²   b) 8 a 56 m²   c) 9 cm² 61 mm²   d) 3 ha 7 a

3 Schreibe mit Komma in der nächstgrößeren Einheit.
a) 565 cm² b) 1245 a c) 805 ha d) 105 cm² e) 95 dm² f) 6 ha

4 Berechne den Flächeninhalt des abgebildeten Rechtecks.

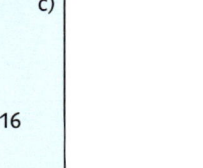

a)   b)   Maße in m   c)

5 Berechne den Flächeninhalt des Rechtecks mit den angegebenen Seitenlängen. Achte auf die Einheiten.

	a)	b)	c)	d)
Seitenlänge a	50 cm	6,40 m	250 mm	0,60 m
Seitenlänge b	24 cm	400 cm	8 cm	70 cm

6 Berechne den Flächeninhalt eines Quadrats mit der Seitenlänge a = 15 cm (a = 24 m; a = 2,50 m).

7 Zeichne drei verschiedene Rechtecke. Jedes Rechteck soll einen Flächeninhalt von 24 cm² haben.

8 Berechne den Flächeninhalt der abgebildeten Figur.

a)   Maße in cm

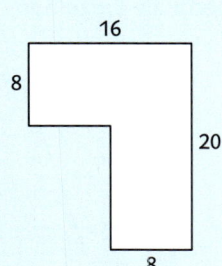

b)

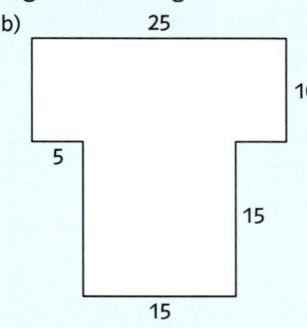

9 a) Ein Rechteck hat einen Flächeninhalt von 72 m². Eine Seite des Rechtecks ist 12 m lang. Bestimme die fehlende Seitenlänge.
b) Der Flächeninhalt eines Quadrats beträgt 81 m². Bestimme die Seitenlänge des Quadrats.

Flächeneinheiten

Die Umwandlungszahl für Flächeneinheiten ist 100.

$$1 \text{ km}^2 = 100 \text{ ha}$$
$$1 \text{ ha} = 100 \text{ a}$$
$$1 \text{ a} = 100 \text{ m}^2$$
$$1 \text{ m}^2 = 100 \text{ dm}^2$$
$$1 \text{ dm}^2 = 100 \text{ cm}^2$$
$$1 \text{ cm}^2 = 100 \text{ mm}^2$$

5 cm² = 500 mm²   45 m² = 4500 dm²
7 ha = 700 a   9 km² = 900 ha

600 cm² = 6 dm²   2400 dm² = 24 m²
5600 a = 56 ha   500 ha = 5 km²

7 m² 55 dm² = 7,55 m²
61 cm² 8 mm² = 61,08 cm²
675 cm² = 6,75 m²
14 ha = 0,14 km²

Flächeninhalt eines Rechtecks

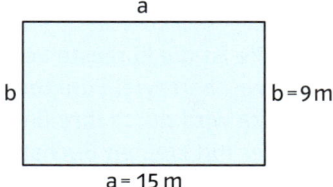

A = 15 · 9
A = 135
A = 135 m²

A = a · b

Flächeninhalt eines Quadrats

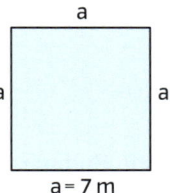

A = 7 · 7
A = 49
A = 49 m²

A = a · a = a²

Koordinatensystem

Die waagerechte x-Achse und die senkrechte y-Achse bilden ein Koordinatensystem.

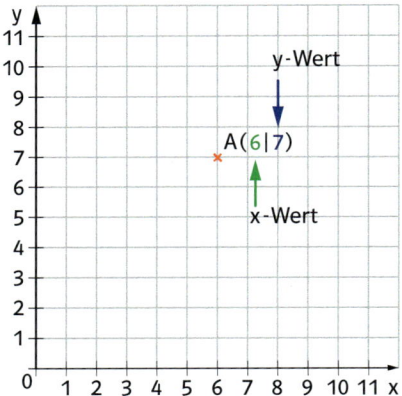

Der **Punkt A** hat die **Koordinaten 6** und **7**:

A (6 | 7)

Eine **Strecke** ist die kürzeste Verbindung zwischen zwei Punkten. Eine Strecke wird durch ihre Endpunkte oder mit kleinen Buchstaben bezeichnet. Die Länge einer Strecke kannst du messen.

Strecke $\overline{AB}$

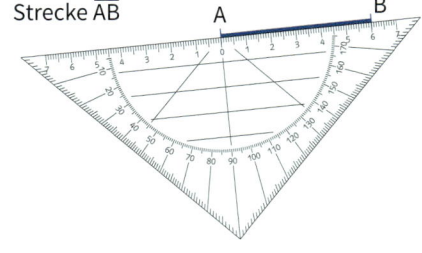

Ein **Strahl** (eine **Halbgerade**) hat einen Anfangspunkt, aber keinen Endpunkt.

Strahl $\overrightarrow{AB}$

1 a) Welche ebene Figur ist in dem Koordinatensystem abgebildet? Beschreibe die Eigenschaften der Figur.
b) Gib jeweils die Koordinaten der Eckpunkte an.

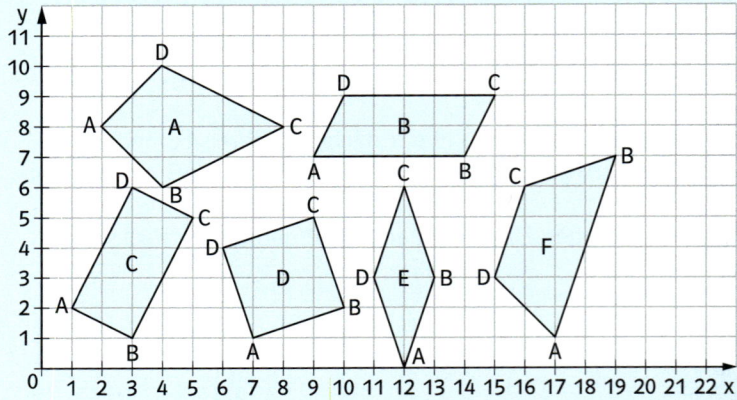

2 Zeichne die Vierecke mit den angegebenen Eckpunkten in ein Koordinatensystem (Einheit 0,5 cm). Welche Figur erhältst du?

Viereck A	Viereck B	Viereck C	Viereck D
A (3 | 9)	A (15 | 9)	A (1 | 1)	A (12 | 0)
B (10 | 11)	B (19 | 12)	B (9 | 4)	B (18 | 2)
C (9 | 15)	C (15 | 15)	C (9 | 9)	C (16 | 8)
D (2 | 13)	D (11 | 12)	D (1 | 6)	D (10 | 6)

3 Bestimme in einem Koordinatensystem (Einheit 0,5 cm) die Koordinaten des fehlenden Eckpunktes.
a) Quadrat: A (2 | 2), B (8 | 3), C (7 | 9), D (|)
b) Rechteck: A (2 | 14), B (|), C (11 | 12), D (3 | 16)
c) Raute: A (17 | 12), B (21 | 15), C (|), D (13 | 15)
d) Parallelogramm: A (|), B (17 | 4), C (19 | 11), D (14 | 10)

4 Miss jeweils die Längen der abgebildeten Strecken. Notiere dein Ergebnis ($\overline{AB}$ = cm). Zeichne anschließend die einzelnen Strecken in dein Heft.

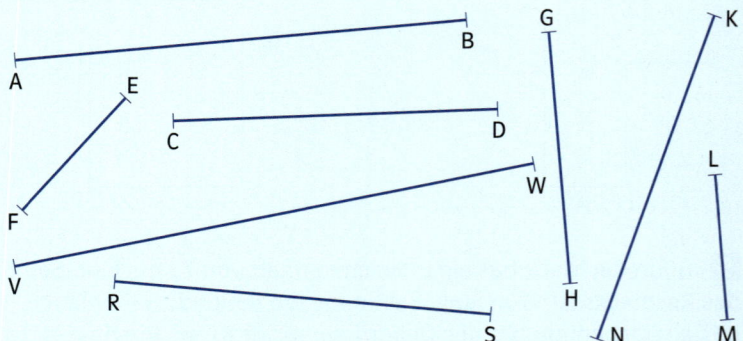

Geometrische Grundbegriffe

5 Wie viele Geraden, Strahlen und Strecken findest du in der Abbildung?

6 a) Trage die Punkte A (2 | 2), B (11 | 5), C (6 | 1), D (2 | 10), E (12 | 3) und F (0 | 6) in ein Koordinatensystem (Einheit 0, 5 cm) ein.
b) Zeichne die Strecken $\overline{AB}$, $\overline{CD}$ und $\overline{EF}$. In welchen Punkten schneiden sie sich? Gib jeweils die Koordinaten der Schnittpunkte an.

7 Zeichne in einem Koordinatensystem (Einheit 0,5 cm) durch die beiden angegebenen Punkte jeweils eine Gerade. Überprüfe, welche Geraden zueinander senkrecht sind.

Gerade g	Gerade h	Gerade e	Gerade f
A (4 | 12)	C (6 | 3)	E (1 | 4)	G (3 | 1)
B (11 | 5)	D (2 | 9)	F (7 | 8)	H (11 | 9)

8 Übertrage zunächst die Abbildung in dein Heft. Zeichne anschließend durch jeden Punkt die Senkrechte zur Geraden g.

a)
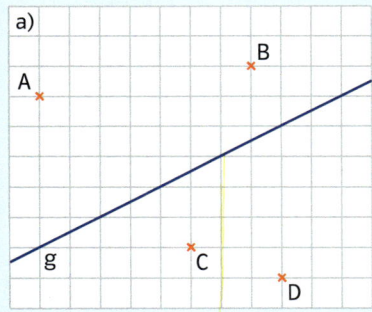

b)
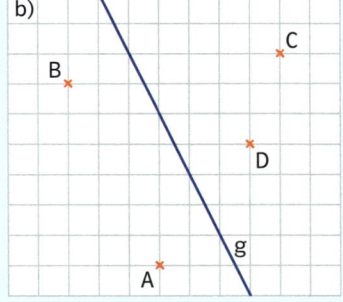

9 Zeichne in einem Koordinatensystem (Einheit 0,5 cm) durch die beiden Punkte jeweils eine Gerade. Überprüfe, welche Geraden zueinander parallel sind.

Gerade g	Gerade h	Gerade e	Gerade f	Gerade k
A (3 | 3)	C (1 | 7)	E (4 | 9)	G (5 | 11)	K (3 | 6)
B (9 | 6)	D (10 | 1)	F (12 | 2)	H (14 | 5)	L (9 | 9)

10 Zeichne die Gerade AB mit A (1 | 8) und B (13 | 12) sowie die Punkte P (3 | 12) und Q (9 | 4) in ein Koordinatensystem (Einheit 0,5 cm). Zeichne jeweils eine Parallele zu der Geraden AB durch die Punkt P und Q.

11 Zeichne eine Gerade g schräg in dein Heft. Zeichne zu g eine Parallele mit dem folgenden Abstand.
a) 3 cm   b) 4,8 cm   c) 37 mm   d) 5,5 cm   e) 0,26 dm

Eine **Gerade** hat keinen Anfangspunkt und keinen Endpunkt. Geraden werden mit kleinen Buchstaben (g, h, a, b, . . .) bezeichnet. Zwei Punkte legen genau eine Gerade fest.

Gerade g

Gerade AB

Die Geraden g und h stehen **senkrecht zueinander,** sie bilden **rechte Winkel.**

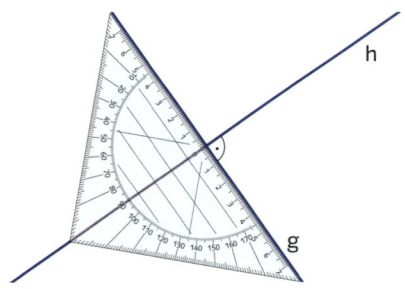

Man schreibt: g ⊥ h
Man sagt: g steht senkrecht zu h

In einer Zeichnung wird ein rechter Winkel durch das Symbol ⌐ gekennzeichnet.

Zwei Geraden g und h, die zu einer dritten Geraden senkrecht stehen, heißen **zueinander parallel.**

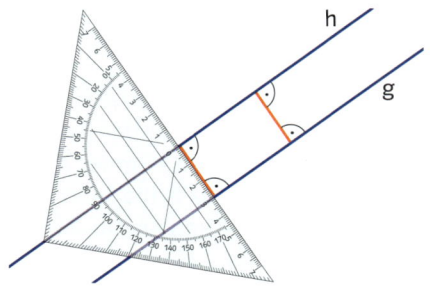

Man schreibt: g ∥ h
Man sagt: g parallel zu h

Mit einem Lernplakat präsentieren

Mögliche Arbeitsschritte

- Überlegt, was auf dem Plakat dargestellt werden soll.
- Erstellt in Partnerarbeit jeweils einen Entwurf auf einem DIN-A4-Blatt.
- Diskutiert die verschiedenen Entwürfe in der Gruppe.
- Verteilt Arbeitsaufträge an die einzelnen Gruppenmitglieder. Jeder Schüler ist für eine Teilaufgabe verantwortlich: Texte, Bilder, Grafiken …

Es ist sinnvoll das Lernplakat in Gruppenarbeit zu erstellen.
Die Gruppe sollte nicht zu groß sein. Achtet darauf, dass jeder etwas zum Gelingen der Arbeit beiträgt.
Regeln für die Gruppenarbeit findet ihr in diesem Buch auf Seite 79.

Auf einem Lernplakat werden Informationen übersichtlich und anschaulich dargestellt.
Dazu werden Texte, Bilder und Zeichnungen benutzt.
Jedes Plakat besitzt eine Überschrift, die weithin sichtbar ist.
Die Schriftgröße muss immer so gewählt werden, dass die Texte aus einer Entfernung von einem Meter noch lesbar sind.

Lösungen zu den Eingangstests

Dezimalzahlen Seite 216

1 a) $1122 < 1221 < 2112 < 2121 < 2211$
b) $6006 < 6060 < 6066 < 6600 < 6606$

2 a) $34\,500$ b) 7900 c) $324\,000$

3 a) 90, 85, 158 b) 52, 12, 37 c) 36, 65, 77 d) 8, 9, 6
e) 150, 3100, 11\,000 f) 27, 9, 42

4 a) $57\,281$ b) 7382 c) $141\,901$ d) 2347

5 a) $(14 + 23) \cdot 3 = 111$ b) $15 + 8 \cdot 6 = 63$

6 Die Miete beträgt 6288 € pro Jahr.

7 Pro Stunde haben sie durchschnittlich 6896 m zurückgelegt.

Kreis und Winkel Seite 217

1 –

2 –

3 a) 4500 cm b) 780 cm c) 9,55 m

4 Strecke ist in Wirklichkeit: 100 cm = 1 m (300 cm = 3 m)

5 Quadrat

Brüche Seite 217

1 a) $\frac{3}{4}$ b) $\frac{3}{6} = \frac{1}{2}$ c) $\frac{2}{8} = \frac{1}{4}$ d) $\frac{6}{16} = \frac{3}{8}$

2 a) b) c)

$\frac{1}{5}$ $\frac{5}{8}$ $\frac{7}{12}$

3 a) $\frac{2}{3}$ b) $\frac{3}{4}$

4 a) $\frac{3}{4}$ b) $\frac{1}{3}$ c) $\frac{2}{3}$

5 a) $\frac{6}{15}$ b) $\frac{9}{33}$ c) $\frac{33}{45}$

6 a) $\frac{1}{7} < \frac{1}{6}$ b) $\frac{5}{9} > \frac{4}{9}$ c) $\frac{2}{3} > \frac{4}{7}$

Daten und Zufall Seite 218

1 a) $\frac{3}{4}$ b) $\frac{1}{5}$ c) $\frac{3}{14}$

2 a) 20 Kugeln b) 230 Schülerinnen und Schüler
c) 80 Spielsteine

3 a) 20 Kugeln b) 120 Schülerinnen und Schüler
c) 840 Fahrräder

4 a) 0,2 0,25 b) 0,8 0,75 c) 0,375 0,3125

Brüche addieren und subtrahieren Seite 218

1 a) $\frac{4}{10}$ b) $\frac{5}{7}$

2 a) $\frac{8}{9}$ b) $\frac{3}{5}$ c) $\frac{1}{3}$ d) $\frac{1}{50}$

3 a) $\frac{5}{6} = \frac{25}{30}$ b) $\frac{11}{16} = \frac{55}{80}$

4 a) wahr b) falsch c) wahr d) wahr e) falsch

Oberflächeninhalt und Volumen Seite 219

1 a) 6 cm² b) 5,5 cm² c) 300 cm²

2 a) 400 cm² 500 dm² b) 600 mm² 1 dm²
c) 2 m² 90 cm²

3 a) 54 b) 62

Symmetrien und Muster Seite 219

1 –

2 –

3 –

Brüche Seite 220

1 a) $\frac{2}{3}$ b) $\frac{2}{3}$ c) $\frac{7}{12}$

2 a) $\frac{15}{25}$ b) $\frac{40}{55}$ c) $\frac{20}{45}$

3 a) $2\frac{5}{7}$ b) 12 c) $16\frac{1}{4}$

4 a) $\frac{9}{2}$ b) $\frac{42}{11}$

5 a) $\frac{3}{7}$ b) $\frac{2}{5}$ c) $\frac{5}{6}$ d) $\frac{7}{12}$ e) $2\frac{7}{12}$

Teiler und Vielfache Seite 221

1 a) 96, 80 b) 90, 39 c) 6, 9
d) 19, 9 e) 96, 11 f) 12, 108

2 a) 8, 6 b) 13, 60

3 a) 15, 18, 21, 24, 27, 30, 33, 36, 39, 42
b) 55, 66, 77, 88, 99, 110, 121, 132

4 a) $84 : 7 = 12;\ 84 : 12 = 7$ b) $120 : 5 = 24;\ 120 : 24 = 5$

5 a) $1 \cdot 24 = 24;\ 2 \cdot 12 = 24;\ 3 \cdot 8 = 24;\ 4 \cdot 6 = 24$
b) $1 \cdot 30 = 30;\ 2 \cdot 15 = 30;\ 3 \cdot 10 = 30;\ 5 \cdot 6 = 30$
c) $1 \cdot 54 = 54;\ 2 \cdot 27 = 54;\ 3 \cdot 18 = 54;\ 6 \cdot 9 = 54$

6 z.B. a = 4 cm, b = 3 cm; a = 6 cm, b = 2 cm

Lösungen zu den Ausgangstests

zu Seite 38

1 a) 0,9 0,04 b) 0,11 0,012 c) 0,63 0,052

2 a) <, > b) =, < c) <, < d) <, =

3 a) 0,6 1,8 10,5 b) 0,87 2,46 3,84

4 a) 1,6 6,4 4,1 b) 3,2 7,1 1,5 c) 3,5 5,4 3,2
d) 239 145,2 7,98 e) 6 0,21 4 f) 0,378 1222,5 0,00156

5 a) 16,84 b) 5,069

6 a) 2,55 b) 0,49 c) 0,385 d) 0,271

7 a) 11,3563 b) 13,3692 c) 0,24354 d) 0,06253

8 a) 6,26 b) 2,382 c) 59,4 d) 9,57

9 N. Antjuch, L. Demus, Z. Hejnova, K. Spencer, G. Moline, T. Brown

10 78,24 €

11 4,30 €

zu Seite 39

1 a) 0,84 0,092 0,305 b) 0,48 0,027 1,2

2 a) 3,334 < 3,34 < 3,4 < 3,43 < 3,443
b) 0,0032 < 0,0203 < 0,023 < 0,03 < 0,302
c) 1,001 < 1,01 < 1,011 < 1,101 < 1,11

3 a) 8,1 3,2 6,6 b) 0,42 7 0,64 c) 0,9 0,84 4

4 a) 15,3408 63,9159 b) 0,046251 0,012987

5 a) 2,47 0,578 b) 2,58 12,6

6 a) 5 11,5 5,8 b) 0,33 2,8 0,8

7 a) 13,4 b) 7,7

8 Addition: Leon hat nicht Komma unter Komma geschrieben.
Subtraktion: Leon hat beim Minuenden an der falschen Stelle Nullen ergänzt.
Multiplikation: Das Ergebnis hat weniger Stellen nach dem Komma als beide Faktoren zusammen.

Division: Leon hat beim Überschreiten des Kommas kein Komma im Ergebnis gesetzt.

9 7,5 Liter

10 50,84 Liter

11 a) 2667 m b) 6562 ft

zu Seite 58

1 –

2 –

3 a) 9 b) 120°

4 $\alpha = 65°$, $\beta = 130°$, $\gamma = 30°$; $\delta = 90°$

5 a) Ein rechter Winkel ist 90° groß.
b) Ein gestreckter Winkel ist 180° groß.
c) Ein spitzer Winkel ist größer als 0° und kleiner als 90°.
d) Ein stumpfer Winkel ist größer als 90° und kleiner als 180°.

6 –

7 a) $\alpha = \sphericalangle(m, n)$ b) $\beta = \sphericalangle (s, r)$ c) $\gamma = \sphericalangle (p, o)$

8 a) 90° b) 45° c) 130°

zu Seite 59

1 $\alpha = \sphericalangle ASB = 160°$ $\beta = \sphericalangle DSE = 330°$

2 –

3 a) falsch. Ein spitzer Winkel und ein stumpfer Winkel ergeben zusammen nicht 360°.
b) wahr. Ein stumpfer Winkel und ein überstumpfer Winkel ergeben hier 360°.

4 Es ergeben sich neun (drei) gleich große Felder,

5 $\alpha = \sphericalangle BAE = 37°$, $\beta = \sphericalangle CBD = 32°$, $\gamma = \sphericalangle DCA = 37°$, $\delta = \sphericalangle ADC = 120°$

6 a) $\alpha = 50°$, $\beta = 75°$, $\gamma = 55°$
b) $\alpha = 111°$, $\beta = 90°$, $\gamma = 79°$, $\delta = 80°$

7 a) –   b) Man erhält ein gleichschenkliges Trapez.
c) Man muss nur einen Innenwinkel ausmessen
($\alpha = 72°$, $\beta = 72°$, $\gamma = 108°$, $\delta = 108°$).

6 3600 g

7 a) Wohnung: 320 €; Handy 80 €
Essen u. Trinken: 240 €; Kleidung: 160 €
b) 160 €

8 a) 17 %   b) 14 %   c) 75 %   d) 60 %

zu Seite 82

1 a) $\frac{5}{12}$ $\left(\frac{7}{12}\right)$ b) $\frac{2}{5}$ $\left(\frac{3}{5}\right)$ c) $\frac{5}{10}$ $\left(\frac{5}{10}\right)$ d) $\frac{8}{16} = \frac{1}{2}$ $\left(\frac{8}{16} = \frac{1}{2}\right)$

e) $\frac{3}{11}$ $\left(\frac{8}{11}\right)$ f) $\frac{1}{6}$ $\left(\frac{5}{6}\right)$ g) $\frac{3}{4}$ $\left(\frac{1}{4}\right)$ h) $\frac{6}{10} = \frac{3}{5}$ $\left(\frac{4}{10} = \frac{2}{5}\right)$

i) $\frac{1}{8}$ $\left(\frac{7}{8}\right)$ k) $\frac{7}{8}$ $\left(\frac{1}{8}\right)$

2

		$\frac{1}{3}$	
	$\frac{5}{12}$		$\frac{1}{4}$

	$\frac{5}{8}$		
			$\frac{3}{24}$

3 a) $\frac{5}{7}$ $\frac{2}{3}$ $\frac{2}{3}$ b) $\frac{3}{5}$ $\frac{6}{13}$ $\frac{1}{2}$ c) $\frac{3}{7}$ $\frac{5}{11}$ $\frac{1}{7}$

4 a) $\frac{75}{100}$ $\frac{6}{21}$ $\frac{21}{54}$ b) $\frac{6}{15}$ $\frac{10}{45}$ $\frac{45}{60}$ c) $\frac{30}{100}$ $\frac{25}{65}$ $\frac{120}{144}$

5 a) $\frac{3}{5} < \frac{7}{10}$ $\frac{2}{7} < \frac{3}{4}$ $\frac{4}{9} > \frac{2}{5}$

b) $\frac{2}{3} < \frac{5}{7}$ $\frac{3}{11} < \frac{2}{3}$ $\frac{1}{9} < \frac{2}{7}$

c) $\frac{5}{12} > \frac{5}{13}$ $\frac{28}{42} = \frac{4}{6}$ $\frac{7}{9} < \frac{4}{5}$

6 a) A: $\frac{1}{5}$ B: $\frac{3}{5}$ C: $\frac{5}{5}$

b) A: $\frac{2}{7}$ B: $\frac{6}{7}$ C: $\frac{10}{7} = 1\frac{3}{7}$

7

0 ⊢——$\frac{1}{8}$——$\frac{1}{4}$————$\frac{5}{12}$—$\frac{1}{2}$————$\frac{2}{3}$—$\frac{3}{4}$———$\frac{7}{8}$———→ 1

zu Seite 83

1 $\frac{8}{20} = \frac{2}{5}$; 9600 m²

2 a) 0,3   0,67   0,75   0,15
b) 0,$\overline{3}$ 0,375   0,$\overline{4}$ 0,$\overline{27}$
c) 2,31   5,07   3,47   1,012

3 a) $\frac{1}{4}$ b) $\frac{2}{5}$ c) $1\frac{1}{2}$ d) $\frac{2}{50}$ e) $\frac{1}{200}$

f) $3\frac{3}{4}$ g) $2\frac{4}{5}$ h) $\frac{1}{3}$

4 a) $\frac{10}{3}$ $\frac{12}{5}$ $\frac{21}{4}$ b) $\frac{51}{7}$ $\frac{42}{11}$ $\frac{27}{10}$

5 a) $\frac{2}{3} = \frac{8}{12}$ $\frac{5}{7} = \frac{15}{21}$ $\frac{2}{11} = \frac{20}{110}$

b) $\frac{2}{9} = \frac{18}{81}$ $\frac{4}{7} = \frac{16}{28}$ $\frac{2}{13} = \frac{10}{65}$

zu Seite 108

1 a)

1	卌 IIII
2	卌 卌
3	卌 卌 II
4	卌 卌
5	卌 IIII

b)

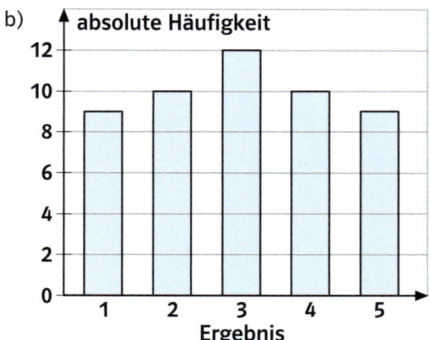

c)

Ergebnis	abs. Häufigkeit	relative Häufigkeit
1	9	0,18
2	10	0,20
3	12	0,24
4	10	0,20
5	9	0,18

d) $\bar{x} = 3,0$

2 a) Johanna: $\bar{x} = 345,8$ cm $\tilde{x} = 352$ cm
Larissa: $\bar{x} \approx 347,5$ cm $\tilde{x} = 344$ cm

3 a)

Anzahl	abs. Häufigkeit	relative Häufigkeit
1	11	0,22
2	30	0,60
3	6	0,12
4	3	0,06
Summe	50	1,00

b)

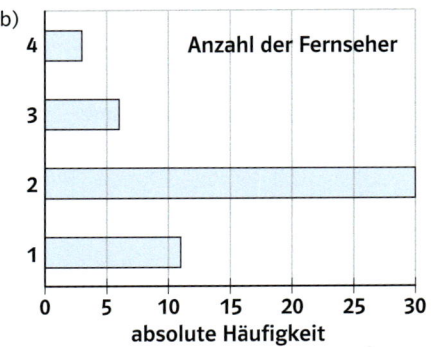

Anzahl der Fernseher

c) $\bar{x} = 2{,}02$

4 a)

Taschengeld (€)	abs. Häufigkeit	rel. Häufigkeit
10	16	0,200
12	26	0,325
16	24	0,300
20	8	0,100
24	6	0,075
Summe	80	1,000

b) $\bar{x} = 14{,}50$ € $\tilde{x} = 12$ €

zu Seite 109

1 a)

Ergebnis	abs. Häufigkeit	relative Häufigkeit
rot	6	0,12
blau	13	0,26
gelb	22	0,44
grün	9	0,18
Summe	50	1,00

b) Es könnten folgende Kugeln sein: 1 rote Kugel, 3 blaue Kugeln, 4 gelbe Kugeln und 2 grüne Kugeln, da die entsprechenden relativen Häufigkeiten ca. 0,1; 0,3; 0,4 und 0,2 sind.

2 P (rot) = 0,40; P (weiß) = 0,25; P (blau) = 0,15; P (schwarz) = 0,20

3 P (keine Mängel) = $\frac{1275}{2500}$

P (leichte Mängel) = $\frac{875}{2500}$

P (erhebliche Mängel) = $\frac{350}{2500}$

4 a)

mögliche Ergebnisse: (1, 1), (1, 2), (1, 3), (1, 4)
(2, 1), (2, 2), (2, 3), (2, 4),
(3, 1), (3, 2), (3, 3), (3, 4)
(4, 1), (4, 2), (4, 3), (4, 4)

b) P (3,3) = $\frac{1}{16}$

c) P (genau einmal die 1) = $\frac{6}{16}$

zu Seite 124

1 a) $\frac{5}{9} + \frac{2}{9} = \frac{7}{9}$ b) $\frac{7}{15} + \frac{4}{15} = \frac{11}{15}$ c) $\frac{6}{7} - \frac{2}{7} = \frac{4}{7}$ d) $\frac{8}{11} - \frac{3}{11} = \frac{5}{11}$

2 a) $\frac{3}{5}, \frac{10}{11}$ b) $\frac{1}{5}, \frac{11}{17}$ c) $\frac{9}{13}, \frac{7}{15}$

3 a) $\frac{1}{2}, \frac{3}{5}, \frac{1}{3}, \frac{1}{2}$ b) $\frac{3}{5}, \frac{1}{3}, \frac{3}{4}, \frac{2}{3}$ c) $\frac{1}{2}, \frac{1}{3}, \frac{3}{5}, \frac{1}{3}$

4 a) $\frac{5}{8}, \frac{1}{6}$ b) $\frac{7}{10}, \frac{1}{15}$ c) $\frac{3}{20}, \frac{15}{16}$ d) $\frac{11}{14}, \frac{3}{25}$

e) $\frac{1}{12}, \frac{9}{10}$ f) $\frac{16}{21}, \frac{7}{20}$

5 a) $1\frac{5}{8}, 1\frac{3}{10}, 1\frac{5}{12}$ b) $1\frac{5}{12}, 1\frac{1}{6}, 1\frac{3}{40}$ c) $1\frac{4}{9}, 1\frac{3}{20}, 1\frac{1}{21}$

6 $\frac{1}{4}$ der Gesamtstrecke ist noch zurückzulegen.

7 $\frac{2}{3} + \frac{1}{2} = 1\frac{1}{6}$ Das ist mehr als ein Ganzes.

zu Seite 125

1 a) $\frac{1}{2} + \frac{5}{12} = \frac{11}{12}$ b) $\frac{1}{3} + \frac{3}{12} = \frac{7}{12}$ c) $\frac{12}{15} - \frac{4}{15} = \frac{8}{15}$

d) $\frac{1}{2} - \frac{1}{8} = \frac{3}{8}$

2 a) $\frac{11}{14}, \frac{7}{20}$ b) $\frac{5}{28}, \frac{7}{18}$ c) $\frac{13}{30}, \frac{21}{40}$

d) $\frac{29}{30}, \frac{39}{50}$ e) $\frac{1}{24}, \frac{22}{45}$ f) $\frac{19}{48}, \frac{37}{60}$

3 a) $\frac{1}{10}, \frac{8}{9}, \frac{5}{8}$ b) $\frac{3}{5}, \frac{1}{3}, \frac{1}{2}$

4 a) $3\frac{1}{5}, 6\frac{2}{9}, 3\frac{1}{3}$ b) $3\frac{6}{7}, 6\frac{7}{10}, 3\frac{6}{11}$ c) $3\frac{5}{8}, 6\frac{2}{3}, 5\frac{1}{10}$

Lösungen zu den Ausgangstests

5 $\frac{7}{36}$ des Grundbesitzes entfällt auf den Wald.

6 $3\frac{1}{20}$ t dürfen höchstens noch transportiert werden.

7 a) $\frac{2}{3}$, $\frac{3}{4}$ b) $\frac{5}{8}$, $\frac{4}{15}$ c) $\frac{5}{6}$, $\frac{7}{8}$

8 Die Summe der drei Zahlen beträgt $10\frac{23}{30}$.

9 a) $\frac{1}{4}$ b) $\frac{7}{8}$ c) $1\frac{3}{20}$ d) $\frac{1}{20}$ e) $1\frac{3}{4}$ f) 2

zu Seite 146

1
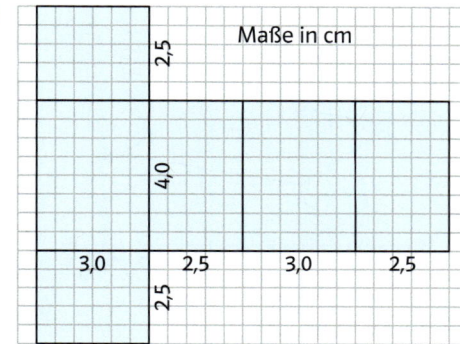

2 a) V = 60 cm³; O = 94 cm²
b) V = 680 dm³; O = 517 dm²

3 a) 2000 mm³; 4000 cm³
b) 5 dm³; 4 m³
c) 2400 mm³; 200 cm³
d) 0,5304 dm³; 0,0077 m³
e) 2 dm³; 30 000 cm³
f) 7 l; 4500 ml

4 Das Volumen beträgt 0,5 l.

5 Sie braucht 16800 cm² (1,68 m²) Stoff.

6 a) Es passen 90 l in das Aquarium.
b) 81 l

7 Das Volumen beträgt 16 500 cm³.

zu Seite 147

1 a) O = 196 cm²; V = 176 cm³
b) c = 3 cm; O = 180 cm²
c) a = 5 cm; V = 125 cm³

2 a) 4100 mm³   b) 9,3 dm³
2400 cm³   0,07 m³
6200 dm³   0,086 cm³
5200 ml   4,2 hl
60 ml   0,25 l

3 Für 87,6 m² muss Farbe eingekauft werden.

4 a) Es fasst 216 l.
b) 3,6 l sind verdunstet.

5 Das Volumen beträgt dann nur noch $\frac{1}{8}$ des ursprünglichen Volumens.

6 a) Um 2 cm.
b) Die Höhe 60 cm wird nicht benötigt.

zu Seite 170

1

2
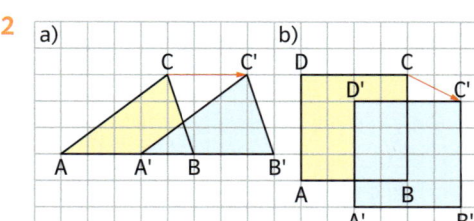

Lösungen zu den Ausgangstests

3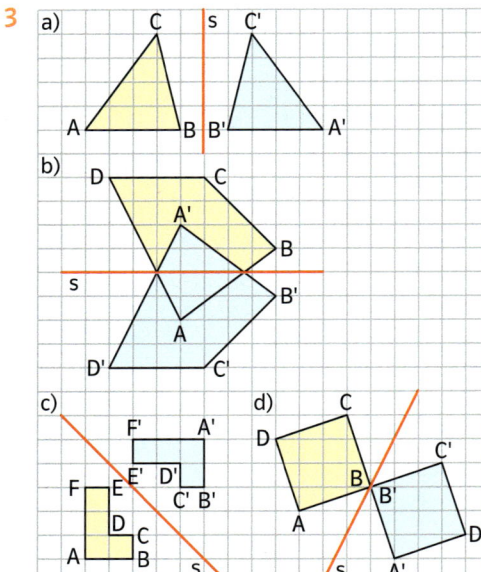

4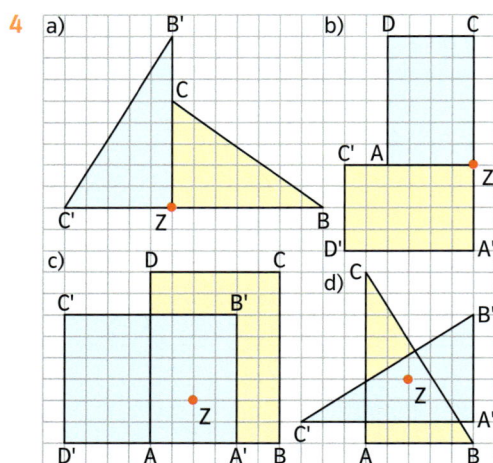

5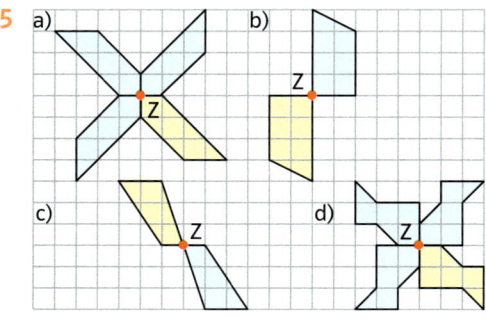

zu Seite 171

1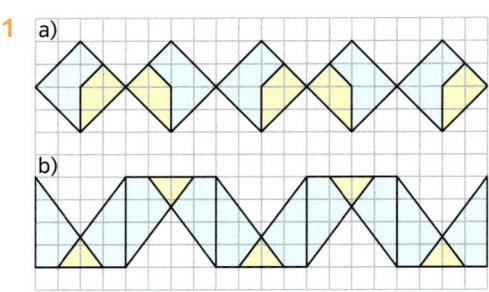

2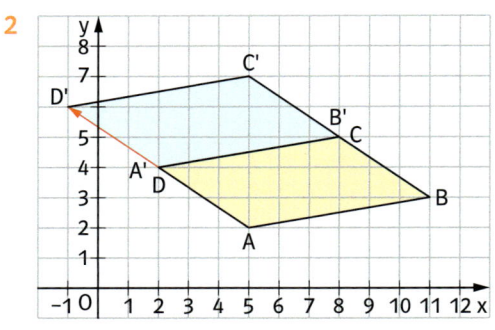

3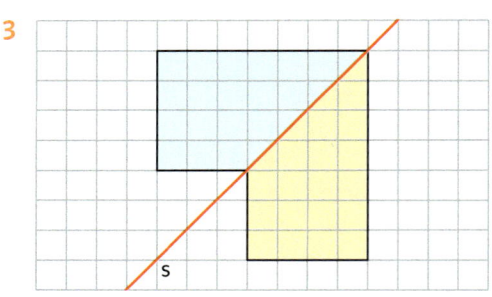

4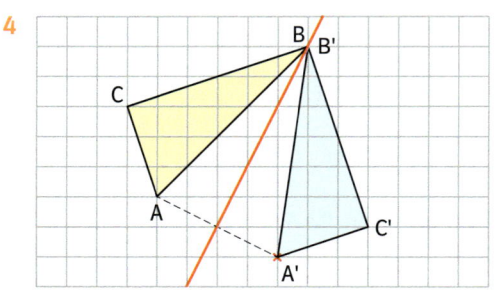

Lösungen zu den Ausgangstests

5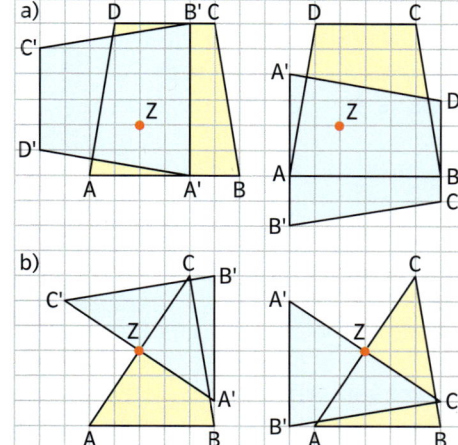

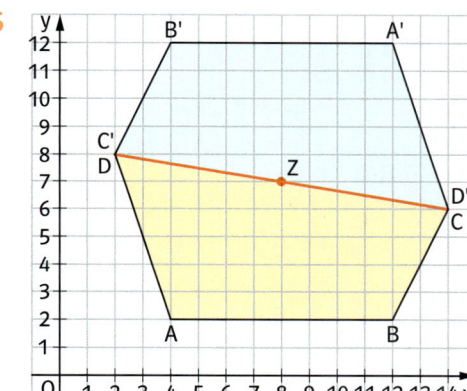

6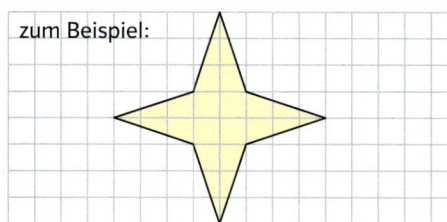

7 zum Beispiel:

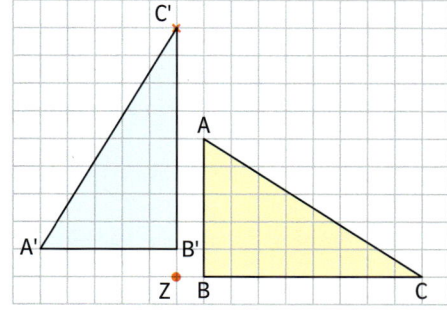

8

zu Seite 186

1   a) $\frac{8}{13}$ b) $5\frac{2}{5}$ c) $1\frac{5}{7}$ d) $6\frac{2}{3}$

2   a) $\frac{6}{7}$ b) $1\frac{1}{3}$ c) $2\frac{1}{2}$ d) 18

3 $10\frac{1}{2}\,l$

4   a) $\frac{15}{56}$ b) $\frac{2}{3}$ c) $\frac{1}{9}$ d) $\frac{3}{7}$

5   18 Jungen, 12 Mädchen

6   a) $10\frac{4}{5}$ b) 35   c) $5\frac{1}{3}$

7   a) $\frac{2}{15}$ b) $\frac{3}{10}$ c) $\frac{3}{32}$ d) $\frac{2}{9}$

8   30 Gläser

9   a) $\frac{45}{56}$ b) $\frac{2}{3}$ c) $\frac{3}{4}$ d) $1\frac{3}{5}$

10   a) $14\frac{2}{3}$ b) 21   c) 40   d) 75

11 $\frac{3}{8}\,l$

12   60 t

13   a) $\frac{15}{22}$ b) $\frac{2}{3}$ c) $1\frac{1}{3}$

14   a) $\frac{4}{3} = 1\frac{1}{3}$ b) $\frac{2}{5}$ c) $\frac{21}{25}$

15   a) $\frac{1}{16}$ b) $\frac{1}{3}$ c) $\frac{4}{9}$

16   Bus: 42; Fahrrad: 72; zu Fuß: 54

zu Seite 187

1   a) 10   b) $\frac{1}{16}$ c) $4\frac{4}{7}$ d) 22   e) $\frac{1}{3}$

      f) $1\frac{11}{13}$

2   a) $\frac{1}{9}$ b) 51   c) $\frac{7}{25}$

3   a) $\frac{1}{8}$ b) $\frac{2}{5}$

4   a) $\frac{4}{5}$ b) $\frac{3}{4}$ c) $\frac{9}{10}$

5   a) 18   b) $1\frac{17}{27}$ c) $1\frac{5}{7}$

6   a) $\frac{35}{18} = 1\frac{17}{18}$ b) $\frac{3}{8}$ c) $\frac{7}{9}$

Lösungen zu den Ausgangstests

7 15 Kartons

8 a) $\frac{3}{5}$ b) $\frac{10}{21}$ c) $\frac{3}{4}$ d) $\frac{5}{18}$

9 a) $\frac{1}{2}$ b) $\frac{13}{30}$

10 4 Minuten (240 Sekunden) pro Runde

11 Mädchen: $\frac{3}{10} = \frac{21}{70}$; Jungen: $\frac{11}{35} = \frac{22}{70}$
Es nehmen mehr Jungen teil.

zu Seite 200

1 z. B. 24, 36, 48, 60, 72

2 a) 1, 2, 3, 6, 9, 18 b) 1, 2, 4, 5, 10, 20
c) 1, 2, 3, 4, 6, 8, 12, 24 d) 1, 2, 3, 5, 6, 10, 15, 30

3

Teiler von 72		
1	72	$1 \cdot 72 = 72$
2	36	$2 \cdot 36 = 72$
3	24	$3 \cdot 24 = 72$
4	18	$4 \cdot 18 = 72$
6	12	$6 \cdot 12 = 72$
8	9	$8 \cdot 9 = 72$

4 a) ggT(18,30) = 6 b) ggT(15,55) = 5
c) ggT(16,40) = 8 d) ggT(27,45) = 9

5 a) kgV(6,9) = 18 b) kgV(16,20) = 80
c) kgV(5,7) = 35 d) kgV(12,18) = 36

6 zwei Möglichkeiten:
a = 5 cm; b = 2 cm; a = 10 cm; b = 1 cm

7 a) 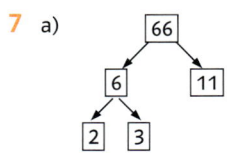 b)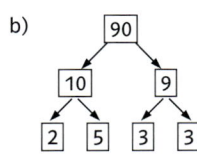

8 7, 11, 13, 17, 19, 23, 41

9 a) 123, 144, 1377, 1497 b) 104, 200, 448, 452, 1180
c) 78, 42, 690, 3444 d) 55, 265, 1265, 2185

10 1143, 24 750, 22 833

11 12 Uhr

zu Seite 201

1 a) 1, 2, 4, 8, 16 b) 1, 2, 4, 7, 14, 28
c) 1, 2, 4, 8, 16, 32 d) 1, 2, 3, 6, 7, 14, 21, 42

2 a) 8 b) 9 c) 6 d) 5

3 a) 60 b) 48 c) 110 d) 180

4 a) z. B. ggT(16,20) = 4 b) z. B. ggT(12,18) = 6
c) z. B. kgV(3,8) = 24 d) z. B. kgV(4,5) = 20

5 a) 3465, 2970, 8955, 8370 b) 2112, 1524, 2700, 2772
c) 530, 1226, 1386, 2558 d) 672, 795, 2532, 2868, 5979

6 a) z. B.: 1143, 24 750, 22 833
b) z. B.: 104, 24 700, 232

7 a) z. B. b) z. B.

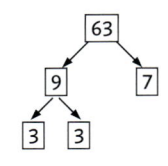 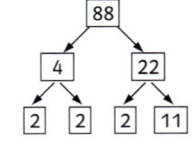

$63 = 3 \cdot 3 \cdot 7$ $88 = 2 \cdot 2 \cdot 2 \cdot 11$

c) z. B.

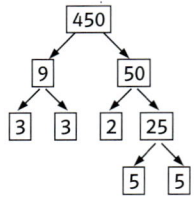

$450 = 2 \cdot 3 \cdot 3 \cdot 5 \cdot 5$

8 a) 1008 b) 9996

9 a) falsch b) falsch c) falsch d) wahr

10 Jede Primzahl hat genau zwei Teiler: 1 und die Primzahl selbst.
Der einzige gemeinsame Teiler von zwei verschiedenen Primzahlen ist daher 1.
Also ist 1 der größte gemeinsame Teiler von zwei Primzahlen.

11 127

12 Die Seitenlänge beträgt 39 cm.

Register

Register

Bildquellennachweis

|A1PIX - Your Photo Today, Ottobrunn: 6, 126, 207. |alamy images, Abingdon/Oxfordshire: Jose Elias/StockPhotosArt - Palaces 4, 61; Juniors Bildarchiv 144; ozef sedmak 61; PCN Photography 24. |Arco Images GmbH, Lünen: O. Diez 215. |AUDI AG, Ingolstadt: 212. |BBS GmbH, Schiltach: 160. |Bridgeman Images, Berlin: 127. |Deutsches Museum, München: 80, 80. |dreamstime.com, Brentwood: Klorklor 211. |Druwe & Polastri, Cremlingen/Weddel: 6, 15, 17, 19, 20, 21, 24, 32, 32, 40, 40, 42, 42, 42, 42, 43, 43, 43, 43, 44, 44, 45, 47, 50, 52, 67, 74, 78, 79, 79, 80, 80, 81, 81, 81, 85, 85, 85, 87, 87, 88, 88, 90, 93, 93, 98, 99, 102, 103, 105, 116, 123, 123, 123, 134, 134, 134, 134, 134, 134, 136, 136, 136, 136, 136, 136, 138, 138, 138, 138, 143, 151, 151, 151, 151, 151, 151, 151, 151, 151, 151, 154, 154, 155, 155, 157, 172, 173, 173, 173, 174, 178, 180, 180, 181, 209, 210, 210, 212, 212, 212, 212, 212, 212, 213, 215, 216, 224, 232, 232, 232. |ecopix Fotoagentur, Berlin: Gruetjen 213. |fotolia.com, New York: Aleksandar Todorovic 149; Andreas Ernst 148, 149; Andrey Armyagov 129; Eisenhans 192; Esther Querbach 144; Heinz Waldukat 60; industrieblick 34; Kara 204; ManEtli 120; Marco2811 204; Markus Haack 205; mrks_v 148, 149; pix4U 106; RFsole 128, 129; Rohde, Gabriele 205; rupbilde 36; Sergii Figurnyi 128; thongsee 210; TTstudio 41. |Getty Images, München: Mike Kemp/In Pictures 8; Sports Illustrated 9; Stuart Westmorland 210. |Glaswarenfabrik Karl Hecht GmbH & Co KG „ASSISTENT", Sondheim/Rhön: 145. |Glow Images GmbH c/o Regus, München: 211; Henglein and Steets 22; SuperStock 144. |Imago, Berlin: Baering 86; imagebroker 209. |iStockphoto.com, Calgary: Christopher Futcher 188; Futcher, Christopher 189; Kalinovsky, Dmitry 181; kida 224; marekuliasz 62; mercedes rancaño 61; microgen 9; mille19 41; nickfree 205; skynesher 189; Vitalina Rybakova 205. |juniors@wildlife Bildagentur GmbH, Hamburg: 59. |Keystone Pressedienst, Hamburg: Hager, Christian Titel. |Killig, Oliver, Dresden: Oliver Killig 120. |Kruszewski, Marek, Braunschweig: Titel. |Luftbild Hans Blossey, Hamm: 206. |mauritius images GmbH, Mittenwald: André Pöhlmann 97; imagebroker 60; imagebroker/Alfred Schauhuber 46; JIRI 214; Jo Kirchherr 214; Kerstin Layer 46; Novarc 152. |Picture-Alliance GmbH, Frankfurt/M.: AP Photo 16; CITYPRESS 24 24; David Kraus/OKAPIA KG 206; dpa 10, 10, 99, 208; dpa-Zentralbild 160; dpa/Hasse Persson 10; dpa/ Horst Ossinger 78; dpa/Ingo Wagner 207, 208; dpa/WTB 36; DPPI Media 10; empics 10; Gerhart Dagner/OKAPIA KG 71; Helga Lade 160; Helga Lade Fotoagentur GmbH 71; Keystone/Cabrice Coffrini 4; Laci Perenyi 72; landov 12; Okapia 54; Photoshot 95; Simon, Sven 10; Sven Simon 12; ZB 54. |plainpicture, Hamburg: S. Kuttig 212. |REUTERS, Berlin: CATHAL CNAUGHTON 9. |Schullandheim Langeoog, Langeoog: 206. |Schwarzbach, Hartmut /argus, Hamburg: 208. |Semmler, Thomas, Lünen: 160. |Shutterstock.com, New York: Irmairma 150; Lena Ivashkevich 78; Radu Razvan 23; toocanimages 134; turbo83 39. |Tierbildarchiv Angermayer, Holzkirchen: 36. |TopicMedia Service, Mehring-Öd: Martin Wendler 59. |ullstein bild, Berlin: joko 104; Schmitt 211. |Visum Foto GmbH, München: Jörg Müller 215.

Alle Illustrationen: Matthias Berghahn, Bielefeld
Technische Zeichnungen: Technische Grafik Westermann (Hannelore Wohlt), Braunschweig.